高职高专"十二五"规划教材
生物技术系列

分子生物学基础及应用技术

陶 杰 田 锦 主编

化学工业出版社

·北京·

本书是生物技术类专业高职高专"十二五"规划教材之一，从内容到形式上体现职业技术教育的最新发展特色。本着"实践技能培训为主导、理论知识够用"的原则，突出应用能力和综合素质的培养。本书共分6章，以较简明的形式概括了分子生物学的核心内容，全面重点阐述了分子生物学的基本理论，突出介绍了学科发展的前沿动态。考虑到高职高专特色，全书在编排上的系统性以及内容的完整性，将分子生物学中的新技术在实践中的应用也做了相应介绍。全面贯彻党的教育方针，落实立德树人根本任务，在教材中有机融入党的二十大精神。

　　本书可作为高等职业院校生物技术类专业学生的分子生物学教材，也可作为教师和生产企业人员的参考书。

图书在版编目（CIP）数据

分子生物学基础及应用技术/陶杰，田锦主编 . —北京：
化学工业出版社，2013.6（2024.8重印）
高职高专"十二五"规划教材　生物技术系列
ISBN 978-7-122-16580-0

Ⅰ.①分…　Ⅱ.①陶…②田…　Ⅲ.①分子生物学-
高等职业教育-教材　Ⅳ.①Q7

中国版本图书馆 CIP 数据核字（2013）第 030047 号

责任编辑：梁静丽　李植峰　　　　　　　文字编辑：周　偶
责任校对：宋　夏　　　　　　　　　　　装帧设计：关　飞

出版发行：化学工业出版社（北京市东城区青年湖南街 13 号　邮政编码 100011）
印　　装：北京虎彩文化传播有限公司
787mm×1092mm　1/16　印张 12½　字数 277 千字　　2024 年 8 月北京第 1 版第 10 次印刷

购书咨询：010-64518888　　　　　　　　售后服务：010-64518899
网　　址：http://www.cip.com.cn
凡购买本书，如有缺损质量问题，本社销售中心负责调换。

定　　价：38.00 元

《分子生物学基础及应用技术》编写人员名单

主　编　陶　杰　田　锦

副主编　田　璐

编　者　（按照姓名汉语拼音排列）

邓黎黎　（郑州职业技术学院）

李祥江　（广西工业职业技术学院）

陶　杰　（天津生物工程职业技术学院）

田　锦　（北京农业职业学院）

田　璐　（北京农业职业学院）

苏　翔　（新疆轻工职业技术学院）

孙小玲　（濮阳职业技术学院）

赵　君　（三门峡职业技术学院）

主　审　傅志茹　（天津水产研究所）

前　言

　　高职高专教育是我国高等教育的重要组成部分。近年来高职高专教育有了很大发展，为我国培养了大批急需的各类专门人才，使得高职高专教育成为当前社会关注的热点，并面临大好的发展机遇。我国《"十二五"生物技术发展规划》中对高职高专人才培养也提出了许多新的和更高的要求，迫切需要与之相适应的、面向 21 世纪的、适合高职高专学生使用的教材和教学参考书。为此，我们在化学工业出版社的组织下编写了这本教材。本书为生物技术类专业高职高专"十二五"规划教材，可以作为高等职业教育生物技术类专业两年制和三年制专科及三年制、五年制高职教材，亦可作为成人教育的教材以及生物技术工作人员、生产人员的参考书。

　　本书的编写按照教育部高职高专教材建设的要求，紧密围绕培养高等技术技能型专门人才这一宗旨。教材在编写时力求做到以下几点：①内容充实，条理清楚，重点突出，文字简明通俗，图片精美，篇幅适中，反映学科新进展。由于分子生物学是一个实验学科，本书各章深入浅出地讲述有关理论，并在此基础上介绍相关研究技术的基本原理，且力求反映新理论和新技术。使学生能够比较容易地学到扎实的分子生物学理论和技术原理，熟悉学科的发展动态，具备从事有关科学工作的基本能力，是本书追求的目标。②注重培养学生科学思维的能力和敬业精神。本书各章注重概要介绍一些重大科学发现的过程，如 DNA 结构的发现、遗传密码的破译、基因表达调控的研究方法等，使学生能够领悟科学思维的方法和科学工作者不畏劳苦的敬业精神。③教师容易教，学生容易学。在构建本书的知识框架时，语言表达力求简明、通俗，逻辑层次分明，使采用本教材的教师能够教得轻松，学生能够学得容易。④全面贯彻党的教育方针，落实立德树人根本任务，在教材中有机融入党的二十大精神。

　　本书由天津生物工程职业技术学院、北京农业职业学院、新疆轻工职业技术学院、濮阳职业技术学院、三门峡职业技术学院、广西工业职业技术学院、郑州职业技术学院的骨干教师联合编写，并得到了所在院校领导的大力支持；本书承蒙天津水产研究所所长傅志茹研究员主审，她对本书提出了宝贵意见，并指出了不足之处。对此作者一并表示衷心感谢。

　　高职高专教育正处于蓬勃发展阶段，本教材在高职高专教育特色方面作了尝试，但教学内容和体系改革是一个长期的、复杂的、需要反复探索和实践的系统工程，限于编者的水平，本书不妥和疏漏之处在所难免，衷心希望广大读者予以匡正，对此谨致以最真诚的谢意。

编　者

2013 年 3 月

目 录

第一章 绪论/1

第二章 核酸/9

第三章　基因转录/38

第四章　蛋白质合成与基因表达调控/64

第五章　分子生物学常用技术及应用/103

第六章 分子生物实验技术/157

参考文献/187

第一章

绪　论

【知识目标】
　　1. 识记蛋白质（包括酶）的结构和功能、核酸的结构和功能及生物调控的分子基础和生物进化过程。
　　2. 能阐明这些复杂的结构及结构与功能的关系。

　　随着生命科学的不断发展，人们对生物体的认知已经逐渐深入到微观水平。从单个的生物体到器官到组织到细胞，再从细胞结构到核酸和蛋白质的分子水平，分子生物学是在分子水平研究各种生命现象本质的一门新兴边缘学科。人们可以通过检测分子水平的线性结构（如核酸序列），来横向比较不同物种、同物种不同个体、同个体不同细胞或不同生理（病理）状态的差异，为人类认识生命现象和改造生物创造了极为广阔的前景。

第一节　分子生物学研究的内容

一、分子生物学定义

　　分子生物学是研究核酸等生物大分子的形态、结构、功能及其重要性和规律性的科学，是人类从分子水平上真正揭示生物世界的奥秘，由被动地适应自然界转向主动地改造和重组自然界的基础学科。

　　狭义：偏重于核酸的分子生物学，主要研究基因或 DNA 的复制、转录、表达和调节控制等过程，其中也涉及与这些过程有关的蛋白质和酶的结构与功能的研究。

二、分子生物学研究内容

1. 核酸的分子生物学

　　核酸的分子生物学研究核酸的结构及其功能。由于核酸的主要作用是携带和传递遗传信息，因此分子遗传学是其主要组成部分。由于 20 世纪 50 年代以来的迅速发展，该领域已形成了比较完整的理论体系和研究技术，是目前分子生物学内容最丰富的一个领域。

研究内容包括核酸（基因组）的结构，遗传信息的复制、转录与翻译，核酸存储的信息突变与修复，基因表达调控和 DNA 重组技术，基因工程技术的发展和应用等。遗传信息传递的中心法则是其理论体系的核心，它有着广阔的应用前景。

① 可用于大量生产某些正常细胞代谢中产量很低的多肽，如激素、抗生素、酶类及抗体等，提高产量，降低成本，使许多有价值的多肽类物质得到广泛应用。

② 可用于定向改造某些生物的基因结构，使它们所具备的特殊经济价值得到成百上千倍提高。如用在分解石油、生产避孕疫苗及在实验室生产蜘蛛丝等。

③ 可用于基础研究。如对启动子、增强子的研究及对转录因子的克隆与分析的研究等。

2. 蛋白质的分子生物学

蛋白质的分子生物学研究执行各种生命功能的主要大分子——蛋白质的结构与功能。它具有生物活性的条件有两个：

① 具有特定的空间结构（三维结构）；

② 在它发挥生物学功能的过程中必定存在着结构和构象的变化。

3. 结构分子生物学

结构分子生物学是研究生物大分子特定的空间结构及结构的运动变化与其生物学功能关系的科学。它包括结构的测定、结构运动变化规律的探索及结构与功能间的相互关系三个主要研究方向。

尽管人类对蛋白质的研究比对核酸研究的历史要长得多，但由于其研究难度较大，与核酸分子生物学相比发展较慢。近年来，虽然在认识蛋白质的结构及其与功能关系方面取得了一些进展，但是对其基本规律的认识尚缺乏突破性的进展。

第二节　分子生物学的发展历史

一、分子生物学的开创时期（1820～1950 年）

从何时起，人类开始认识生物性状的遗传与变异特征，现在已无史可考、不得而知了。但可以肯定的一点是，在驯养和培育最早的畜禽品种之前，人们就已经有意无意地利用了遗传和变异现象，而且栽培谷物的历史可能还早于动物的驯养历史。

人类是善于思考的。多少年来，人们常常会提出三个与生命现象有关的问题：①生命从何而来？②为什么"有其父必有其子"？③生物个体如何从受精卵发育而来？对于这些问题的解释就产生了许许多多的学说，而且有些学说还被宗教神权所利用，一度成为控制人们思想的工具。直到 19 世纪，随着农业、畜牧业的发展，品种改良和杂交育种的进行，情况才有所改变。

1865 年，孟德尔发表了他的《植物杂交实验》一文，首次阐述了生物界有规律的遗传现象"遗传因子"。

1900 年，孟德尔遗传规律被证实，成为近代遗传学基础。

1910 年，美国的生物学家与遗传学家摩尔根（Morgan）的染色体-基因遗传理论，基因存在于染色体上。进一步将"性状"与"基因"相耦联，成为现代遗传学的奠基石。摩尔根荣获了 1933 年诺贝尔生理学及医学奖。

1944 年，美国微生物学家阿维利（Avery）等人从肺炎球菌转化试验中得出 DNA 是遗传物质的结论。阿维利（Avery）证明基因就是 DNA 分子，提出 DNA 是遗传信息的载体。

二、近代分子生物学的发展时期（1950～1970 年）

1953 年，美国生物学家沃森（J. D. Watson）和英国物理学家克里克（F. H. C. Crick）依据英国物理学家威尔金斯（Maurice Wilkins）和富兰克林（Rosalind Franklin）的 DNA X 射线衍射图片及美国科学家查可夫（Chargeff）提出的查可夫当量定律两个直接依据，在《自然》杂志上发表文章，提出 DNA 双螺旋结构模型理论。

DNA 双螺旋发现的最深刻意义在于：确立了核酸作为信息分子的结构基础，提出了碱基配对是核酸复制、遗传信息传递的基本方式，从而最后确定了核酸是遗传的物质基础，为认识核酸与蛋白质的关系及其在生命中的作用打下了最重要的基础。

1958 年，克里克提出中心法则。

1958 年，Meselson 和 Stahl 证明 DNA 半保留复制。

1962 年 Watson、Crick 与 Wilkins 共享诺贝尔生理学及医学奖。

半保留复制是遗传信息能准确代代的保证，是物质稳性的分子基础。半保留复制是描述 DNA 的复制方式，目前已知的所有细胞皆以此方式进行复制。也是唯一确认存在于自然界中的模型。

1961 年，法国科学家 Francois Jacob 和 Jacques Monod 提出在分子水平上特定基因被激活或抑制的机制。由于他们提出了乳糖操纵子学说以及在酶合成的遗传调控方面的重大贡献而获得 1966 年诺贝尔奖。

1962 年，美国生物化学家尼伦伯格（M. W. Nirenberg，1927—）和马太（H. Matthaei）首先发现 UUU 是苯丙氨酸的遗传密码。到 1963 年测出了 20 种氨基酸的遗传密码，加上柯拉纳（H. G. Khorana，1922—）的努力，到 1969 年，全部 64 个遗传密码都已测出。1968 年，Nirenberg、Holley 和 Khorana 解读了遗传密码及其在蛋白质合成方面的技能而分享诺贝尔生理学及医学奖。

1967 年，DNA 连接酶被发现（Gellert，1967）。DNA 连接酶主要用于基因工程，将由限制性核酸内切酶"剪"出的黏性末端重新组合，故也称"基因针 DNA 连接线"。

1970 年，美国微生物遗传学家史密斯（H. Smith，1931—）提取出可以在特定位点切割 DNA 的限制性内切酶。美国学者内森斯（D. Nathans，1928—）成功地用限制性内切酶切割了猿猴病毒 SV40 的基因分子，并绘制成切割图谱。1978 年，阿尔伯、史密斯和内森斯共获诺贝尔生理学及医学奖。

1970 年，美国分子生物学家巴尔的摩（D. Baltimore，1938—）和特明（H. Temin，1934—）各自独立发现逆转录酶，该酶能以 RNA 为模板合成 DNA，对遗传学中的"中心法则"提出了重要补充。他们与美国杜尔贝克（R. Dulbacco，1914—）共获 1975 年诺贝尔生理学及医学奖。

三、分子生物学技术的深入发展应用时期

1972 年，美国分子生物学家伯格（P. Berg，1926—）将猿猴病毒 SV40 的 DNA 与 λ 噬菌体 P22 的 DNA 体外重组成功，标志着 DNA 重组技术的建立及基因工程的诞生。Berg 获得 1980 年诺贝尔奖。

那些能获得诺贝尔奖的科学成就是很难得的，能够创造数十亿美元产值的科学成就更是少见。所以，既能获得诺贝尔奖又能够创造数十亿美元产值的科学成就自然更加珍贵，人们把这两种兼有的科研成果称为"蓝月亮"。而这种罕见的"蓝月亮"在生物技术产业就有两个，DNA 重组技术为"蓝月亮"，利用这种技术将基因植入细胞中可以获得药物，其中最有代表的药物是治疗贫血的促红细胞生成素（erythropoietin，EPO），安进公司因为最先研发出 EPO，而成为年产值超过 55 亿美元的生物产业巨头。

另一个"蓝月亮"的受益者是人类第一个生物技术公司——基因技术公司，该公司生产的单克隆抗体类药物每年给基因技术公司带来 22 亿美元的销售额。

1973 年，美国分子生物学家科恩（S. N. Cohen）等将抗四环素质粒与抗链霉素质粒在体外拼接成嵌合质粒，将此种重组质粒导入大肠杆菌后能表达出两种质粒的遗传信息。这是基因工程的第一个成功实例。

1975 年，英国化学家桑格（F. Sanger，1918—）建立并不断改进 DNA 的测序法，1977 年完成了对噬菌体 φX 174 全部 5386 个碱基序列的分析。1980 年，Sanger 与 Gilbert 和 Berg 共享诺贝尔化学奖。

1975 年，丹麦学者耶诺（N. K. Jerne，1911—）创立了天然抗体选择学说及免疫系统的"网"学说，从而阐明了抗体产生的机制。英籍阿根廷免疫学家米尔斯坦（C. Milstein，1927—）和德国柯勒（G. Köher，1941—）发明了用化学手段制单克隆抗体的技术，从而可以大量生产具有专一特性的单克隆抗体。为此，米尔斯坦、柯勒和耶诺共获 1984 年诺贝尔生理学及医学奖。

1981 年，以中国科学院上海生物化学研究所王德宝（1918—）为首的一批科学工作者，人工合成了酵母丙氨酸 tRNA，这是世界上首次人工合成的具有生物活性的 RNA 大分子。

1983 年，美国遗传学家 McClintock 因发现可移动的遗传因子而获得诺贝尔生理学及医学奖。

1985 年，美国 Cetus 公司的马利斯（K. B. Mullis）和塞基（R. K. Saiki）发明聚合酶链反应（poly-merase chain reaction，PCR）技术。应用 PCR 技术，在 2～4h 内即可使单个 DNA 分子扩增 10^6 倍以上。此法简便、灵敏，在分子生物学检测与研究中有广阔的应用前景。

1988 年，在温泉中分离出耐热的 *Taq* DNA 聚合酶，使 PCR 技术成熟并得到广泛应用。1993 年，Mullis 由于发明 PCR 仪而与加拿大学者 Smith（第一个设计基因定点突变）共享诺贝尔化学奖。

1989 年，美国两个实验室用扫描隧道电子显微镜（STM）首次拍摄到 DNA 分子双螺旋结构的照片，进一步证实了沃森和克里克于 1953 年提出的 DNA 结构模型。

1989 年，美国学者毕晓普（J. M. Bishop，1936—）和瓦姆斯（H. E. Varmus，1939—）用内切核酸酶和转染技术首次分离出肉瘤病毒的癌基因，并探明它的真谛，共获 1989 年的诺贝尔生理学及医学奖。

1990 年 10 月，由美国科学家倡议，英国、日本、德国、法国和中国相继加入，计划历时 15 年，被称为"生命科学阿波罗计划"的"人类基因组计划（HGP）"正式启动。

英国罗伯茨（R. J. Roberts）和美国夏普（P. A. Sharp）因 1977 年各自独立发现了断裂基因（split gene）而同获 1993 年诺贝尔生理学及医学奖。他们的实验证明，真核生物的基因内部是不连续的，基因中的编码区被一些非编码区所断裂。

1997 年 2 月 24 日，遗传学者们在位于苏格兰爱丁堡附近的 Roslin 研究所设法从一只六岁绵羊的乳腺组织克隆出一只绵羊"多莉"。这是科学家们第一次克隆了一个成年的哺乳动物。

1997 年，大肠杆菌基因组测序完成。

1997 年，参加人类基因组计划的科学家决定将研究成果无偿向全世界公开。

1998 年，Andrew 和 Craig 发现 RNA 干扰，两人于 2006 年度荣获诺贝尔生理学及医学奖。

人们发现，双链 RNA 可以抑制含有特定序列的基因的表达。应用 RNA 的这一特点，在生物体外强有力地使基因沉默，即 RNA 干扰（简称 RNAi）。这使得生物技术领域的第三个"蓝月亮"诞生了。简单地说，RNAi 是细胞的一种自然生理过程。研究人员能够利用这种技术有选择地使基因失活。RNAi 激起科学家研究热情的原因主要有两方面：第一，它可以缩短人类对人类基因功能的认识时间，从几十年缩至几年；第二，科研人员有望利用这种技术获得使致病基因失活的新型药物，而基因药物一直是生物技术追逐的金杯。

1999 年 9 月，中国获准加入人类基因组计划，负责占全部 1% 的序列测定。

2000 年 6 月，国际人类基因组计划小组宣告人类基因组草图绘制完成。

2000 年，美国科学家用无性繁殖技术成功地克隆出一只猴子"泰特拉"，这意味着克隆人类自身已没有技术障碍。

2001 年，美国、意大利科学家联手展开克隆人的工作。位于美国马萨诸塞州沃塞斯特的先进细胞技术公司宣布首次克隆成功了处于早期阶段的人类胚胎。

2002 年初，中国克隆大熊猫和克隆家畜首席科学家陈大元领导完成了中国首例成年体细胞克隆牛项目。这一项目实现了中国成年体细胞克隆牛成活群体零的突破，并推动中国克隆技术达到世界先进水平。大熊猫克隆研究进展显著，最终成功的可能性是存在的。

2003 年，人类基因组计划提前完成。2003 年 4 月 14 日美国联邦国家人类基因组研究项目负责人弗朗西斯·柯林斯博士隆重宣布，由美国、英国、日本、法国、德国和中国科学家经过 13 年努力，共同绘制完成了人类基因组序列图。由 30 亿个碱基对（3×10^9 bp）组成的人类基因组蕴藏着生命的奥秘，科学家发现人类基因数目约为 3.4 万至 3.5 万个，仅比果蝇多 2 万个，远小于之前 10 万个基因的估计。

第三节　分子生物学的发展前景

一、分子克隆技术的发展

分子克隆技术是 20 世纪 70 年代才发展起来的，它的出现和应用开辟了分子遗传学研究的新领域，打开了人类了解、识别、分离和改造基因、创造新物种的大门。它的成就对工业、农牧业和医学产生深远影响，并将为解决世界面临的能源、食品和环保三大危机开拓一条新的出路。

1. "傻瓜式"克隆：批量化复制高产奶牛

克隆技术能为人类做些什么？"多莉"出生后，几乎每个生物学家都思考过这个问题。国际动物繁殖协会认为，动物克隆技术对于动物育种的革命性，远大于人工授精、胚胎移植、试管动物三次技术变革的总和。克隆技术就如同复印机，可以让优秀基因毫无损耗地延续下去。

1997 年，美国成立 Infigen Inc.，以推进牛克隆技术在奶类、肉牛生产及医药等领域的产业化应用。克隆技术很快成为美国、日本等国家的投资热点。

虽然在提到克隆动物产品的时候，大多数的外行都只能想象到一块来自克隆牛的牛排，或者一瓶来自克隆羊的羊奶。但真正从事克隆动物产品研究的专家们，却完全不会这样简单地思考，克隆动物产品最早出现在药物中，而不是超市的货架上。

单纯的克隆，从产业化的角度来看并不是克隆技术最大的价值，而与转基因技术结合的克隆动物，是将来克隆产业化最热门的方向。美国的 GTC 公司是这个领域的"先锋"，从 20 世纪 90 年代开始用克隆转基因技术从羊奶中研制药用蛋白。GTC 于 2006 年 8 月 2 日才实现第一批产品上市，但它给其他朝着动物克隆产业化努力的企业树立了榜样。从 GTC 的经验看，传统用仓鼠细胞生产蛋白质药物，购买生产设备所需的资金是 4 亿～5 亿美元，而用转基因山羊来生产同样的药物，所需成本只有 0.5 亿美元。巨大的商业价值，是克隆动物产业化研究掀起热潮的最主要原因。

2. 新中国档案：从克隆动物到修复生命

孙悟空拔下一撮毫毛，在嘴边一吹，立即变化出无数小孙悟空。这也许是中国人对"克隆"最早的想象。经过几代科学家的努力，这一想象已经变成现实。一个小小的细胞，就能复制出一个新的生命体，就能成为修复生命的希望。

2002 年，在"多莉"5 岁时，山东曹县的 12 头接受克隆胚胎移殖的奶牛进入预产期。2002 年 1 月 18 日晚 9 时 25 分，我国第一头体细胞克隆牛"委委"落地。接下来的几天，陆续又有 13 头克隆牛出生（图 1-1）。

2009 年 7 月 23 日，一只名叫"小小"的小鼠成为全球媒体关注的焦点（图 1-2）。"小小"是世界上用诱导多功能干细胞（iPS 细胞）克隆出的第一批完整活体鼠之一。它的诞生，意味着在用克隆技术和干细胞修复生命的道路上，人类又向前迈进了一大步。而在它身后，是几十年来中国克隆技术从领先到奋起直追再到重新抢占先机的历程。

将克隆技术及随之兴起的干细胞技术用于修复生命，这几乎被科学家认为是克隆技

图 1-1 科学家与克隆出的小牛犊在一起

图 1-2 克隆的小鼠"小小"

术未来最有价值的应用。然而，由此带来的伦理问题，却让其应用前景不甚光明。

曙光出现在 2007 年。当年 11 月，美国和日本科学家发现将人普通皮肤细胞转化为干细胞的方法，由此得到的干细胞称为 iPS 细胞。这意味着，人们有望绕过胚胎阶段和饱受争议的伦理问题，用 iPS 细胞直接获得医疗用的各类组织细胞。iPS 研究的重要性不言自明。多个国家迅速展开相关研究。"多莉"之父威尔穆特也随即宣布放弃人类胚胎干细胞的研究而改投 iPS 门下。我国迅速加入了这股新的科研浪潮。在这一新的研究领域，各国起点都差不多。两年间，iPS 研究进展不断。科学家不断改善细胞培养办法，逐步验证 iPS 细胞在修复生命方面的多能性。而"小小"的降生，标志着我国科学家越过证明 iPS 细胞多能性的阶段，一举证明其"无所不能"。

在将 iPS 细胞大规模应用于医疗前，还有很多事要做。iPS 克隆动物的后代能健康么？有更安全的 iPS 细胞培养方法吗？这些都需要继续研究。但希望，"小小"和它的同伴们为推动干细胞研究发展所迈出的这一小步，未来能成为再生医学发展的一大步。"小小"的名字来自美国航天员阿姆斯特朗首次踏足月球时的那句名言：这是个人的一小步，却是人类的一大步。正是这一小步，让中国人又重新站在了克隆研究的国际最前沿，让世界克隆研究有了更加明朗的未来。

在中国，已经有数家科研机构具备克隆研究的实力，并培育出一定数量的克隆动物，克隆动物产品的产业化，在中国也不仅是纸上谈兵的故事。

二、人类基因组计划与生物制药产业发展

人类基因组计划是人类科学史上的伟大工程，人类基因组序列"工作框架图"的绘就，是该计划实施进程中的一个重要里程碑；HGP 从整体上解决肿瘤等疾病的分子遗传学问题，6000 多种单基因遗传病和多种多基因疾病的致病基因及相关基因的定位、克隆和功能鉴定是 HGP 的核心部分，它将彻底改变传统新药开发的模式，并赋予基因技术的商业价值；HGP 将进一步深化生物制药的产业结构，引发基因诊断、基因疫苗、基因治疗、基因芯片等新兴产业；HGP 完成后，人类基因序列将全部输入公共基因数据库，使我国的制药工业在一个新的起点上与国外制药企业展开竞争，从我国自主克隆的人类基因和公共数据库的人类基因中开发出具有自主知识产权的基因组药物，成为我国生物制药摆脱困境的有效途径；国内上市公司已进军基因技术的相关产业，但尚处于初级阶段，HGP 是国内生物制药公司进行企业模式调整的重要契机，未来生物制药公

司的竞争力主要取决于推出自主知识产权新药的速度、数量和质量。

【课后思考】

1. 你对现代分子生物学的含义及其研究范围是怎么理解的?
2. 分子生物学研究内容有哪些方面?
3. 分子生物学发展前景如何?
4. 人类基因组计划完成的社会意义和科学意义是什么?

第二章

核　酸

【知识目标】

1. 熟知核酸作为基本的遗传物质，在蛋白质的生物合成中所占的重要位置，在生长、遗传、变异等一系列重大生命现象中起决定性的作用。

2. 能阐明肿瘤的发生、病毒的感染、射线对机体的作用等与核酸的关系以及核酸在实践应用方面的重要作用。

【能力目标】

1. 能熟练使用常规实验设备、仪器从各种材料中分离核酸，并得到可供研究用的保持天然状态的纯化核酸。

2. 会用琼脂糖凝胶、聚丙烯酰胺凝胶电泳对所分离的核酸进行定性及定量检测，并能对其结果作出正确判断。

核酸制药是生物制药的一个新兴战略领域。目前核酸制药领域已成为全球各大制药公司的兵家必争之地。我国核酸技术研究和产业化正处在重要的战略机遇期，"与狼共舞"指日可待，在预防疾病的各种手段中，免疫预防是一种比较方便、有效和经济的措施。核酸疫苗以其特有的安全、可靠、生产方便等优点被称之为"疫苗的第三次革命"。尤其是我国将生物医药确定为战略性新兴产业后，核酸制药产业发展迎来了难得的历史机遇。

第一节　DNA 复制

核酸是重要的生物大分子，分为核糖核酸（ribonucleic acid，RNA）和脱氧核糖核酸（deoxyribonucleic acid，DNA）两类。DNA 和 RNA 虽然很相似，分子组成只有 T 或 U 及核糖的第二位碳原子上结构有所不同，但它们的生物学活性却很不同。生物体的遗传信息主要储藏在 DNA 分子上，表现为特定的脱氧核苷酸序列。DNA 主要以双链结构形式存在于生物体内，DNA 分子中的脱氧核苷酸排列序列不但决定了细胞内所有 RNA 及蛋白质的基本结构，还通过蛋白质的功能间接控制了细胞内全部有效成分的生产、运转和功能发挥。RNA 主要与遗传信息在生物体内的表达有关。在生物体内

RNA通常以单链结构形式存在，储藏在任何DNA分子中的生物遗传信息都必须首先被转录生成RNA，才能够得到表达。生物体通过DNA复制，将遗传信息由亲代传给子代，通过RNA转录和翻译而使遗传信息在子代得到表达。

一、DNA的半保留复制

早在1953年，Watson和Crick在DNA双螺旋结构的基础上提出了DNA半保留复制假说。他们推测，复制时DNA的两条链分开，然后用碱基配对方式按照单链DNA的核苷酸顺序合成新链，以组成新DNA分子。这样新形成的两个DNA分子与原来DNA分子的碱基顺序完全一样。每个子代分子的一条链来自亲代DNA，另一条链是新合成的。这种复制方式称为半保留复制。1958年Meselson和Stahl利用氮标记技术在大肠杆菌中首次证实了DNA的半保留复制。

已经证明，无论原核生物还是真核生物，其DNA都是以半保留复制方式遗传的，子代DNA与亲代DNA的碱基序列一致，即子代保留了亲代的全部遗传信息，体现了遗传的保守性。遗传的保守性是物种稳定性的分子基础，但这种稳定性是相对的，在细胞内外各种物理化学和生物因子的作用下，DNA可能发生损伤，需要修复；在复制和转录过程中DNA也可能有损耗，必须进行更新。

二、DNA的双向复制

1. 原核生物

原核生物的基因组是环状DNA，只有一个复制起始点；复制时DNA从起始点（origin）向两个方向解链，形成两个延伸相反的复制叉，称为双向复制。复制时双链打开，分成两股，各自作为模板，子链沿模板延长所形成的Y字形结构称为复制叉（replication fork）（图2-1）。在原核生物双向复制中，DNA被描述为眼睛状。为说明方便而做的图为θ形（图2-2）。

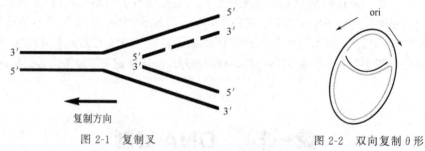

图 2-1　复制叉　　　　　　　　　　图 2-2　双向复制 θ 形

2. 真核生物

真核生物染色体DNA有多个复制起始点，两个起始点之间的DNA片段称为复制子（replicon），复制子是独立完成复制的功能单位。电镜观察可见多复制起点（图2-3），哺乳动物的复制子在100～200kb之间。依据复制速度推断：人类基因组 6×10^9bp 单一起点复制需3天，但事实上多复制子复制完成S期只需要6～8h。

三、DNA复制的半不连续性

DNA复制时，以 $3'\rightarrow5'$ 走向为模板的一条链的合成方向为 $5'\rightarrow3'$，与复制叉方向一致，称为前导链；另一条以 $5'\to3'$ 走向为模板链的合成链走向与复制叉移动的方向相反，称为滞后链，其合成是不连续的，故先形成许多不连续的片段（冈崎片段），最后连成一条完整的DNA链。前导链连续复制而滞后链不连续复制，就是复制的半不连续性（图 2-4）。

冈崎片段：1968 年日本生化学者冈崎用电镜及放射自显影技术，观察到 DNA 复制中出现一些不连续的片段，将这些不连续的片段称为冈崎片段。

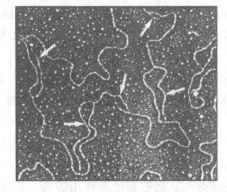

图 2-3　真核生物的多复制子复制（电镜）

四、DNA 复制体系

DNA 复制是一个十分复杂的生物合成过程，需要 30 多种酶和蛋白质参与。每个DNA 复制的独立单元被称为复制子，主要包括复制起始位点、延伸序列和终止位点，整个 DNA 复制"机器"被称之为 DNA 复制体系。DNA 复制的基本条件如下。

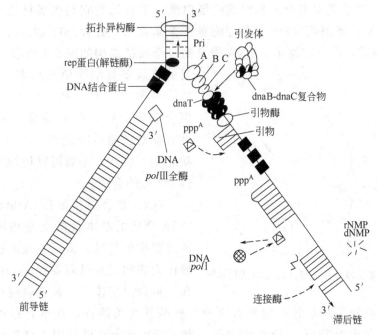

图 2-4　半不连续性复制

① 核苷酸单体：dNTP。化学反应：$(dNTP)_n + dNTP \longrightarrow (dNTP)_{(n+1)} + PPi$

② 遗传信息的指导：模板 DNA。

③ 酶与蛋白因子：DNA 聚合酶、解螺旋酶、引物酶、拓扑异构酶、连接酶、单链DNA 结合蛋白等重要的酶和蛋白质。

④ 需要引物，有方向性，合成方向为 $5'\to3'$。

1. DNA 聚合酶

DNA 复制过程中最基本的酶促反应是四种脱氧核苷酸的聚合反应。DNA 聚合酶有三种，即 DNA 聚合酶Ⅰ、DNA 聚合酶Ⅱ和 DNA 聚合酶Ⅲ。当有底物和模板存在时，

DNA 聚合酶 I 可使脱氧核糖核苷酸逐个地加到具有 3′-OH 末端的多核苷酸链上。DNA 聚合酶 I 只能在已有核酸链上延伸 DNA 链，而不能从无到有开始 DNA 链的合成。

DNA 聚合酶 I 是一个多功能酶。它可以催化以下的反应：①通过核苷酸聚合反应，使 DNA 链沿 5′→3′方向延长（DNA 聚合酶活性）；②由 3′端水解 DNA 链（3′→5′核酸外切酶活性）；③由 5′端水解 DNA 链（5′→3′核酸外切酶活性）；④由 3′端使 DNA 链发生焦磷酸解；⑤无机焦磷酸盐与脱氧核糖核苷三磷酸之间的焦磷酸基交换。焦磷酸解是聚合反应的逆反应，焦磷酸交换反应则是由前两个反应连续重复多次引起的。因此，实际上 DNA 聚合酶 I 兼有聚合酶、3′→5′核酸外切酶和 5′→3′核酸外切酶的活性。它不是 DNA 复制中起主要作用的酶。该酶延伸速度较慢，20nt/s，持续合成能力约 200bp。

DNA 聚合酶 II 为多亚基酶，此酶的活力比 DNA 聚合酶 I 高，也是以四种脱氧核糖核苷三磷酸为底物，从 5′→3′方向合成 DNA，并需要带有缺口的双链 DNA 作为模板，缺口不能过大，否则活性将会降低。反应需 Mg^{2+} 和 NH_4^+ 激活。DNA 聚合酶 II 具有 3′→5′核酸外切酶活力，但无 5′→3′核酶外切酶活力。延伸速度慢，只有 5nt/s，持续合成能力约 1500bp。

DNA 聚合酶 III 是由多个亚基组成的蛋白质，现在认为它是大肠杆菌细胞内真正负责新合成 DNA 的复制酶。DNA 聚合酶 III 的全酶由 α、β、γ、δ、δ′、ε、θ、τ、χ 和 ψ 10 种亚基所组成，含有锌原子。DNA 聚合酶 III 全酶的结构如图 2-5 所示。DNA 聚合酶 III 的复杂亚基结构使其具有更高的忠实性、协同性和持续性。如无校对功能时，DNA 聚合酶 III 的核苷酸错误掺入率为 $7×10^{-6}$，具有校对功能后降低至 $5×10^{-9}$。各亚基的功能相互协调。全酶可以持续完成整个染色体 DNA 的合成。

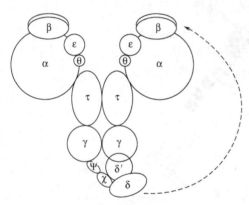

图 2-5 DNA 聚合酶 III 异二聚体的亚基结构示意

DNA 聚合酶 II 和 DNA 聚合酶 III 在促进 DNA 合成的基本性能上是相同的：①它们都需要模板指导，以四种脱氧核糖核苷三磷酸作为底物，并且需要有 3′-OH 的引物链存在，聚合反应按 5′→3′方向进行；②它们都没有 5′→3′核酸外切酶活性，但具有 3′→5′核酸外切酶活性，在聚合过程中起校对作用；③它们都是多亚基酶，DNA 聚合酶 II 和 DNA 聚合酶 III 共用了许多辅助亚基。然而它们之间以及与 DNA 聚合酶 I 之间又有明显区别：①DNA 聚合酶 II 和纯化的 DNA 聚合酶 III 最宜作用于带有小段缺口（小于 100 个核苷酸）的双链 DNA，而 DNA 聚合酶 I 最宜作用于具有大段单链区的双链 DNA，甚至是带有很短引物的单链 DNA；②它们的聚合速度、持续合成能力均有很大不同，反映了它们功能的不同，DNA 聚合酶 II 是修复酶，DNA 聚合酶 III 是复制酶。DNA 聚合酶 I、DNA 聚合酶 II 和 DNA 聚合酶 III 的基本性质总结于表 2-1。

DNA 聚合酶 IV 和 DNA 聚合酶 V 是在 1999 年才被发现的，它们涉及 DNA 的错误倾向修复。当 DNA 受到较严重损伤时，即可诱导产生这两个酶，但修复缺乏准确性，因而出现高突变率。高突变率会杀死许多细胞，但至少可以克服复制障碍，使少数突变

表 2-1　大肠杆菌三种 DNA 聚合酶的性质比较

比较项目	DNA 聚合酶 I	DNA 聚合酶 II	DNA 聚合酶 III
结构基因	*pol A*	*pol B*	*pol C*(*dnaE*)
不同种类亚基数目	1	≥7	≥10
相对分子质量	103000	88000	830000
3′→5′核酸外切酶	+	+	+
5′→3′核酸外切酶	+	—	—
持续合成能力/bp	3～200	1500	≥500000
聚合速度/(nt/min)	1000～12000	2400	≥15000～60000
功能	切除引物,修复	修复	复制

的细胞得以存活。

　　DNA 聚合酶的共同特点是：①需要提供合成模板；②不能起始新的 DNA 链，必须要有引物提供 3′-OH；③合成的方向都是 5′→3′；④除聚合 DNA 外还有其他功能。

2. DNA 连接酶

　　DNA 聚合酶只能催化多核苷酸链的延长反应，不能使链之间连接。环状 DNA 的复制表明，必定存在一种酶，能催化链的两个末端之间形成共价连接。DNA 连接酶是一种封闭 DNA 链上缺口酶，这个酶借助 ATP 或 NAD 水解提供的能量催化双链 DNA 切口处的 5′- 磷酸基和 3′- 羟基生成磷酸二酯键（图 2-6）。但这两条链必须是与同一条互补链配对结合的（T4 DNA 连接酶除外），而且必须是两条紧邻 DNA 链才能被 DNA 连接酶催化形成磷酸二酯键。

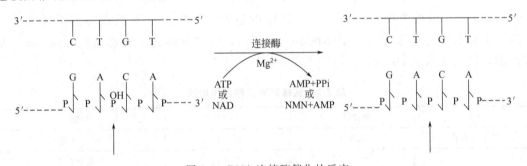

图 2-6　DNA 连接酶催化的反应

　　DNA 连接酶的主要功能就是在 DNA 聚合酶 I 催化聚合下，填满双链 DNA 上的单链间隙后封闭 DNA 双链上的缺口。这在 DNA 复制、修复和重组中起着重要的作用，DNA 连接酶主要用于基因工程，故也称"基因针线"。

　　T4 DNA 连接酶是 ATP 依赖的 DNA 连接酶，催化两条 DNA 双链上相邻的 5′-磷酸基和 3′-羟基之间形成磷酸二酯键。可连接双链 DNA 的平末端、相容黏末端及其中的单链切口，在分子生物学中有广泛的应用。

3. 拓扑异构酶

　　拓扑是指物体或图像做弹性位移而又保

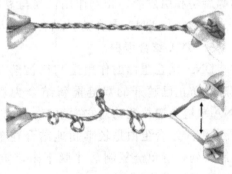

图 2-7　解链过程中 DNA 分子的拓扑性质

持不变的性质。如图 2-7 所示，在解链过程中 DNA 分子会过度拧紧、打结、缠绕、连环，形成 DNA 拓扑性质。拓扑异构酶（topoisomerase）是一类改变 DNA 拓扑性质的酶，它的作用特点为既能水解又能连接磷酸二酯键，克服解链过程中的打结、缠绕现象。拓扑异构酶分为两类：拓扑异构酶Ⅰ和拓扑异构酶Ⅱ。

拓扑异构酶Ⅰ（TopoⅠ）的主要作用是将环状双链 DNA 的一条链切开一个口，切口处链的末端绕螺旋轴按照松弛超螺旋的方向转动，然后再将切口封起来。这就使 DNA 复制叉移动时所引起的前方 DNA 正超螺旋得到缓解，利于 DNA 复制叉继续向前打开。反应不需 ATP。拓扑异构酶Ⅰ除上述作用外，对环状单链 DNA 还有打结或解结作用，对环状双链 DNA 的环连或解环连以及使环状单链 DNA 形成环状双链 DNA 都有作用。

拓扑异构酶Ⅱ（TopoⅡ）切断 DNA 分子两股链，断端通过切口旋转使超螺旋松弛。利用 ATP 供能，连接断端，DNA 分子进入负超螺旋状态。还可使 DNA 分子从超螺旋状态转变为松弛状态，此反应不需要 ATP 参与。DNA 复制完成后，TopoⅡ在 ATP 参与下，DNA 分子从松弛状态转变为负超螺旋。此外，TopoⅡ催化的拓扑异构化反应还有环连或解环连，以及打结或解结。

4. 解螺旋酶

解螺旋酶的作用是将 DNA 的双链解开形成单链。此酶对单链的 DNA 有高度的亲和力，当 DNA 双螺旋有单链末端或双链有缺口时，解螺旋酶即结合于此处，然后沿模板链随复制叉的推进方向向前移动，并连续地解开 DNA 双链。具有方向性，可分为 $5'\rightarrow3'$ 与 $3'\rightarrow5'$ 两种方向。解链是一个耗能的过程，每解开一对碱基对需消耗 2 分子 ATP。解螺旋酶有六聚体与二聚体两类（表 2-2），参与复制的主要解螺旋酶是 dnaB 基因产物，可以表示为 DnaB。

表 2-2　解螺旋酶的种类和功能

种类	聚合状态	方向	功能
解螺旋酶Ⅱ	二聚体	$3'\rightarrow5'$	参与修复
DnaB	六聚体	$5'\rightarrow3'$	与复制相关

DnaB，又称复制型 DNA 解螺旋酶，6 亚基同聚体。聚合物为环状，结合于 DNA 单链，沿 $5'\rightarrow3'$ 方向滑动解开 DNA 双链。其与 DnaA（起始点结合蛋白）、DnaC（装载解螺旋酶和引发酶）相互作用，参与复制起始。与引发酶 DnaG 蛋白协同，形成引发体合成引物。与 DNA 聚合酶Ⅲ结合，参与复制全过程。

5. DNA 结合蛋白

DNA 结合蛋白的作用是与已被解开的 DNA 单链紧密结合，维持模板链处于单链状态，防止已解开的双链重新结合为双螺旋结构。另外，DNA 结合蛋白还可以保护 DNA 单链免遭核酸酶对它的水解。

DNA 结合蛋白是较牢固地结合在单链 DNA 上的蛋白质。以四聚体的形式存在于复制叉处，待单链复制后才脱下来，重新循环。所以 DNA 结合蛋白只保持单链的存在，不起解螺旋作用。

6. 引物酶

由于 DNA 聚合酶不能自行从头合成 DNA 链，因此必须在复制过程中首先合成一小段多核苷酸链作为引物（primer），这段引物大多数情况下是 RNA 片段，RNA 片段提供了 3′-OH 端，以此为基础引导 DNA 链的合成。催化引物合成的酶称为引物酶，它是一种特殊的 RNA 聚合酶，此酶的作用就是在复制的起始点，以 DNA 链为模板，利用 NTP 合成一小段 RNA 引物。

引物酶的性质如下：①依赖 DNA 的 RNA 聚合酶；②对利福平不敏感；③可以催化游离 NTP 聚合；④在大肠杆菌中，引物酶是 *dnaG* 基因的表达产物；⑤催化 RNA 引物的生成。

原核生物复制起始的相关蛋白质见表 2-3。大肠杆菌 DNA 的复制是在与复制有关的 30 余种蛋白质和酶的参与下，在复制叉上完成的。这些蛋白质和酶合理、精巧地分布在复制叉上，既可聚合、解离，又彼此协调，形成一个高效、精确复制的完整复合物，称为 DNA 复制体（replisome），或称为 DNA 复制多酶系统（图 2-8）。

表 2-3　原核生物复制起始的相关蛋白质

蛋白质（基因）	通用名	功能
DnaA		辨认起始点
DnaB	解螺旋酶	解开 DNA 双链
DnaC		运送和协同 DnaB
DnaG	引物酶	催化 RNA 引物生成
SSB	单链 DNA 结合蛋白	稳定已解开的单链
拓扑异构酶		理顺 DNA 链

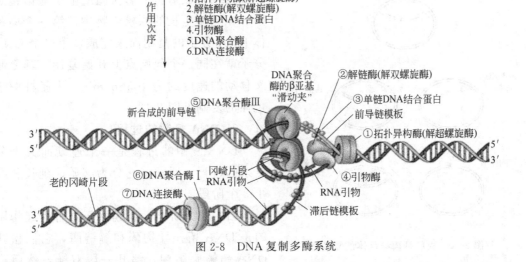

图 2-8　DNA 复制多酶系统

五、原核生物 DNA 复制

1. DNA 复制的起始点和方向

DNA 复制开始于染色体上固定的起始点。DNA 复制的特定起始位点叫做复制原点 ori（或 O）。起始点是含有 100～200 个碱基对的一段富含 AT 的 DNA，细胞内存在着能识别起始点的特种蛋白质（DnaA）。

大肠杆菌复制起始点的结构：跨度245bp，包含3个正向重复与2对反向重复序列（图2-9）。复制起始区的结构特点：①富含AT；②3个13bp的重复序列——解链的位点；③4个9bp的重复序列——DnaA结合位点。

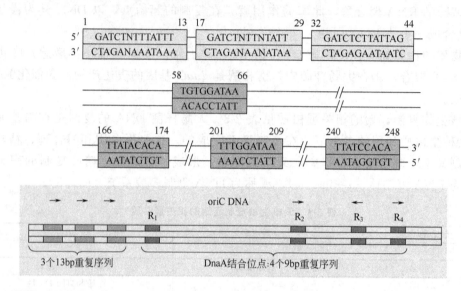

图 2-9　大肠杆菌复制起始点的结构

先是DNA的两条链在起始点分开形成叉子样的"复制叉"，随着复制叉的移动完成DNA的复制过程。DNA复制可以朝一个方向进行，也可以朝两个相反的方向进行，其证据来自放射自显影实验或电子显微镜观察。在迅速生长的原核生物中，第一个染色体DNA分子的复制尚未完成，第二个DNA分子就在同一个起始点上开始复制，其复制叉移动的速度约为105bp/min。大肠杆菌染色体的复制见图2-10。

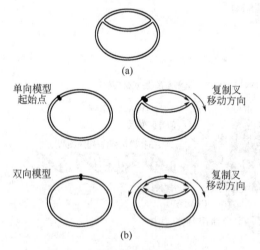

图 2-10　大肠杆菌染色体的复制

2. DNA复制的过程

DNA复制的过程是一个连续而又十分复杂的过程，通常将它分为起始、延长和终止3个阶段。

（1）起始阶段　在起始部位首先起作用的是DNA拓扑异构酶和解链酶，它们松弛DNA超螺旋结构，解开一段双链，然后将DNA结合蛋白结合在分开的单链上，保护和稳定DNA单链，至此已形成了复制点。由于每个复制点的形状像一个叉子，故称为复制叉。复制起始（图2-11）引发的过程如下。

① DNA复制起点双链解开，形成复制叉。

过程：约20个DnaA结合在4×9bp重复序列；DnaA复制起始复合物使13bp重复

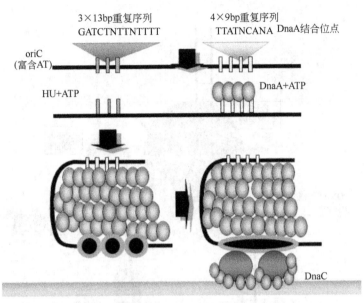

图 2-11   DNA 复制的起始

序列变性，形成开链；DnaB 与单链 DNA 结合（需要 DnaC 帮助），进一步解开 DNA 双链，HU 识别并刺激 oriC 形成开链复制叉。

② RNA 引物的合成。

当两股单链暴露出足够数量的碱基对时，引物酶发挥作用。引物酶具有辨认 DNA 模板链起始点的能力，在此处以解开的一段 DNA 链为模板，按照 A-U、G-C 的碱基配对原则，以 4 种核苷三磷酸（NTP）为原料，以 $5'\rightarrow3'$ 方向合成引物 RNA 片段（10～100nt）。

③ DNA 聚合酶将第一个 dNTP 加到引物的 $3'$-OH 末端，从而完成起始过程。

起始过程中引物 RNA 的合成为 DNA 链的合成做好了准备，即为第一个脱氧核苷酸提供了引物的 $3'$-OH 末端，RNA 引物合成后，DNA 的两条链均可作模板。

（2）延长阶段   模板在 DNA 聚合酶Ⅲ的催化下，以 $5'\rightarrow3'$ 方向，按照 A-T、G-C 的碱基配对原则在引物 $3'$-OH 末端逐个地聚合脱氧核苷三磷酸。随着 DNA 聚合酶Ⅲ向前移动，前导链的合成逐渐延长的同时，岗崎片段也在不断延长；随着拓扑异构酶和解链酶不断地向前推进，复制叉也不停地向前移行，新合成的 DNA 片段也相应延伸（图 2-12）。

（3）终止阶段   经过链的延长阶段，前导链可随着复制叉到达模板链的终点而终止（图 2-13）。原核生物基因是环状 DNA，具有复制终止点，复制终止于起始点的对侧，但不是自发终止。终止机制如下。

① Tus 蛋白的作用：可与终止序列结合，阻止复制叉继续前移。终止区包含 23bp 的保守序列（TTAATCATACAACATTGATTTCA），只能单向起作用。

② 两个复制叉在复制快的复制叉的终止点相遇。

双向复制的复制片段在复制的终止点（ter）处汇合，然后由核酸外切酶将其 RNA 引物切除，由 DNA 聚合酶Ⅰ催化其延长补缺，成为一条连续的 DNA 单链。而滞后链

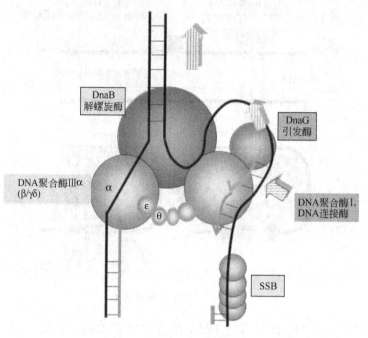

图 2-12 DNA 复制的延长

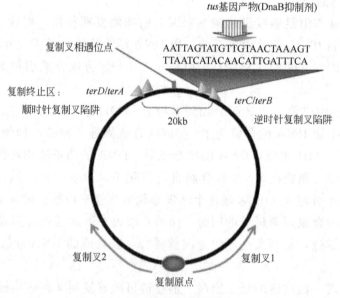

图 2-13 DNA 复制的终止

中相邻的两个冈崎片段在 DNA 连接酶的作用下连接起来，封闭缺口，形成一条连续的大分子 DNA 单链。新合成的两条子 DNA 单链分别与作为模板的两条亲链在拓扑异构酶的作用下重新形成双螺旋结构，生成两个与亲代 DNA 完全相同的子代 DNA 双链分子。

3. DNA 聚合酶的"校对"作用

在大肠杆菌的 DNA 复制过程中，每聚合 $10^9 \sim 10^{10}$ 个碱基对仅有一个误差。大肠杆菌染色体 DNA 约 4×10^6 bp，按以上错误率估算，进行一次分裂，每 10000 个细胞只插入一个错误配对的核苷酸。DNA 聚合酶具有三种不同的酶活性。DNA 聚合酶的 $3' \rightarrow 5'$ 核酸外切酶活性是校对新生 DNA 链和改正聚合酶活性所造成"错配"的一种手段，当因聚合酶活性的作用插入一个错配的核苷酸时，酶能识别这种"失误"并立即从新 DNA 链的 $3'$ 端除掉所错配的核苷酸，然后再按 $5' \rightarrow 3'$ 方向和正常复制的过程在新生 DNA 链的 $3'$ 端加上正确的核苷酸。DNA 聚合酶具有 $3' \rightarrow 5'$ 核酸外切酶活性，说明它也能朝执行聚合酶功能时的相反方向移动并切除新生 DNA 链的 $3'$ 端核苷酸残基。所以当复制叉沿模板链移动时，所加入的每个脱氧核苷酸单位都将受到检查（图 2-14）。DNA 聚合酶的校正功能十分有效，其准确率达到每聚合 10^4 个核苷酸单位至多出现一个错配的核苷酸。

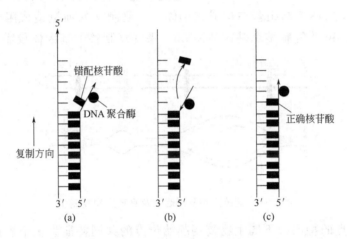

图 2-14　DNA 聚合酶的校对作用

（a）DNA 聚合酶所插入的错配核苷酸不能与模板链以氢键结合；（b）DNA 聚合酶后退并通过其 $3' \rightarrow 5'$ 核酸外切酶活力除去错配的核苷酸；（c）DNA 聚合酶插入能与模板链碱基配对的正确核苷酸并重新开始复制最左侧的箭头指示复制的方向；黑色圆球代表 DNA 聚合酶；黑色长方块代表新生 DNA 链中的脱氧核苷酸单位。

六、真核生物 DNA 复制

真核细胞 DNA 结构相当复杂，有关 DNA 复制的研究主要来自原核生物。近年来，由于一些新技术的应用和体外复制系统的建立，真核细胞 DNA 复制的研究有了较大进展。在真核细胞中也发现了冈崎片段（100~200 个核苷酸长）、RNA 引物（约含 10 个核苷酸）、DNA 连接酶及各种有关 DNA 螺旋分子解旋的酶和蛋白质。因此，真核细胞 DNA 复制的基本过程可能十分相似于原核细胞 DNA 的复制，两者相比主要有下列不同之处。

1. 研究真核生物 DNA 复制机制的选材

研究真核生物 DNA 复制机制的选材一般选用结构简单的真核生物，如酵母、四膜虫以及真核病毒为材料。真核病毒 DNA 复制机制与真核染色体 DNA 复制相同，如猴空泡病毒 40（SV40）。

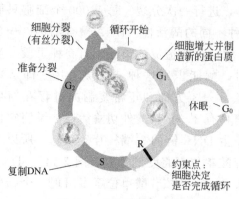

图 2-15 细胞周期 4 个期

2. 真核生物 DNA 复制

真核生物 DNA 复制时期在 S 期。细胞周期 4 个期见图 2-15。

（1）复制起点 真核生物 DNA 复制与原核生物 DNA 复制的基本特征是相同的，但真核生物 DNA 远比原核生物 DNA 大，且大多数真核生物是由多细胞组成的，因此在 DNA 复制上有所不同。

如图 2-16 所示，真核生物的每一个染色体皆含有许多个复制子（replicon）。复制叉前进的速度大约只有大肠杆菌的 1/10。可能原因是真核生物的 DNA 与组蛋白构成核小体，对复制叉的前进造成阻碍。人类的复制叉每秒约前进 100bp，复制整个基因体需 8h。果蝇复制整个基因体仅需 3～4min。

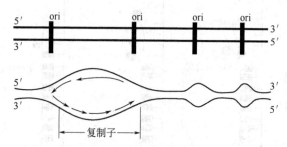

图 2-16 真核生物复制起点及真核生物复制子

（2）复制起点的特征 不同生物复制起始位点的共同特征为多个短重复序列。重复序列被多亚基的复制起始位点结合蛋白识别，这些蛋白对于复制酶在复制起始位点的组装起关键作用。复制起始位点附近一般都有富含 AT 的序列，以利于 DNA 双链的解旋，产生 DNA 复制模板。

酵母的复制起点称为 ARS（autonomously replicating sequence），有 100 多个碱基对（图 2-17）。

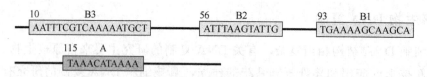

图 2-17 酵母复制起点 ARS

ARS 由 2 个功能域组成：A 功能域和 B 功能域。A 功能域为 ARS 的中心，有一个共有序列，可能是起始蛋白的结合位点。A 的序列为（T/A）AAATA（T/C）AAA（T/A）；A 元件高度保守，是复制起始所必需的。其中富含 AT 的 11bp 序列是复制起始识别复合物（origin recognition complex，ORC）结合复制起始位点所必需的，对起始因子在复制起始位点的组装起基本作用。

B 功能域（$B_1 \sim B_3$）为三个附加元件 B_1、B_2 和 B_3 组成。B 功能域富含 AT，可能是 DNA 熔链区。B_1 元件紧靠 A 元件，也是 ORC 的识别序列。B_2 元件的功能还不清楚，可能参与双链 DNA 的解旋。B_3 元件是转录因子 Abf1 的结合位点，可促进 DNA 复制的起始。A 元件决定哪一段 DNA 序列作为复制起始位点，B 元件可以增加复制起始位点的效率。

（3）ARS 序列突变对复制有影响　ARS 有一个 AT 富集区，这个区域内有若干个位点，当这些位点发生突变时会影响到复制起始的功能。当在一个 14bp 的"核心"区中缺失了由 11 个 AT 碱基对组成的一致序列后，复制起始功能就完全消失。

复制起始位点可以决定基因组在 S 期复制的时间顺序，即真核 DNA 的各个区域不是全部同时复制的，一般是 20～80 个相邻复制子一次被活化，S 期中不断有新的复制子被活化，直至整个染色体完全复制。事实上，在酵母染色体中，不同位点的复制起始位点的效率和起始时间显著不同。

3. 复制的延长

在真核生物 DNA 复制叉（图 2-18）处，需要两种不同的酶：DNA 聚合酶 α（polα）和 DNA 聚合酶 δ（polδ）。polα 和引物酶紧密结合，在 DNA 模板上先合成 RNA 引物，再由 polα 延长 DNA 链，这种活性还要复制因子 C 参与。同时结合在引物模板上的增殖细胞核抗原（proliferating cell nuclear antigen，PCNA）此时释放了 polα，然后由 polδ 结合到生长链 3′ 末端，并与 PCNA 结合，继续合成前导链。而滞后链的合成靠 polα 紧密与引物酶结合并在复制因子 C 帮助下，合成冈崎片段。虽然真核生物 DNA 复制的速度（60nt/s）比原核生物 DNA 复制的速度（$E.coli$ 1700nt/s）慢得多，但复制完全部基因组 DNA 也只要几分钟的时间。因此，真核生物复制叉移动速度虽较慢但复制总速度可能比原核生物更快。DNA 复制后立即与组蛋白 $H3_2 \cdot H4_2$ 四聚体和 H2A·H2B 二聚体结合成核小体结构。

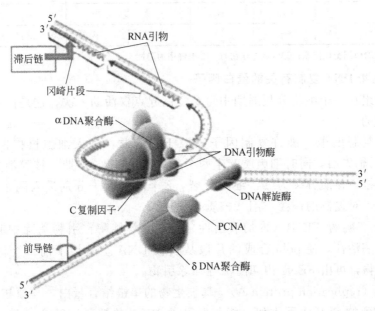

图 2-18　真核生物 DNA 复制叉结构示意

4. 真核生物 DNA 聚合酶

目前已确定，在较高等的生物中有多种 DNA 聚合酶（表 2-4），通常细胞中有 15

种以上。其中参与基因组 DNA 复制的酶有 DNA polδ、DNA polε 和 DNA polα。真核生物的 DNA 聚合酶聚合反应机制与原核生物的相似。

（1）DNA polα　含量最高（占总量 $80\% \sim 90\%$），有 4 或 5 个亚基，负责合成 RNA 引物和 iDNA（initiator DNA，起始 DNA）形成 RNA-iDNA 引物；具引物酶活性，无 $3' \rightarrow 5'$ 核酸外切酶活性，错配频率高；主要负责染色体 DNA 的复制。

（2）DNA polδ　无合成引物功能，有 $3' \rightarrow 5'$ 核酸外切酶活性，负责合成延伸前导链和滞后链的冈崎片段（延伸）。

（3）DNA polε　或参与滞后链合成或与 polδ 相同，参与 DNA 复制。

（4）DNA polβ　仅含有一条链，可能与修复有关。

（5）DNA polγ　存在于线粒体内，负责催化线粒体 DNA 的复制。

表 2-4　真核 DNA 聚合酶的种类

种　　类	α	δ	ε	β	γ
细胞内的部位	核	核	核	核	线粒体
分子质量(kDa)					
天然状态	7250	170	256	$36 \sim 38$	$160 \sim 300$
核心酶	$165 \sim 180$	125	215	$36 \sim 38$	125
其他亚基	70,50,60	48	55	无	35,47
性质					
对 PCNA[①] 的应答	—	＋	—	—	—
持续性	低	高[②]	高	低	高
保真性	高	高	高	低	高
复制	＋	＋	＋	—	＋
$3' \rightarrow 5'$ 核酸外切酶	—[③]	＋	＋	—	＋
引物酶	＋	—	—	—	—
修复	—	—	—	＋	—

① PCNA 代表增殖细胞核抗原；②PCNA 存在时；③果蝇中为隐性。

5. 真核生物 DNA 复制有关的蛋白因子

真核基因组在一个细胞分裂周期中每个复制起点仅活动一次，这是由细胞中的一些蛋白因子控制的。

（1）准许复制因子　准许复制因子来源于细胞质，进入细胞核控制 DNA 复制，DNA 复制后因子失活，同时细胞质产生两个准许因子进入 G_2 期，核膜消失，胞质中的准许因子进入核，核质分裂为二，细胞分裂，2 个准许因子分别进入两个子细胞的核，这是细胞质因子对复制的调控作用（核质互作）。

（2）Dna2 解旋酶/FEN1（内切酶活性）　Dna2 解旋酶在引物消除中起作用。依赖 DNA 的 ATP 酶活性，使 polδ 合成的片段从模板 DNA 上置换下前一个冈崎片段的引物，形成片状物，再由 FEN1 内切酶活性切除引物。

（3）RPA（replication protein A）　真核生物的单链结合蛋白，与原核生物 DNA 复制过程中所用到的 SSB 作用类似。能与解开的 DNA 单链紧密结合，防止重新形成双链，并免受核酸酶的降解。在复制中维持模板处于单链状态。

6. 复制的终止及端粒的合成

DNA 复制与核小体装配同步进行。染色体 DNA 呈线状，复制在末端停止。复制终止包括：①冈崎片段、复制子之间的连接，连接酶（ligaseⅠ）连接两个冈崎片段；②端粒的合成。

端粒（telomere）是指真核生物染色体线性 DNA 分子末端的结构部分，由独特的 DNA 重复序列及相关蛋白组成的复合体。

端粒结构特点：末端 DNA 序列是多次重复的富含 G、T 碱基的短序列（TTTT-GGGGTTTTGGGG）。

① DNA 端粒由简单的串联重复序列组成。

人和其他脊椎动物：AGGGTT。

纤毛原生动物四膜虫：GGGGTT 和 GGGGTTTT。

共同特点：富含 G；长度达几百到几千碱基对；人类 DNA 端粒长几千碱基对到几十千碱基对。

② 端粒 DNA 序列有取向性：染色体末端，富含 G 的单链为 $5'→3'$ 延伸，并长于富含 C 的单链 12～16nt。

③ 染色体末端与特定蛋白形成复合物。

端粒功能：①维持染色体的稳定性，决定细胞的寿命，若无端粒，两个染色体末端很可能融合一起；②维持 DNA 复制的完整性，解决末端复制问题。端粒酶能与端粒作用，延伸其长度。

产生端粒问题的原因是由于 DNA 复制需要引物，线性 DNA 在复制完成后，其末端由于 RNA 引物最终被降解，可能导致线状 DNA 端部不断变短（图 2-19），信息丢失。故需要在端粒酶（telomerase）的催化下，进行延长反应。

端粒酶是催化端粒合成的酶。它是由一条 RNA 和多种蛋白质构成的核糖核蛋白复合体。端粒酶中的蛋白部分具有逆转录酶活性，能以其自身携带的 RNA 为模板逆转录合成端粒 DNA。

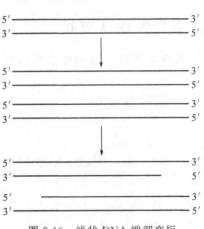

图 2-19 线状 DNA 端部变短

端粒酶的作用机制：端粒酶的 RNA 分子与端粒 DNA 配对，以 RNA 为模板进行类似逆转录合成 DNA，向 $5'→3'$ 延伸端粒至模板 RNA 末端后，延长的 DNA 末端与 RNA 模板解离，端粒酶移动，重新定位于延长后的 DNA $3'$ 端，开始下一轮延长过程，如此反复可数百次合成几百个或数千个重复序列。

引物酶及 DNA 聚合酶按合成滞后链方式延伸另一链。虽然滞后链仍比模板链短，但整个 DNA 已被加长，可避免 DNA 随复制而逐渐变短。端粒 DNA 复制过程见图 2-20。

端粒及端粒酶的意义：①成年人端粒比胚胎细胞端粒短，胚胎期细胞以及干细胞等端粒酶活性较强；②老化与端粒酶活性下降有关，端粒的长度是细胞寿命的限制因素，端粒的长度随细胞的分裂而缩短；③肿瘤的发生与端粒酶活性有关，肿瘤细胞端粒酶活性增强，有可能是肿瘤细胞获得无限增殖能力的原因之一；④端粒酶不一定能决定端粒的长度。

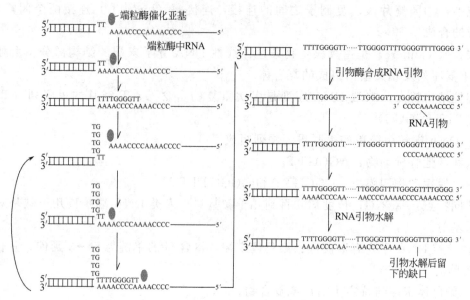

图 2-20 端粒 DNA 复制过程

七、线粒体 DNA 复制

真核生物除了细胞核染色体外，还有一类存在于细胞质内的非基因组 DNA，即线

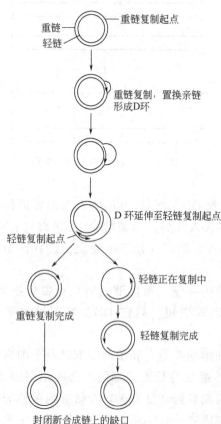

图 2-21 线粒体 DNA 的 D 环复制方式

粒体 DNA 和叶绿体 DNA。它们的结构与细菌 DNA 很相似，也是环状双链 DNA，其转录和翻译的特点与原核细菌非常相似。线粒体 DNA 的复制机制是一类称为置换型环状结构或 D 环复制的特殊复制方式，复制过程也遵循半保留复制的原理，由真核 DNA 聚合酶 γ 负责。D 环复制时双螺旋的两条链并不同时进行复制，轻链先开始复制，稍后重链再开始复制，当复制沿轻链开始时，重链上产生了 D 环，随环形轻链复制的进行，D 环增大，重链亦开始复制，最后两条链完成复制形成两条新的 DNA 双螺旋。

D 环复制过程共分为四个阶段（图 2-21）。

（1）H 链首先合成 在复制起点处以 L 链（轻链）为模板，合成 RNA 引物，然后由 DNA 聚合酶 γ 催化合成一个 500～600bp 长的 H 链片段。该片段与 L 链以氢键结合，将亲代的 H 链置换出来，产生 D 环复制中间物。

（2）H 链片段的继续合成 上述产生的 H 链片段由于太短而很容易被挤出去恢复线粒体 DNA 完整的双螺旋结构。但有时这个片段会继续合成，这需要依靠拓扑异构酶和解螺旋酶的作用将双链打开。

（3）L链合成开始 以被置换下来的亲代 H 链为模板，离 H 链合成起点 60％基因组的位置开始合成 L 链 DNA，合成也需要 RNA 引物。

（4）复制的完成 H 链的合成提前完成，L 链的合成随后结束。线粒体 DNA 合成速度相当缓慢，约每秒 10 个核苷酸，整个复制过程需要 1h。刚刚合成的线粒体 DNA 是松弛型的，需要 40min 将其变成超螺旋型。

第二节 RNA 的种类及其特点

核糖核酸是存在于生物细胞以及部分病毒、类病毒中的遗传信息载体，是由至少几十个核糖核苷酸通过磷酸二酯键连接而成的一类核酸，因含核糖而得名，简称 RNA。RNA 普遍存在于动物、植物、微生物及某些病毒和噬菌体内。RNA 和蛋白质生物合成有密切的关系。在 RNA 病毒和噬菌体内，RNA 是遗传信息的载体。RNA 一般是单链线形分子，也有双链的如呼肠孤病毒 RNA，环状单链的如类病毒 RNA，1983 年还发现了有支链的 RNA 分子。

一、RNA 种类

RNA 由核糖核苷酸经磷酸酯键缩合而成长链状分子。一个核糖核苷酸分子由磷酸、核糖和碱基构成。RNA 的碱基主要有 4 种，即腺嘌呤（A）、鸟嘌呤（G）、胞嘧啶（C）和尿嘧啶（U），其中，尿嘧啶（U）取代了 DNA 中的胸腺嘧啶（T）而成为 RNA 的特征碱基。与 DNA 不同，RNA 一般为单链长分子，不形成双螺旋结构，但是很多 RNA 也需要通过碱基配对原则形成一定的二级结构乃至三级结构来行使生物学功能。RNA 的碱基配对规则基本与 DNA 相同，不过除了 A-U、G-C 配对外，G-U 也可以配对。在细胞中根据结构功能的不同，RNA 主要分三类，即 tRNA（转运 RNA）、rRNA（核糖体 RNA）、mRNA（信使 RNA）。mRNA 是合成蛋白质的模板，其碱基组成取决于被转录 DNA 的序列；tRNA 是 mRNA 上碱基序列（即遗传密码子）的识别者和氨基酸的转运者；rRNA 是组成核糖体的组分，是蛋白质合成的工作场所。在病毒方面，很多病毒只以 RNA 作为其唯一的遗传信息载体（有别于细胞生物普遍用双链 DNA 作载体）。1982 年以来，研究表明，不少 RNA，如Ⅰ型内含子、Ⅱ型内含子、RNase P、HDV、核糖体大亚基 RNA 等有催化生化反应过程的活性，即具有酶的活性，这类 RNA 被称为核酶（ribozyme）。20 世纪 90 年代以来，又发现了 RNAi（RNA interference，RNA 干扰）等现象，证明 RNA 在基因表达调控中起到重要作用。

植物病毒遗传物质大多为 RNA。近些年在植物中陆续发现一些比病毒还小得多的浸染性致病因子，叫做类病毒。类病毒是不含蛋白质的闭环单链 RNA 分子。此外，真核细胞中还有两类 RNA，即核不均一 RNA（hnRNA）和核内小 RNA（snRNA）。hnRNA 是 mRNA 的前体；snRNA 参与 hnRNA 的剪接（一种加工过程）。自1965 年酵母丙氨酸 tRNA 的碱基序列确定以后，RNA 序列测定方法不断得到改进。目前除多种 tRNA、5S rRNA、5.8S rRNA 等较小的 RNA 外，尚有一些病毒 RNA、mRNA 及较大 RNA 的一级结构测定已完成，如噬菌体 MS$_2$ RNA 含 3569 个核苷酸。

1. tRNA 的三叶草形二级结构（图 2-22）

氨基酸臂主要由链两端序列碱基配对形成的杆状结构和 3′端未配对的 3～4 个碱基所组成，其 3′端的最后 3 个碱基序列永远是 CCA，最后一个碱基的 3′或 2′自由羟基（—OH）可以被氨酰化。TΨC 环是根据 3 个核苷酸命名的，其中 Ψ 表示拟尿嘧啶，是 tRNA 分子所拥有的不常见核苷酸。反密码子环是根据位于套索中央的三联反密码子命名的。D 环是根据它含有二氢尿嘧啶（dihydrouracil）命名的。

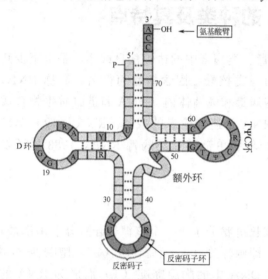

图 2-22　tRNA 的三叶草形二级结构

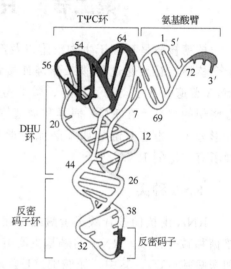

图 2-23　tRNA 的"L"形三级结构

2. tRNA 的"L"形三级结构（图 2-23）

酵母和大肠杆菌 tRNA 的三级结构都呈 L 形折叠式。这种结构是靠氢键来维持的，tRNA 的三级结构与 AA-tRNA 合成酶的识别有关。氨基酸臂和 TΨC 环的杆状区域构成了第一个双螺旋，D 环和反密码子环的杆状区域形成了第二个双螺旋。

tRNA 的 L 形高级结构反映了其生物学功能，因为其所运载的氨基酸必须靠近位于核糖体大亚基上的多肽合成位点，而它的反密码子必须与小亚基上的 mRNA 相配对，所以两个不同的功能基团最大限度分离。

二、RNA 的功能特点

RNA 在生命活动中同样具有重要作用。RNA 的种类具有多样性，同时 RNA 的功能也是多样性的（表 2-5）。下面叙述其中几种主要 RNA 的结构和功能特点。

1. miRNA（微小 RNA）

miRNA（MicroRNA）是在真核生物中发现的一类内源性的具有调控功能的非编码 RNA，其大小长 20～25 个核苷酸。成熟的 miRNA 是由较长的初级转录物经过一系列核酸酶的剪切加工而产生的，随后组装进 RNA 诱导的沉默复合体，通过碱基互补配对的方式识别靶 mRNA，并根据互补程度的不同指导沉默复合体降解靶 mRNA 或者阻遏靶 mRNA 的翻译。研究表明 miRNA 参与各种各样的调节途径，包括发育、病毒防御、造血过程、器官形成、细胞增殖和凋亡、脂肪代谢等。

表 2-5　RNA 的种类、分布和功能

分类	细胞核和胞液	线粒体	功　能
转运 RNA	tRNA	mt tRNA	转运氨基酸
核糖体 RNA	rRNA	mt rRNA	核糖体组分
信使 RNA	mRNA	mt mRNA	蛋白质合成模板
核不均一 RNA	hnRNA		成熟 mRNA 的前体
核内小 RNA	snRNA		参与 hnRNA 的剪接转运
核仁小 RNA	snoRNA		rRNA 的加工修饰
胞浆小 RNA	scRNA/7S L-RNA		蛋白质内质网定位合成的信号识别体的组分
反义 RNA	anRNA/micRNA		对基因的表达起调控作用
核酶	ribozyme RNA		有酶活性的 RNA

2. snRNA（核内小 RNA）

snRNA 是真核生物转录后加工过程中 RNA 剪接体（spilceosome）的主要成分。现在发现有五种 snRNA，其长度在哺乳动物中为 100～215 个核苷酸。snRNA 一直存在于细胞核中，与 40 种左右的核内蛋白质共同组成 RNA 剪接体，在 RNA 转录后加工中起重要作用。

第三节　DNA 的损伤（突变）与修复

一、基本概念

1. DNA 的保真性
对于生命的存在和延续，要求 DNA 分子保持高度的精确性和完整性。

2. 突变
突变是由遗传物质结构或组成改变而引起的遗传信息的改变。从分子水平看，突变就是 DNA 分子上碱基的改变。本质：在分子水平上的基因突变，是在各种诱变因素的作用下，使得 DNA 中碱基组成的种类或排列顺序发生变化。

3. DNA 损伤
泛指一切 DNA 结构和功能的变化。包括各种突变类型、碱基的损伤和 DNA 链的断裂。①单个碱基的改变——序列改变；②双链结构的异常扭曲——影响复制和转录。

二、突变的意义

1. 突变是进化、分化的分子基础
进化过程是突变不断发生所造成的。没有突变就没有今天五彩缤纷的世界。遗传学家认为：没有突变就不会有遗传学。大量的突变都属于由遗传过程自然发生的，称为自发突变或自然突变（spontaneous mutation）。

2. 突变导致基因型改变
这种突变只有基因型的改变，而没有可察觉的表型改变。
多态性（polymophism）：是用来描述个体之间的基因型差别现象。利用 DNA 多态性分析技术，可识别个体差异和种、株间差异。

3. 突变导致死亡

突变发生在对生命至关重要的基因上，可导致个体或细胞的死亡。

4. 突变是某些疾病的发病基础

包括遗传病、肿瘤及有遗传倾向的病。有些已知其遗传缺陷所在，但大多数尚在研究中。

突变在生物界中普遍存在并随机发生，突变是可以遗传的；突变频率很低，突变频率可被化学、物理、生物等加强；突变大多数是有害的；不定向突变，产生一个以上的等位基因。

三、引发突变的因素

1. DNA 分子自发性损伤

复制过程中发生自发性损伤及细胞内某些代谢物所致；自然错配率为 $10^{-10} \sim 10^{-9}$。

（1）互变异构移位　碱基发生"酮式-烯醇式"（图 2-24）或"氨基-亚氨基"（图 2-25）结构互变时，使碱基配对（图 2-26）发生改变，复制子链上可能出错。

（2）碱基的脱氨作用　A、G、C 分子中的环外氨基自发脱落，使 C→U、A→I（次黄嘌呤）、G→X（黄嘌呤），DNA 复制时子链产生错误而损伤。

A→I----C-G，使 AT 变成 GC；C→U----A-T，使 GC 变成 AT；G→X----C，无变化。

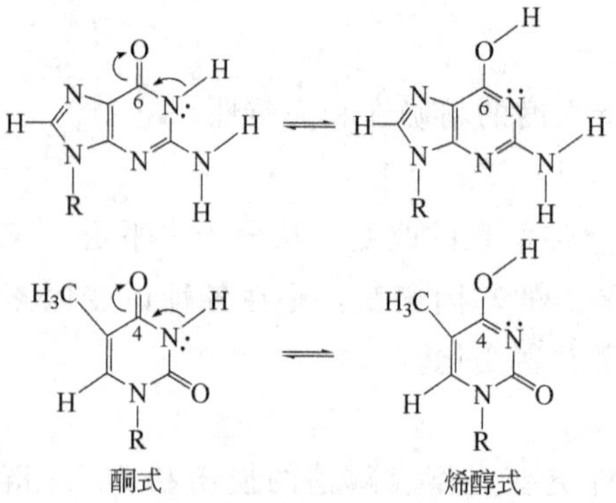

图 2-24　酮式-烯醇式互变异构

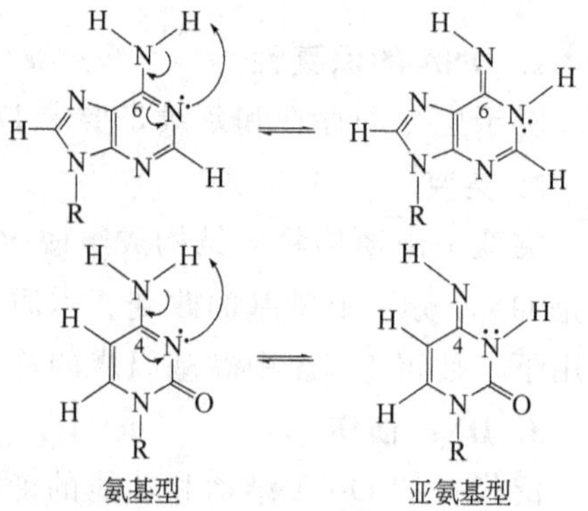

图 2-25　氨基-亚氨基互变异构

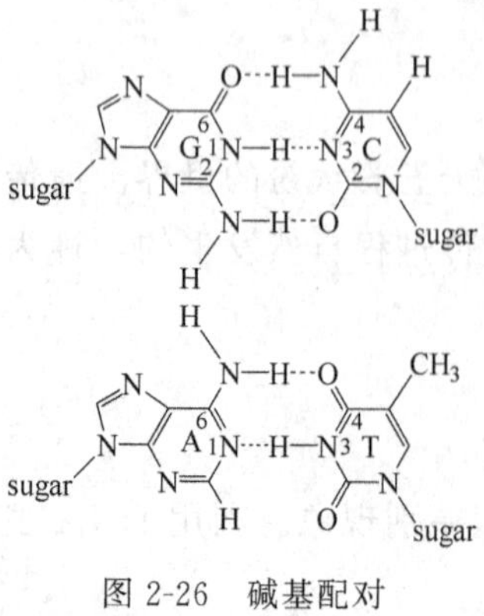

图 2-26　碱基配对

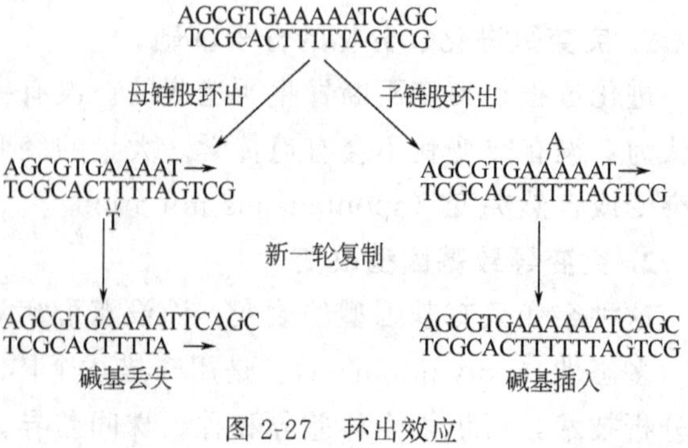

图 2-27　环出效应

（3）DNA 聚合酶的"打滑"　DNA 复制时模板或新生链常发生碱基的环出（looping out）——DNA 聚合酶的"打滑（slippage）"，引起一个或数个碱基的插入或丢失（图 2-27）。

（4）活性氧引起的突变　细胞内的活性氧使嘌呤和嘧啶分子发生氧化损伤（图 2-28）。

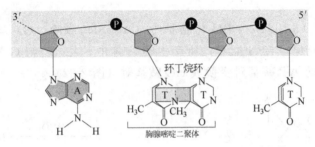

图 2-28　氧化损伤

（5）碱基丢失　在生理条件下 DNA 分子自发性水解，使碱基从磷酸脱氧核糖骨架上脱落。

2. 物理因素引起的 DNA 损伤

引起 DNA 损伤的物理因素如紫外线（UV）、各种辐射。大于 260nm 的紫外线照射后形成嘧啶二聚体（图 2-29）。小于 240nm 的紫外线有利于二聚体解聚。紫外线可引起 DNA 的交联、DNA 与蛋白质的交联。

图 2-29　UV 照射——引起 DNA 形成嘧啶二聚体

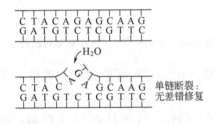

单链断裂：无差错修复

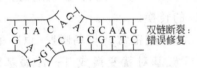

双链断裂：错误修复

图 2-30　电离辐射导致 DNA 链的断裂

电离辐射引起 DNA 损伤的机制：自由基损害及损伤 DNA 修复系统。

电离辐射引起 DNA 损伤的类型：①产生OH·自由基，导致碱基变化；②脱氧核糖分解；③DNA链断裂（图 2-30）；④DNA 链、蛋白质的交联。

3. 化学因素引起的 DNA 损伤

烷化剂、碱基类似物以及其他一些人工合成或环境中存在的化学物质，这些诱发突变的化学物质称为致癌剂。化学诱变剂见表 2-6。

表 2-6　化学诱变剂

化合物类别	作用点	分子改变	
碱基类似物(如 5-BU)	A→5-BU→G	-A- -T-	-G- -C-
羟胺类(NH₂OH)	T→C	-T- -A-	-C- -G-
亚硝酸盐	C→U	-G- -C-	-A- -T-
烷化剂(如氮芥类)	G→ᵐG	DNA 缺失 G	

（1）烷化剂对 DNA 损伤　碱基烷基化（图 2-31）：使 G-C→A-T。

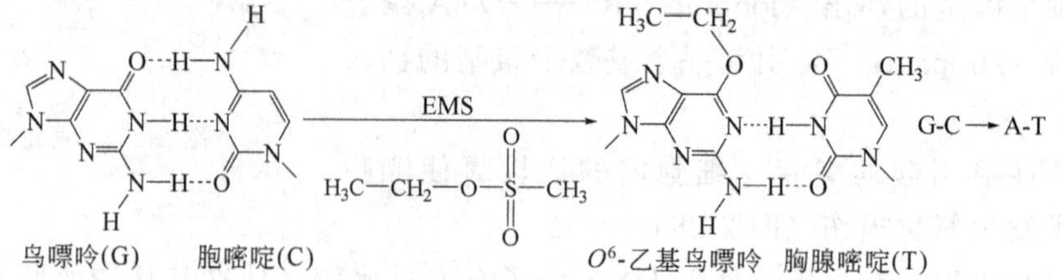

图 2-31　甲基磺酸乙酯（EMS）使碱基烷基化

烷化剂对 DNA 损伤：①导致 DNA 断链，磷酸二酯键上的氧被烷基化；②导致 DNA 链交联。链间交联：DNA 双螺旋链的一条链上的碱基和另一条链上的碱基以共价键结合。链内交联：DNA 分子中同一条链内的两个碱基以共价键结合。

（2）碱基类似物对 DNA 的损伤　某些碱基类似物可以取代碱基而插入 DNA 分子引起突变。

① 5-溴尿嘧啶（5-BU）　5-BU 与腺嘌呤（A）和鸟嘌呤（G）均可配对。如果 5-BU 取代 T 以后一直保持与 A 配对，所产生的影响并不大；若与 G 配对，经一次复制后，就可以使原来的 AT 碱基对变换成 GC 碱基对（图 2-32）。

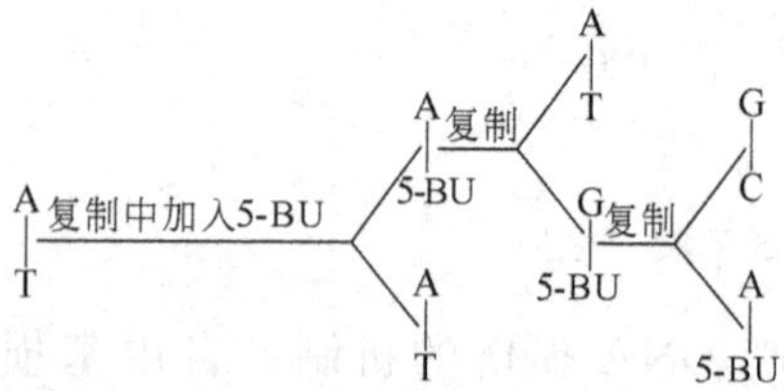

图 2-32　5-BU 引起的 DNA 碱基对的改变

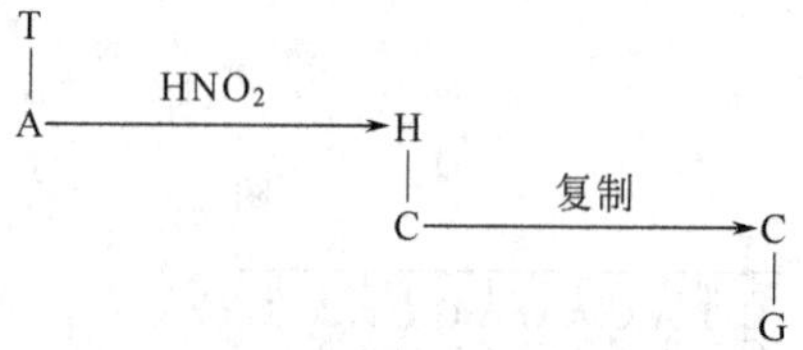

图 2-33　亚硝酸引起 DNA 碱基对的改变

② 亚硝酸或含亚硝基化合物　可使碱基脱去氨基（—NH$_2$）而产生结构改变，从而引起碱基错误配对（图 2-33）。

图 2-33 中 A 被亚硝酸脱去氨基后可变成次黄嘌呤（H），H 不能再与 T 配对，而变为与 C 配对，经 DNA 复制后，可形成 T—A→C—G 的转换。

③ 羟胺　可使胞嘧啶（C）的化学成分发生改变，而不能正常地与鸟嘌呤（G）配对，而改为与腺嘌呤（A）互补。经两次复制后，C—G 碱基对就变换成 T—A 碱基对（图 2-34）。

④ 芳香族化合物　吖啶类和焦宁类等扁平分子结构的芳香族化合物可以嵌入 DNA 的核苷酸序列中，导致碱基插入或丢失的移码突变（图 2-35）。

4. 生物因素引起的 DNA 损伤

生物因素有抗生素类、黄曲霉毒素和病毒等。病毒为风疹、麻疹、流感、疱疹等；真菌和细菌为其毒素或代谢产物。生物因素引起的 DNA 损伤后果见图 2-36。

四、基因突变的分子机制

基因突变分为两类：静态突变（static mutation）和动态突变（dynamic mutation）。

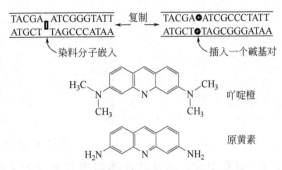

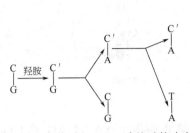

图 2-34　羟胺引起 DNA 碱基对的改变

图 2-35　染料分子的嵌入引起插入突变

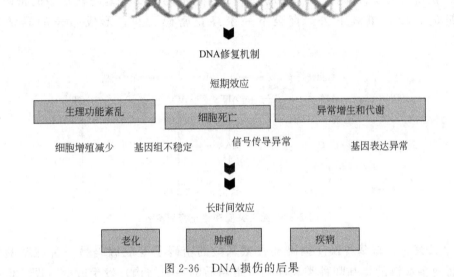

图 2-36　DNA 损伤的后果

（一）静态突变

静态突变是在一定条件下生物各世代中以相对稳定的频率发生的基因突变，可分为点突变和片段突变。

1. 点突变——错配

点突变是指 DNA 链中一个或一对碱基发生的改变，有碱基替换和移码突变两种形式。

（1）碱基替换　DNA 链中碱基之间互相替换，从而使被替换部位的三联体密码意义发生改变。

碱基替换中密码子区域可发生同义突变、无义突变、终止密码突变、错义突变。

碱基替换中非密码子区域可发生调控序列突变、内含子与外显子剪接位点突变。

① 碱基替换中密码子区域的突变

发生在同型碱基之间，即嘌呤代替另一嘌呤，或嘧啶代替另一嘧啶，如 GAA→AAA，称之为转换。发生在异型碱基之间，即嘌呤变嘧啶或嘧啶变嘌呤，如 GAG→GTG，称之为颠换。

a. 同义突变：碱基被替换之后，产生了新的密码子，但新旧密码子同义，所编码的氨基酸种类保持不变，因此同义突变并不产生突变效应（图 2-37）。

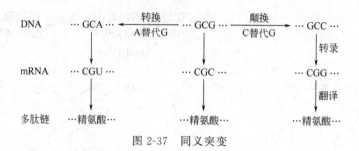

图 2-37　同义突变

b. 无义突变：碱基替换使编码氨基酸的密码子变成终止密码 UAA、UAG 或 UGA（图 2-38）。

c. 终止密码突变：DNA 分子中的某一个终止密码突变为编码氨基酸的密码，从而使多肽链的合成仍继续下去，直至下一个终止密码为止，形成超长的异常多肽链（图 2-38）。

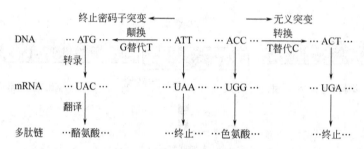

图 2-38　无义突变和终止密码突变

d. 错义突变：碱基替换使编码某种氨基酸的密码子变成编码另一种氨基酸的密码子，从而使多肽链的氨基酸种类和序列（蛋白质的一级结构）发生改变（图2-39）。

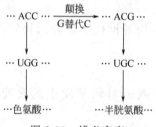

图 2-39　错义突变

1949 年波林发现镰刀形细胞贫血症（病人的红血细胞为镰刀形）与血红蛋白结构异常相关，此疾病即由错义突变引发。

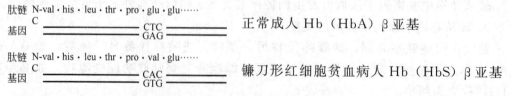

② 碱基替换中非密码子区域的突变

a. 调控序列突变：使蛋白质合成的速度或效率发生改变，进而影响这些蛋白质的功能，并可能引发疾病。

b. 内含子与外显子剪接位点突变：GT-AG 中的任一碱基发生置换而导致剪接和加工异常，不能形成正确的 mRNA 分子。

（2）移码突变 基因组 DNA 链中插入或缺失 1 个或几个碱基对，从而使自插入或缺失的那一点以下的三联体密码的组合发生改变，进而使其编码的氨基酸种类和序列发生变化（图 2-40）。

碱基对插入和（或）缺失的数目和方式不同，对其后密码组合改变的影响程度不同。一个或两个碱基对的插入或缺失，造成该位点之后的整个密码组合及其排列顺序的改变；而 3 个碱基对的插入或缺失，则仅引起前、后两个位点间的密码组合改变外，其后其他的密码子组合仍保持正常。

正常 5'......G C A　G U A　C A U　G U C......
　　　　　　丙　　　缬　　　组　　　缬

缺失C 5'......G A G　U A C　A U G　U C......
　　　　　　谷　　　酪　　　蛋　　　丝

图 2-40 缺失引起移码突变

2. 片段突变

片段突变是 DNA 链中某些小片段的碱基序列发生重排、缺失或重复。

（1）重排 DNA 分子内较大片段的交换，称为重组或重排。DNA 链发生多处断裂，断片的两端颠倒重接或几个断片重接的序列与原先序列不同。由基因重排引起的两种地中海贫血基因型见图 2-41。

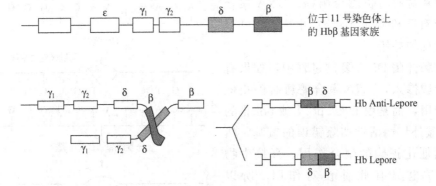

图 2-41 由基因重排引起的两种地中海贫血基因型

（2）缺失 一段核苷酸链从 DNA 大分子上消失，是 DNA 在复制或损伤修复后，某一片段没有被复制或修复造成的。

（3）重复 已复制完的某一片段，又再次复制，其结果使新链出现这一片段的重复序列。

（二）动态突变

动态突变是串联重复的三核苷酸序列随着世代传递而拷贝数逐代累加的突变方式。

例如，脆性 X 综合征：Xq27.3 内 (CGG)$_n$ 重复数 $60\sim200$，正常 $6\sim60$。由于人体内 X 染色体形成过程中的突变所导致。在 X 染色体的一段 DNA，由于遗传的关系有时会发生改变。一种为完全改变，另一种为 DNA 过度甲基化。如果这两种改变的程度较小，那么患者在临床表现方面可以没有特殊的症状或者只有轻微的症状。反之，如果

图 2-42 脆性 X 综合征患者

这两种改变的程度较大，就可能出现脆性 X 综合征的种种症状，如图 2-42 所示：智能低下、皮肤松弛、关节过度伸展。

五、DNA 损伤的修复

DNA 在复制过程中可能产生错配、DNA 重组、病毒基因的整合，更常常会局部破坏 DNA 的双螺旋结构。某些物理化学因子，如紫外线、电离辐射和化学诱变剂等，都能作用于 DNA，造成其结构与功能的破坏，从而引起生物突变，甚而导致死亡。然而在一定条件下，生物机体能使 DNA 的损伤得到修复。这种修复是生物长期进化过程中的一种保护功能。DNA 修复是细胞对 DNA 受损伤后的一种反应，这种反应可能使 DNA 结构恢复原样，能重新执行它原来的功能；但有时并非能完全消除 DNA 的损伤，只是使细胞能够耐受此 DNA 的损伤而能继续生存。对不同的 DNA 损伤，细胞可以有不同的修复反应。目前已经知道，细胞对 DNA 损伤的修复系统有如下六种。

1. DNA 聚合酶的"校正"修复

DNA 复制具有非常高的精确度，虽然复制是以碱基的精确互补配对为基础进行的，但碱基对有时仍然会出错。DNA 聚合酶的"校对"机制可不断地纠正复制过程中可能出现的差错。

在大肠杆菌 DNA 复制过程中，如果有错误核苷酸掺入，DNA 聚合酶暂时停止催化聚合作用，而是由 DNA pol I 或 pol III 的 $3' \rightarrow 5'$ 核酸外切酶活性切除错误的碱基，然后再继续催化正确的聚合作用。真核生物 DNA polδ 也具有此种校对作用。所以 DNA 聚合酶的校对作用是 DNA 复制中的修复形式，可使错配率下降至 10^{-6}。

2. 光复活修复

光复活修复也称直接修复，这是一种广泛存在的修复作用，从低等单细胞生物到鸟类都有，但高等哺乳动物中没有。紫外线照射（UV 照射）可能引起 DNA 链上两个相邻的嘧啶发生聚合反应，形成嘧啶二聚体，这些二聚体能阻止 DNA 的复制和转录。光复活修复能够修复任何嘧啶二聚体的损伤，如图 2-43，其修复过程为：细胞内存在一种光复活酶，在可见光的照射下，光复活酶被激活，从而能识别嘧啶二聚体并与之结合，

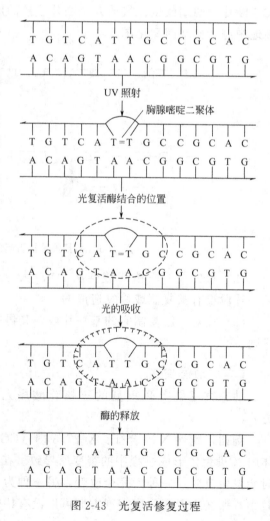

图 2-43 光复活修复过程

形成酶-DNA复合物，然后利用可见光提供的能量，解开二聚体，此后光复活酶从复合物中释放出来，完成修复过程。

3. 切除修复

切除修复是修复DNA损伤最为普遍的方式，对多种DNA损伤都能起修复作用。这种修复方式普遍存在于各种生物细胞中，修复过程需要多种酶的一系列作用，基本步骤如下：①首先由核酸酶识别DNA的损伤位点，在损伤部位的5′侧切开磷酸二酯键，不同的DNA损伤需要不同的特殊核酸内切酶来识别和切割；②由5′→3′核酸外切酶将有损伤的DNA片段切除；③在DNA聚合酶的催化下，以完整的互补链为模板，按5′→3′方向DNA链，填补已切除的空隙；④由DNA连接酶将新合成的DNA片段与原来的DNA断链连接起来。这样完成的修复能使DNA恢复原来的结构。

切除修复对多种DNA损伤起修复作用：①碱基脱落形成的无碱基位点；②嘧啶二聚体；③碱基烷基化；④单链断裂；⑤碱基错配；⑥庞大的化学附加物；⑦链间交联。

着色性干皮病（xeroderma pigmentosis，XP）是切除修复缺陷性的遗传病。光修复系统异常，解旋酶、核酸内切酶等修复蛋白的基因突变；XP病人细胞对嘧啶二聚体和烷基化的清除能力降低，不能修复紫外线照射引起的DNA损伤，因此易发生皮肤癌；对光敏感，皮肤、眼、舌易受损；发生皮肤上皮鳞状细胞或基底细胞皮肤癌；伴性发育不良、生长迟缓、神经系统异常而学习能力差。

4. 重组修复

重组修复是复制后修复，是用DNA重组的方法修复DNA损伤。重组修复共分为三个步骤（图2-44）：①复制，受损伤的DNA链复制时，产生的子代DNA在损伤的对应部位出现缺口；②重组，完整的另一条母链DNA与有缺口的子链DNA进行重组交换，将母链DNA上相应的片段填补子链缺口处，而母链DNA出现缺口；③填补和连接，以另一条子链DNA为模板，经DNA聚合酶催化合成一新DNA片段填补母链DNA的缺口，最后由DNA连接酶连接，完成修补。

重组修复不能完全去除损伤，损伤的DNA段仍然保留在亲代DNA链上，只是重组修复后合成的DNA分子是不带有损伤的，但经多次复制后，损伤就被"冲淡"了，在子代细胞中只有一个细胞是带有损伤DNA的。

5. 错配修复

DNA的错配修复机制是在对大肠杆菌的研究中被阐明的。错配修复是一种特殊的核苷酸切除修复，用来切除复制中新合成的DNA链上的错配基

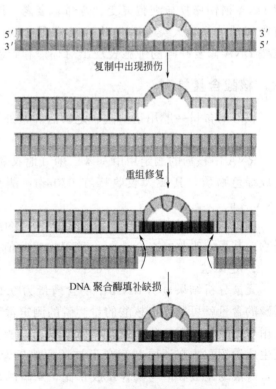

图2-44　DNA损伤的重组修复过程

因。通过对错配基因的修复将使复制的精确性大为提高。DNA 在复制过程中发生错配，如果新合成链被矫正，基因编码信息可得到恢复；但是如果模板链被矫正，突变就被固定。细胞错配修复系统能够区分"旧"链和"新"链。原核生物主要通过对模板链的甲基化来区分新合成的 DNA 链，复制后 DNA 在短期内（数分钟）只有模板链是甲基化的，而新合成的链是非甲基化的。正是子代 DNA 链中的这种暂时半甲基化，可以作为一种链的识别标志，以区别模板链和新合成的链，一旦发现错配碱基，即将未甲基化的链切除，并以甲基化的链为模板进行修复合成。

错配修复系统缺陷可诱发人类疾病。人类四种错配修复基因中任何一种基因发生突变均可产生错配修复缺陷，这是遗传性非息肉型结肠癌（HNPCC）发病的病因，错配修复缺失可促进溃疡性结肠炎患者的癌变转化过程。

6. SOS 修复

SOS 修复是指 DNA 受到严重损伤、细胞处于危急状态时所诱导的一种 DNA 修复方式，修复结果只是能维持基因组的完整性，提高细胞的生成率，但留下的错误较多，故又称为错误倾向修复（error-prone repair），使细胞有较高的突变率。

当 DNA 两条链的损伤邻近时，损伤不能被切除修复或重组修复，这时在核酸内切酶、外切酶的作用下造成损伤处的 DNA 链空缺，再由损伤诱导产生的一整套的特殊 DNA 聚合酶——SOS 修复酶类，催化空缺部位 DNA 的合成，这时补上去的核苷酸几乎是随机的，但保持了 DNA 双链的完整性，使细胞得以生存。但这种修复带给细胞很高的突变率。

目前对真核细胞 DNA 修复的反应类型、参与修复的酶类和修复机制了解还不多，但 DNA 损伤修复与细胞突变、寿命、衰老、肿瘤发生、辐射效应、某些毒物的作用都有密切的关系。人类遗传性疾病已发现 4000 多种，其中不少与 DNA 修复缺陷有关，这些 DNA 修复缺陷的细胞表现出对辐射和致癌剂的敏感性增加。

六、核酸含量检测

核酸的含量一般用定糖法、定磷法和紫外分光光度法等进行测定。

1. 定糖法

RNA 中核糖的测定用甲基苯二酚（地衣酚）法，RNA 与浓盐酸和甲基苯二酚作用生成绿色物质，其最大吸收峰在 670nm，测得光吸收值，再从标准曲线查得对应的 RNA 含量。

DNA 中脱氧核糖的测定用二苯胺法，DNA 在酸性溶液中与二苯胺共热生成蓝色化合物，其最大吸收峰在 595nm，测得光吸收值，再从标准曲线查得对应的 DNA 含量。

2. 定磷法

元素分析结果显示 RNA 中的含磷量为 9.0%，DNA 中的含磷量为 9.2%，因此测得磷的含量就可推算出核酸的量。磷的测定常用钼蓝比色法。测定核酸样品的总磷量需先用浓硫酸将核酸消化，使有机磷变成无机磷，然后在酸性条件下无机磷酸与钼酸铵反应生成磷钼酸，在还原剂存在下被还原成钼蓝，其最大吸收峰在 660nm，在一定范围内，溶液的光吸收值与磷含量成正比，从磷的标准曲线可知核酸样品中的总磷含量；总磷量减去未消化样品中测得的无机磷，即得核酸的含磷量，最后计算出核酸的含量。

3. 紫外分光光度法

核酸的最大吸收峰在 260nm，利用这一特性可以用紫外分光光度计进行定量和定性测定。首先测定样品 260nm 和 280nm 的吸光度（A），从两个值的比值即可判断样品的纯度。纯 DNA 的比值为 1.8，纯 RNA 的比值为 2.0，样品中含有杂蛋白和酚等杂质，比值就下降。若 DNA 比值高于 1.8，说明样品中的 RNA 尚未除尽。不纯的样品不能用紫外分光光度法做定量测定。对于纯的样品，只要读出 260nm 的吸光值即可算出核酸的含量，通常该值为 1 时相当于 $50\mu g/mL$ 双链 DNA、$40\mu g/mL$ 单链 DNA 或 RNA、$20\mu g/mL$ 寡聚核苷酸。此方法既快速又相当准确，而且不浪费样品。

现在已经有多种有效的方法来测定总 RNA 中 mRNA 的含量，或确定某一特定 RNA 分子的大小。例如 Northern 印迹实验可以确定总 RNA 或 polyA RNA 样品中某一特定 RNA 的大小和丰度。

【课后思考】

一、选择题

1. 证明 DNA 是遗传物质的两个关键性实验是：肺炎链球菌在老鼠体内的毒性和 T2 噬菌体感染大肠杆菌。这两个实验中主要的论点证据是（　　）。

A. 从被感染的生物体内重新分离得到 DNA，作为疾病的致病剂

B. DNA 突变导致毒性丧失

C. 生物体吸收的外源 DNA（而并非蛋白质）改变了其遗传潜能

D. DNA 是不能在生物体间转移的，因此它一定是一种非常保守的分子

2. 1953 年 Watson 和 Crick 提出（　　）。

A. 多核苷酸 DNA 链通过氢键连接成一个双螺旋

B. DNA 的复制是半保留的，常常形成亲本-子代双螺旋杂合链

C. 三个连续的核苷酸代表一个遗传密码

D. 遗传物质通常是 DNA 而非 RNA

3. DNA 的二级结构（　　）。

A. 是指 4 种核苷酸的连接及其排列顺序，表示了该 DNA 分子的化学构成

B. 是指 DNA 双螺旋进一步扭曲盘绕所形成的特定空间结构

C. 是指两条多核苷酸链反向平行盘绕所生成的双螺旋结构

4. DNA 复制的特点是（　　）。

A. 半不连续复制

B. 半保留复制

C. 都是等点开始、两条链均连续复制

D. 有 DNA 指导的 DNA 聚合酶参加

二、简答题

1. 何谓 DNA 半保留复制？

2. 比较原核生物和真核生物的 DNA 复制有哪些异同点？

3. 在 DNA 复制过程中，哪一种酶起着关键性的作用？为什么？

4. 有哪些物理和化学因子能引起 DNA 分子损伤？人体内有何 DNA 修复机制？

第三章

基因转录

【知识目标】

1. 识记真核生物基因组的组成、特点；理解真核生物基因的转录与加工过程。

2. 识记原核生物基因组的组成、特点；理解原核生物基因的转录与加工过程。

3. 能明白基因表达调控的意义，理解典型的真核生物/原核生物基因表达调控的模式。

【能力目标】

1. 能将不连续基因、质粒、启动子等内容与基因克隆表达相联系，熟知类比关系。

2. 能学会比较真核/原核生物基因转录、加工、调控的异同，正确读图。

　　基因的转录调控对基因的表达乃至机体的发育有着举足轻重的作用，它已经成为当今生物科学领域研究的一大热点。基因转录是一个动态的过程，它既可以保持静默而不转录，也可以在 RNA 合成工具的帮助下转录，形成蛋白从而发挥作用。基因转录的这个特点很容易让人们把它想象成一个灯泡，可以开也可以关。研究发现，基因是否转录是受到一段特殊 DNA 序列的调控，这段 DNA 序列就像简单的控制灯开关的按钮；它更像一个分子计算机，这个计算机把"多个要求基因转录的指令"和"基因转录的结果"有效地结合在一起，而且还可以根据输入的指令来核对基因转录的结果是否正确。生物通过不同的分子给这个"计算机"输入指令，这些分子（转录因子）通过与调控序列上特定的位点结合，进而控制基因转录的活性。基因转录调控在真核生物的发育过程、环境适应等过程中起了重要作用。

第一节　基　因

一、基因的概念

　　人们对基因的认识经历了漫长的发展过程，而且随着生命科学的发展，人类对于基因的认识逐步深入，基因概念也随之发展。基因概念的发展经历了以下几个时期。

1. 孟德尔"遗传因子"——生物性状遗传的符号

遗传学的始祖孟德尔（G. Mendel）认为生物性状的遗传是由遗传因子所控制的，性状本身是不能遗传的，被遗传的是遗传因子。孟德尔所说的"遗传因子"只是代表决定某个性状遗传的抽象符号。

丹麦生物学家 W. Johannsen 创造了基因（gene）一词，并用这个术语来代替孟德尔的遗传因子。

2. 基因是一个遗传、交换、突变的单位

根据摩尔根的"基因论"，遗传就是位于染色体上的粒子单位——基因的传递。每一个基因是一个物质实体，它具有以下含义：①可以复制，由一代传至另一代，在表型形成上有一特定功能；②不能由交换再行区分；③可突变成一改变了的状态。

3. 基因——位于染色体上的遗传功能单位

Watson 和 Crick 提出了 DNA 双螺旋结构模型。这时，人们接受了基因是具有一定遗传效应的 DNA 片段的概念。

1955 年，Benzer 基于 T4 噬菌体的顺反互补试验，提出了顺反子的概念。一个顺反子即是一个为多肽编码的 DNA 片段，它的内部可以发生突变或重组，即包含着许多突变子和重组子。顺反子实际上成为基因的同义词。

法国遗传学家 F. Jacob 和 J. Monod 在研究细菌基因调控中证实，基因是可分的，基因在功能上是有差别的，基因中既有决定合成某种蛋白质的结构基因，又有编码阻遏或激活结构基因转录并合成蛋白质的调节基因，还有其他无翻译产物的基因。操纵基因的发现修正了一个基因就有一条多肽，或一个基因决定一个蛋白功能的结构单位的说法。

研究人员陆续发现了断裂基因、重叠基因、跳跃基因，使人们对基因的认识进一步深化。因此，当今分子生物学认为：基因是一段制造功能产物的完整的染色体片段。

二、基因的结构

1. 原核生物的基因结构

如图 3-1 所示，原核生物基因分为编码区与非编码区。非编码区上的基因决定某些性状是否表达、表达多少次以及何时开始表达。

（1）编码区 编码区就是能转录为相应的信使 RNA，进而指导蛋白质的合成，也即能够编码蛋白质。

（2）非编码区 非编码区位于编码区的上游或下游。在调控遗传信息表达的核苷酸序列中最重要的是位于编码区上游的 RNA 聚合酶结合位点即启动子。

启动子是 DNA 链上一段能与 RNA 聚合酶结合并起始 RNA 合成的序列，它是基因表达不可缺少的重要调控序列。通常将 mRNA 开始转录的第一个碱基定为 +1，其上游用负值表示，下游用正值表示。原核基因启动子就位于转录起始点的上游区，长 40～60bp，至少包括三个功能部位：①识别部位，位于 −35 区序列附近，具有 TGTTGACA 序列或类似序列，其中 TTG 序列高度保守，RNA 聚合酶依靠其起始因子 σ 亚基识别该部位；②结合部位，位于 −10 区序列左右，是最保守的序列，碱基序列组成为 TATAAT（亦称 TATA 框），又因是 Pribnow 最早发现的，故也称 Pribnow 框，

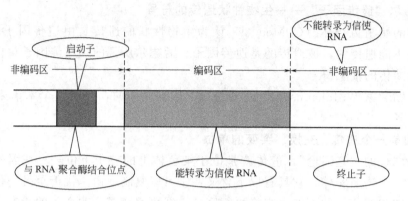

图 3-1 原核生物基因的结构

它是 RNA 聚合酶牢固结合的位点；③转录起始点，是合成 RNA 链中第一个核苷酸的位点，一般为腺嘌呤或鸟嘌呤。原核生物启动子结构示意如图 3-2。

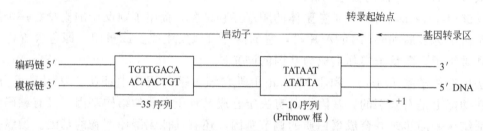

图 3-2 原核生物启动子结构示意

2. 真核生物的基因结构

如图 3-3 所示，真核生物的基因结构序列由编码区、前导区和调控区等组成。

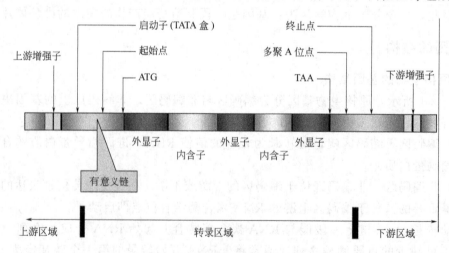

图 3-3 真核生物基因的主要结构

（1）编码区 大多数真核生物基因的编码区由编码序列和非编码序列两部分组成，也即这些基因的编码序列是不连续的，被非编码序列分割开来，这类基因被称为断裂基因（split gene）或不连续基因。编码的顺序称为外显子（exon），是一个基因表达为多肽链的部分；非编码顺序称为内含子（intron）。内含子在转录前体 mRNA 时被剪切掉。

如果一个基因有几个内含子，一般总是把基因的外显子分隔成 $n+1$ 部分。内含子的核苷酸数量比外显子多许多倍。每个外显子和内含子接头区都有一段高度保守的一致顺序（consensus sequence），即内含子 5′末端大多数是 GT 开始，3′末端大多是 AG 结束，称为 GT-AG 法则，是普遍存在于真核基因中 RNA 剪接的识别信号。

真核生物内含子和外显子不是完全固定不变的，有时同一 DNA 链上的某一段 DNA 序列，当它作为编码某一多肽链的基因时是外显子，而作为编码另一条多肽链时，则是内含子，这样同一基因可转录出两种或两种以上的 mRNA。

（2）前导区　操纵子或单个基因内，从转录起始位点的核苷酸到结构基因起始密码子间的 DNA 区段。

（3）调控区　每个结构基因的第一个和最后一个外显子的外侧，都有一段不被转录的非编码区，称为侧翼序列，它是基因转录或表达的调控序列，对基因的有效表达起调整作用，具体包括启动子、增强子、终止子等。

① 启动子　真核生物细胞中有三种转录方式，分别由三种 RNA 聚合酶（Ⅰ、Ⅱ和Ⅲ）催化，因此有三种启动子。根据启动子的不同，将真核生物的基因分为三类，即Ⅰ类、Ⅱ类和Ⅲ类基因。这三种基因分别由三种启动子控制，它们在结构上各有特点。

A. RNA 聚合酶Ⅰ的启动子结构　与其他两类启动子相比，RNA 聚合酶Ⅰ的启动子间的差异最小。因为 RNA 聚合酶Ⅰ只转录 rRNA 一种基因，包括 5.8S、18S 和 28S rRNA。三种 rRNA 的基因（rDNA）成簇存在，共同转录在一个转录产物上，然后经加工成为三种 rRNA。

RNA 聚合酶Ⅰ的启动子主要由两部分组成（图 3-4）。目前了解较清楚的是人的 RNA 聚合酶Ⅰ的启动子。在转录起始位点的上游有两部分序列。核心启动子（core promoter）位于 -45 至 $+20$ 的区域内，这段序列就足以使转录起始。在其上游有一序列，从 -180 至 -107，称为上游控制元件（upstream control element，UCE），可以大大提高核心启动子的转录起始效率。两个区域内的碱基组成和一般的启动子结构有所差异，均富含 GC 碱基对，两者有 85% 的同源性。

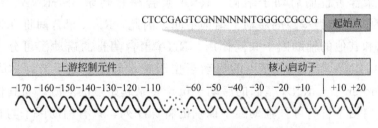

图 3-4　RNA 聚合酶Ⅰ的启动子结构

B. RNA 聚合酶Ⅱ的启动子结构　RNA 聚合酶Ⅱ主要负责蛋白质基因和部分核内小 RNA（small nuclear RNA，snRNA）的转录，其启动子结构最为复杂。RNA 聚合酶Ⅱ单独并不能起始转录，必须和其他辅助因子共同作用形成转录起始复合物后才能起始转录。RNA 聚合酶Ⅱ的启动子位于转录起始点的上游，由多个短序列元件组成。该类启动子属于通用型启动子，即在各种组织中均可被 RNA 聚合酶Ⅱ所识别，没有组织特异性。

经过比较多种启动子，发现 RNA 聚合酶Ⅱ的启动子有一些共同的特点（图 3-5），在转录起始点的上游有至少三个保守序列，又称为元件（elememt）。

a. 帽子位点（cap site） 帽子位点又称转录起始位点，其碱基大多为 A（指非模板链），这与原核生物相似。

b. TATA 框（TATA box） TATA 框位于－30 处，一致序列为 TATAA（T）AA（T），它是三个元件中转录起始效率最低的一个。TATA 框具有定位转录起始点的功能。将 TATA 框反向排列，也可降低转录的效率。TATA 框周围为富含 GC 碱基对的序列，可能对启动子的功能有重要影响，它和原核生物的启动子有些相似。TATA 框具有选择起始点的功能，在有些启动子中缺少 TATA 框。

c. CAAT 框（CAAT box） CAAT 框位于转录起始点上游的－75 处，一致序列为 GGC（T）CAATCT，因其保守序列为 CAAT 而得名。虽名为 CAAT 框，头两个 G 的作用却十分重要。它是最先被人们发现的转录起始元件，离转录起始位点距离的长短对其作用影响不大，并且正反方向排列均能起作用。CAAT 框内的突变对转录起始的影响很大，说明它决定了启动子起始转录的效率及频率，对于启动子的特异性，CAAT 框并无直接作用，但它的存在可增强启动子的强度。

d. GC 框（GC box） GC 框位于－90bp 附近，核心序列为 GGGCGG，一个启动子中可以有多个拷贝，并且可以正反两个方向排列。GC 框也是启动子中相对常见的成分。

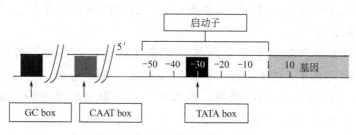

图 3-5 RNA 聚合酶 II 的启动子特点

C. RNA 聚合酶 III 的启动子结构 RNA 聚合酶 III 转录 5S rRNA、tRNA 和部分 snRNA 的基因。这三类基因的启动子结构不同。因此，RNA 聚合酶 III 在识别不同的启动子时，必须和其他的辅助因子共同作用。RNA 聚合酶 III 的启动子可分为两类，识别方式不同。5S rRNA 和 tRNA 基因的启动子位于转录起始点的下游，称为内部启动子（internal promoter）。snRNA 基因的启动子位于转录起始点的上游，与其他基因的启动子比较相似。启动子含有可被辅助因子识别的特殊序列，只有辅助因子与相应的序列结合后，RNA 聚合酶才能与启动子结合，从而起始转录。

② 增强子 增强子（enhancer）指增加同其连锁的基因转录频率的 DNA 序列。增强子是通过启动子来增加转录的。有效的增强子可以位于基因的 5′端，也可位于基因的 3′端，有的还可位于基因的内含子中。增强子的效应很明显，一般能使基因转录频率增加 10～200 倍，有的甚至可以高达上千倍。例如，人珠蛋白基因的表达水平在巨细胞病毒（cytomegalovirus，CMV）增强子作用下可提高 600～1000 倍。增强子的作用同增强子的取向（5′→3′或 3′→5′）无关，甚至远离靶基因达几百万碱基对也仍有增强作用。

③ 终止子 终止子是一种位于 polyA 位点下游、长度在数百碱基以内的结构，在

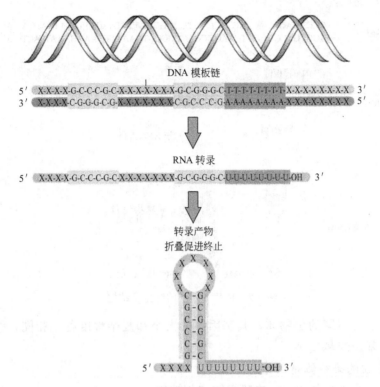

图 3-6 不依赖 ρ 因子的终止子结构

转录过程中能够终止 RNA 聚合酶转录的 DNA 序列，使 RNA 合成终止。终止子可分为两类：一类不依赖于蛋白质辅助因子就能实现终止作用；另一类则依赖蛋白质辅助因子才能实现终止作用。这种蛋白质辅助因子称为释放因子，通常又称 ρ 因子。两类终止子有共同的序列特征，在转录终止点前有一段回文序列，回文序列的两个重复部分（每个 7～20bp）由几个不重复的碱基节段隔开，回文序列的对称轴一般距转录终止点 16～24bp。两类终止子的不同点是：不依赖 ρ 因子的终止子的回文序列中富含 GC 碱基对（图 3-6），在回文序列的下游方向又常有 6～8 个 AT 碱基对（在模板链上为 A、在 mRNA 上为 U）；而依赖 ρ 因子的终止子中回文序列的 GC 碱基对含量较少（图 3-7）。在回文序列下游方向的序列没有固定特征，其 AT 碱基对对含量比前一种终止子低。不同的终止子的作用也有强弱之分，有的终止子几乎能完全终止转录；有的则只是部分终止转录，一部分 RNA 聚合酶能越过这类终止序列继续沿 DNA 移动并转录。如果一串结构基因群中间有这种弱终止子的存在，前后转录产物的量会有所不同，这也是终止子调节基因群中不同基因表达产物比例的一种方式。有的蛋白因子能作用于终止序列，减弱或取消终止子的作用，称为抗终止作用（antitermination），这种蛋白因子称为抗终止因子（antiterminator）。

三、原核生物基因组

基因组（genome） 是细胞或生物体中，一套完整单倍体的遗传物质的总和。

（1）结构　指不同的基因功能区域在核酸分子中的分布和排列情况。

（2）功能　储存和表达遗传信息。

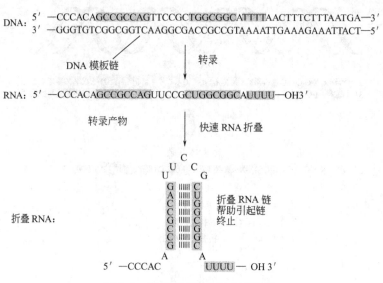

DNA: 5′ —CCCACAGCCGCCAGTTCCGCTGGCGGCATTTTAACTTTCTTTAATGA—3′
3′ —GGGTGTCGGCGGTCAAGGCGACCGCCGTAAAATTGAAAGAAATTACT—5′

DNA 模板链　　　　转录

RNA: 5′ —CCCACAGCCGCCAGTUCCGCUGGCGGCAUUUU—OH3′

转录产物　　　　快速 RNA 折叠

折叠RNA:　　　折叠 RNA 链帮助引起链终止

5′ —CCCAC　　　UUUU — OH 3′

图 3-7　依赖 ρ 因子的终止子结构

（3）特点　①不同的生物体，其基因组的大小和复杂程度各不相同；②进化程度越高的生物，其基因组越复杂。

1. 原核生物的染色体基因组

（1）原核生物染色体 DNA 的基本结构与功能

① 基本结构特点　原核生物中，大肠杆菌的基因组是研究得最为清楚的基因组。以 *E.coli* 为例，其基因组为环状双链 DNA 分子，与蛋白质形成复合物；类核（nucleoid），中央由 RNA 和支架蛋白组成。外围构成双链闭环的超螺旋 DNA。*E.coli* 的染色质结构见图 3-8。

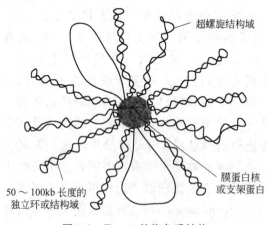

超螺旋结构域

50～100kb 长度的独立环或结构域

膜蛋白核或支架蛋白

图 3-8　*E.coli* 的染色质结构

② 染色体 DNA 的功能与细胞膜密切相关　信号区域往往优先与细胞膜结合，在细胞分裂时将染色体 DNA 均匀地分配到两个子代细胞中。

（2）原核生物染色体基因组结构基因特征　结构基因的编码是连续的；结构基因之间的编码序列不重叠；基因组中很少有重复序列；结构基因多为单拷贝基因（编码 rRNA 的基因除外）；结构基因在基因组中所占的比例约为 50%，大于真核基因组，小于病毒基因组。

（3）原核生物染色体基因组中结构基因与调控序列的组织形式　估计大肠杆菌基因组含有 3500 个基因，已被定位的有 900 个左右。在这 900 个基因中，有 260 个基因已查明具有操纵子（operon）结构（图 3-9），定位于 75 个操纵子中。在已知的基因中 8% 的序列具有调控作用。大肠杆菌染色体基因组中已知的基因多是编码一些酶类的基因，

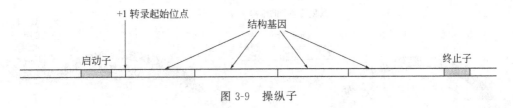

图 3-9 操纵子

如氨基酸、嘌呤、嘧啶、脂肪酸和维生素合成代谢的一些酶类的基因，以及大多数碳、氮化合物分解代谢的酶类的基因。另外，核糖体大小亚基中 50 多种蛋白质的基因也已经被鉴定了。

2. 原核生物中的质粒 DNA

（1）质粒的基本特性　质粒（plasmid）是细菌细胞内的、染色体外的共价闭合的环状 DNA 分子。能够独立于细胞的染色质 DNA 而进行复制，对宿主细胞的生存不是必需的，细菌失去了质粒也不影响其生存；但在某些条件下，质粒能赋予宿主细胞以特殊的技能，从而使宿主得到生长的优势，如耐药性质粒和降解质粒就能使宿主细胞在有相应药物或化学毒物的环境中生存。质粒也像染色体一样携带编码多种遗传性状的基因，并赋予宿主细胞一定的遗传特性，许多与医学、农业、工业和环境密切相关的重要细菌的特殊特征便是由质粒编码的，如植物结瘤、固氮、对有机物的代谢等。

（2）质粒的类型　质粒可以依据其表型效应、大小、复制特性、转移性或亲和性差异划分为不同的类型。最初发现的质粒均由研究者根据表型、大小等特征自行命名。

① 致育质粒（fertility factor，F 因子）　也称 F 质粒，仅携带转移基因，并且除了能够促进质粒间有性接合的转移外，不再具备其他的特征。如大肠杆菌的 F 质粒，这是第一个被发现的细菌质粒，它的发现对细菌遗传学的发展产生了深远的影响。

② 耐药性质粒（resistance factor，R 因子）　或称 R 质粒，携带有能够赋予宿主细胞对某一种或多种抗菌药的耐药性基因。例如，抗氨苄西林、抗水银等。

F 因子和 R 质粒的遗传物理图谱见图 3-10。

质粒研究者普遍接受和遵循的命名原则如下。

① 质粒的名称一般由三个英文字母及编号组成，第一个字母一律用小写 p（英文质粒的第一个字母）表示，后两个字母应大写，采用发现者人名、实验室名称、表型性状或其他特征的英文缩写。

② 编号为阿拉伯数字，用于区分属于同一类型的不同质粒，如 pUC18 和 pUC19 等。

（3）质粒拷贝方式　质粒拷贝数是确定某种质粒特性的一个重要参数，从中也可获得其复制本质的基本信息。一般而言，质粒的拷贝数与其分子质量成反比关系，分子质量大的拷贝数低，分子质量小的拷贝数高。一个细菌细胞可携带 1～200 个质粒，每个质粒可携带多个基因，如最小的 F 质粒有 600 个基因。

根据质粒在细菌细胞中的拷贝数，可将其分为"松弛型"（relaxed control）质粒和"严紧型"（stringent control）质粒。严紧型质粒的复制与寄主染色体的复制同步，因而拷贝少，一般每个细胞仅 1～5 个；松弛型质粒独立于寄主染色体进行复制，每个细胞一般有 10～200 个拷贝。分子质量小的 ColE1 质粒就属于松弛型质粒，是基因工程研究中常用的一类载体。含有松弛型质粒的菌株在含有氯霉素的培养液中细胞分裂受到抑

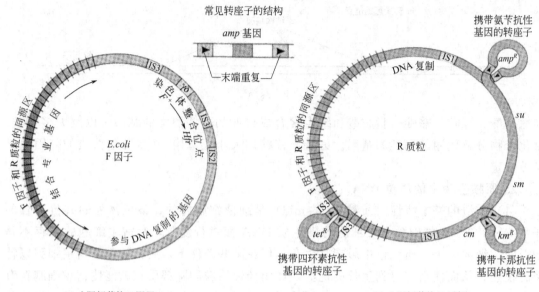

图 3-10 F 因子和 R 质粒的遗传物理图谱

制，染色体 DNA 也停止了复制，但所含的 ColE1 质粒可持续复制 10～15h，直到每个细胞中含有 1000～3000 个质粒。

（4）质粒的遗传调控 质粒自身带有一个复制调控系统，能使细胞分裂与质粒复制协调；质粒在宿主菌中具有不相容性。

四、真核生物基因组

真核生物的基因组比较庞大，并且不同生物种间差异很大，例如人的单倍体基因组由 3.16×10^9 bp 组成。在人类的整个基因组中实际上只有很少一部分（2%～3%）DNA 序列用以编码蛋白质。

真核生物体细胞内的基因组分细胞核基因组与细胞质基因组，细胞核基因组是双份的（二倍体）即有两份同源的基因组；细胞质基因组可有许多拷贝。

1. 细胞核基因组

细胞核基因组的 DNA 与蛋白质结合形成染色体（chromosome）。除配子细胞外，体细胞有两个同源染色体，因此有两份同源的基因组。染色体储存于细胞核内，是基因组遗传信息的载体。

2. 线粒体基因组

线粒体是真核细胞内能量生成的场所，也是脂肪酸和某些蛋白质合成的场所。线粒体拥有相对独立的一套遗传控制系统，同时也受到细胞染色体 DNA 的控制。

动物和酵母的线粒体基因组 DNA（mitochondrial DNA，mtDNA）为双链环状超螺旋分子，类似于质粒 DNA；植物的线粒体基因组呈线形。线粒体基因组主要编码与生物氧化有关的一些蛋白质和酶，如呼吸链中的细胞色素氧化酶有七个亚基，其中三个亚基由 mtDNA 编码，其余四个亚基由细胞核 DNA 编码。线粒体基因组可能还包括一些耐药性基因。此外线粒体基因组有自己的 rRNA、tRNA、核糖体等系统，因此线粒体本身的一些蛋白质基因也可以在线粒体内独立地进行表达。

近几年的研究发现，哺乳动物 mtDNA 的遗传密码与通用的遗传密码有以下区别：① UGA 不是终止密码，而是编码色氨酸的密码；② 多肽内部的甲硫氨酸由 AUG 和 AUA 两个密码子编码，而起始甲硫氨酸由 AUG、AUA、AUU 和 AUC 四个密码子编码；③ AGA、AGG 不是精氨酸的密码子，而是终止密码子，因此，线粒体密码翻译系统中有 4 个终止密码子（UAA、UAG、AGA、AGG）。

3. 真核生物基因组特点

（1）结构基因的结构与功能特点　大都为不连续基因（断裂基因），非编码区为内含子，编码区为外显子，其转录产物为单顺反子；结构基因所占区域远小于非编码区域。

不连续基因（interrupted 或 discontinuous genes）是基因的编码序列在 DNA 分子上不连续，为不编码的序列所隔开。

细胞核基因组存在重复序列，重复次数可达百万次以上，大多为非编码序列，因此基因组中不编码的区域多于编码区域。大部分基因含有内含子，因此基因是不连续的。真核生物基因组远远大于原核生物的基因组，具有许多复制起点，但每个复制子的长度较小。

（2）基因家族与基因簇　真核生物的基因组中有许多来源相同、结构相似、功能相关的基因，这样的一组基因称为基因家族（gene family）。研究较多的基因家族是血红蛋白基因家族。成人的血红蛋白 A（HbA）占总血红蛋白的 97%，血红蛋白 A2（HbA2）占 2%，其余 1% 是 HbF。HbA 是由 2 条 α 链和 2 条 β 链组成的四聚体（$\alpha_2\beta_2$），HbA2 为 $\alpha_2\delta_2$ 四聚体，HbF 为 $\alpha_2\gamma_2$ 四聚体。

在哺乳动物中编码血红蛋白的 α 链和 β 链亚基的基因分别形成两个不同的基因簇（图 3-11），并存在于不同的染色体上，这两个基因簇在不同的发育时期表达不同的基因（表 3-1）。

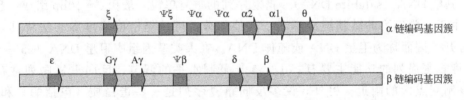

图 3-11　人类血红蛋白的 α 和 β 基因簇

表 3-1　人类不同生命时期血红蛋白亚基的组成

生命的不同时期	血红蛋白的种类	亚基组成
胚胎时期的血红蛋白	Hb Gower1	$\xi_2\varepsilon_2$
	Hb Gower2	$\alpha_2\varepsilon_2$
	Hb Portland	$\xi_2\gamma_2$
胎儿时期的血红蛋白	HbF	$\alpha_2\gamma_2$
成年时期的血红蛋白	HbA	$\alpha_2\beta_2$
	HbA2	$\alpha_2\delta_2$

（3）假基因　假基因（pseudo gene）是指基因组中存在的一段与正常基因非常相似但不能表达的 DNA 序列。分为两大类：一类保留了相应功能基因的间隔序列；另一类缺少间隔序列，称为加工过的假基因或返座假基因，常用 Ψ 表示。

假基因和正常基因结构上的差异包括在不同部位上程度不等的缺失或插入、在内含子和外显子邻接区中的顺序变化、在 5′端启动区域的缺陷等。这些变化往往使假基因不能转录并形成正常的 mRNA，从而不能被表达。

（4）重复序列

① 高度重复序列　真核生物基因组中普遍存在着重复序列，其中重复频率高、重复次数达百万（10^6）以上的重复序列，称为高度重复序列，在人类基因组中约占 20%。由于高度重复序列中碱基组成的复杂度很低，因此其复性速度很快。高度重复序列按其结构特点分为：反向（倒位）重复序列和卫星 DNA。

a. 反向（倒位）重复序列（图 3-12）　这种重复序列复性速度极快，即使在极稀的 DNA 浓度下，也能很快复性，因此又称零时复性部分，序列长度为 100～1000bp，约占人类基因组的 5%。倒位重复序列由两个相同顺序的互补拷贝在同一 DNA 链上反向排列而成。变性后再复性时，同一条链内互补的拷贝可以形成链内碱基配对而形成发夹式或"十"字形结构。倒位重复（即两个互补拷贝）之间可有若干个核苷酸的间隔，也可以没有间隔。没有间隔的又称为回文（palindrome）结构，回文结构约占所有倒位重复的三分之一。

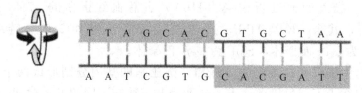

图 3-12　反向（倒位）重复序列示意

b. 卫星 DNA（satellite DNA）　重复序列的重复单位一般由 2～10bp 组成，且成串排列。由于这类序列的碱基组成不同于其他部分，可用等密度梯度离心法将其与主体 DNA 分开，因而称为卫星 DNA 或随体 DNA。在人类基因组中卫星 DNA 占 5%～6%。

高度重复序列的功能主要有：Ⅰ. 参与复制水平的调节。反向重复序列常存在于 DNA 复制起点区的附近；另外，许多反向重复序列是一些蛋白质（包括酶）和 DNA 的结合位点。Ⅱ. 参与基因表达的调控。DNA 的重复序列可以转录到 hnRNA 分子中，有些反向重复序列可以形成发夹结构，对稳定 RNA 分子免遭分解有作用。Ⅲ. 参与转位作用。几乎所有转位因子的末端都包含反向重复序列，长度由几个碱基到 1400bp 不等，由于这种顺序可以形成回文结构，因此在转位作用中既能连接非同源的基因，又可被参与转位的特异酶所识别。Ⅳ. 与进化有关。不同种属的高度重复序列的核苷酸序列不同，具有种属特异性，但相近种属又有相似性。Ⅴ. 与个体特征有关。同一种属中不同个体的高度重复序列的重复次数不一样，这可以作为每个个体的特征，即 DNA 指纹。Ⅵ. 与染色体减数分裂时染色体配对有关。

② 中度重复序列　中度重复序列是指在真核基因组中重复数十次至数万次（$<10^5$）的重复序列，在基因组中所占比例为 10%～40%。其复性速度快于单拷贝序

列，但慢于高度重复序列。分布于结构基因之间、基因簇中以及内含子中，少数在基因组中成串排列在一个区域，大多数与单拷贝基因间隔排列。

依据重复序列的长度，中度重复序列可分为如下两种类型。

a. 短分散片段（short interspersed repeated segments，SINES）　重复序列的平均长度为300bp（一般<500bp），与平均长度为1000bp左右的单拷贝序列间隔排列，拷贝数可达10万左右。如 *Alu* 家族、*Hinf* 家族等属于这种类型的中度重复序列。

b. 长分散片段（long interspersed repeated segments，LINES）　长分散片段重复序列的长度大于1000bp，平均长度为3500～5000bp，如 *Kpn*Ⅰ 家族等。

中度重复序列在基因组中所占比例在不同种属之间差异很大，在人类基因组中约为12%。中度重复序列大多不编码蛋白质，其功能可能类似于高度重复序列。有些中度重复序列则是编码蛋白质或rRNA的结构基因，如HLA基因、rRNA基因、tRNA基因、组蛋白基因、免疫球蛋白基因等。中度重复序列一般具有种属特异性，因此在适当的情况下，可以应用其作为探针以区分不同种属哺乳动物细胞来源的DNA。

③ 低度重复序列（单拷贝序列）　低度重复序列在单倍体基因组中只出现一次或数次，因而复性速度很慢。人类基因组中，有60%～65%的序列属于这一类。低度重复序列长750～2000bp，相当于一个结构基因的长度。低度重复序列中储存了巨大的遗传信息，编码各种不同功能的蛋白质。目前尚不清楚单拷贝基因的确切数字，在低度重复序列中只有一小部分用来编码各种蛋白质，其他部分的功能尚不清楚。

五、病毒基因组

1. 病毒基因组的特点
基因组较小，不到大肠杆菌基因组大小的十分之一；可以是DNA，也可以是RNA；可以是单链结构，也可以是双链结构；可以是闭环分子，也可以是线性分子。

2. RNA病毒基因组
可以由不相连的几条RNA链构成，每个RNA分子都含有编码蛋白质分子的信息。DNA病毒无类似现象。

3. 基因重叠
同一DNA片段可以是2种甚至3种蛋白质分子的部分编码区，重叠编码机制提高了病毒基因组的编码能力。

4. 多顺反子mRNA
功能相关的基因或rRNA基因，可以形成1个转录单元。可被一起转录成为多顺反子mRNA，然后再加工成各种蛋白质的模板mRNA。

噬菌体（bacteriophage，phage）是感染细菌、真菌、放线菌或螺旋体等微生物的病毒的总称，因部分能引起宿主菌的裂解，故称为噬菌体。

λ噬菌体（图3-13）的染色体共有48502个碱基对，分子质量为$3.2×10^7$Da，被包装在由蛋白质组成的头部外壳中。λ噬菌体的双链DNA有以下两种形式：一种是带有切刻的环状分子，

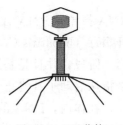

图3-13　λ噬菌体

切刻部分通过黏性末端互补碱基之间的氢键连接；另一种形式是两个黏性末端相互分离，形成线形分子。黏性末端有 12 个核苷酸，非共价结合的环状分子在加热时（70℃）很容易转变成线形分子；还可以用 DNA 连接酶将非共价结合的环状分子变为共价结合的封闭环状分子。λ 噬菌体的染色体有时也会呈单链线性 DNA、单链环形 DNA 及单链 RNA 等多种形式。

λ 噬菌体是一种中等大小的温和噬菌体，是迄今为止研究得最清楚的一种大肠杆菌噬菌体。

原核与真核细胞基因组结构对比见图 3-14。

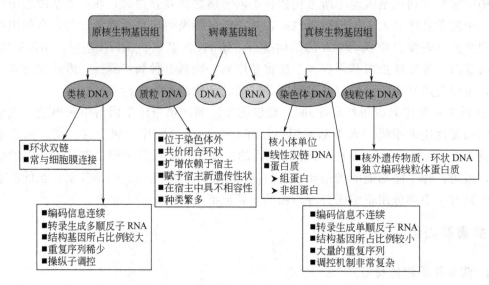

图 3-14　原核与真核细胞基因组结构对比

第二节　　真核细胞的转录

转录（transcription）是遗传信息从 DNA 到 RNA 的转移，即以双链 DNA 中的一条链为模板，以腺苷三磷酸（ATP）、胞苷三磷酸（CTP）、鸟苷三磷酸（GTP）和尿苷三磷酸（UTP）四种核苷三磷酸为原料，在 RNA 聚合酶催化下合成 RNA 的过程。在生物界 RNA 的合成有两种方式：一种是 DNA 指导的 RNA 合成，此为生物体内 RNA 主要合成方式（图 3-15）；另一种是

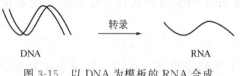

图 3-15　以 DNA 为模板的 RNA 合成

RNA 指导的 RNA 合成，此种方式常见于病毒，如汉坦病毒（Hanta virus，HV）和丙肝病毒（hepatitis C virus，HCV）均可指导 RNA 的合成。在体内，转录是基因表达的第一阶段，并且是基因调节的主要阶段。转录可产生 DNA 复制的引物。一个转录单位是指从启动子到终止子，被转录成单个 RNA 分子的一段 DNA 序列。

在体内，RNA 的合成是以一种不对称方式进行的（图 3-16），也即只以双链 DNA 中的一条链为模板进行转录，将遗传信息由 DNA 传递给 RNA。对于不同的基因来说，其转录信息可以存在于两条不同的 DNA 链上。能够转录为 RNA 的那条 DNA 链为模板链，或负链（－）；对应的互补链称为编码链，即正链（＋）。新合成的 RNA 链和编码链都能与模板链互补，两者都对应该基因表达的蛋白质中氨基酸序列编码，其区别仅在于 RNA 链上的碱基为 U 代替了 T。

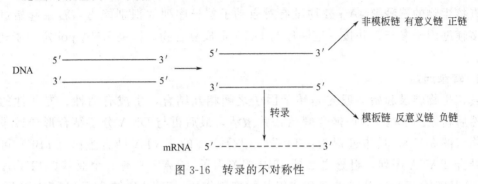

图 3-16 转录的不对称性

RNA 转录具有如下特点：

① 以核糖核苷三磷酸（rNTP）为底物；

② 仅以 DNA 双链中的一条链为模板；

③ 按 5′→3′方向合成 RNA 链；

④ 无需引物的存在能单独起始新链的合成；

⑤ 第一个引入的 rNTP 以三磷酸的形式存在；

⑥ RNA 的序列和模板是互补的。

一、RNA 聚合酶

催化转录过程的酶是 RNA 聚合酶（RNA polymerase），又称 DNA 指导的 RNA 聚合酶（DNA dependent RNA polymerase，DDRP）。它广泛存在于真核生物细胞中。

真核生物的 RNA 聚合酶分三类（表 3-2），它们专一性转录不同基因，催化合成不同种类的 RNA。不同的 RNA 聚合酶有不同的终止子，RNA pol Ⅰ和 RNA pol Ⅲ有类似于原核生物的终止元件。RNA pol Ⅱ是否有类似的终止元件还不是很清楚。

表 3-2 真核生物三种 RNA 聚合酶的特点

RNA pol	位置	产物	相对活性	对 α-鹅膏覃碱的敏感性
RNA pol Ⅰ	核仁	28S,18S,5.8S,rRNA	50%～70%	不敏感
RNA pol Ⅱ	核质	hnRNA,mRNA,某些 snRNA	20%～40%	高度敏感
RNA pol Ⅲ	核质	tRNA,5S rRNA,某些 snRNA	10%	片段特异,中等敏感

二、转录过程

真核生物的转录上游调控序列统称为顺式作用元件，主要有 TATA 盒、CG 盒、上游活化序列（酵母细胞）、增强子等。与顺式作用元件结合的蛋白质都有调控转录的作用，统称为反式作用因子。反式作用因子已发现数百种，能够归类的称为转录因子（transcription factor，TF），相对应于 RNA pol Ⅰ、RNA pol Ⅱ、RNA pol Ⅲ的是 TF

Ⅰ、TFⅡ、TFⅢ。TFⅡ又有A、B、C、D、E、F多种及其亚类。TFⅡD是目前已知唯一能结合TATA盒的蛋白质，在转录起始中作为第一步，指导RNA聚合酶Ⅱ进入作用位点。转录因子是指能够结合在某基因上游特异核苷酸序列上的蛋白质，这些蛋白质能调控基因的转录。

真核生物的三种RNA pol均没有对启动子特异序列的识别能力，转录起始过程需要很多辅助因子参与，并按一定顺序与DNA形成复合物，协助RNA pol定位于转录起始点。

1. 转录起始

真核生物转录起始一般先是转录因子之间相互结合，生成有活性、专一性的聚合物，然后转录因子与RNA聚合酶结合并激活，最后再与DNA分子结合形成转录起始复合物（图3-17）。具体过程为：TFⅡD组分之一的TATA结合蛋白（TBP）可特异识别结合TATA序列，组分之二是TBP相关因子（TAFs）有9个亚基，TFⅡA能激活TBP并解除TAFs对转录复合物组装的抑制作用。TFⅡD结合于TATA盒后，TFⅡA和TFⅡB次序加入，TFⅡB可与TATA盒的下游松散作用，保护转录起始点附近DNA模板，为RNA polⅡ结合的识别做好准备。随后TFⅡF可携带RNA polⅡ进入，TFⅡF大亚基有解旋酶活性，小亚基与RNA polⅡ结合。这使聚合体覆盖至下游+15部位，催化第一个磷酸二酯键合成，另外TFⅡF进入使复合物离开启动子向下游移动，TFⅡH和TFⅡJ加入，消耗ATP促进DNA解旋暴露模板链和转录起点，共同促进RNA polⅡ复合物向下游移动，完成转录起始复合物组装。

2. 转录延长

转录的延长是以首位核苷酸的$3'$-OH为基础逐个加入NTP即形成磷酸二酯键，使RNA逐步从$5'$向$3'$端生长的过程。

3. 转录终止

真核生物的转录终止，是和转录后的修饰过程密切相关的。真核mRNA $3'$端在转录后发生修饰，加上多聚腺苷酸（polyA）的尾巴结构。大多数真核生物基因末端有一段AATAAA共同序列，在下游还有一段富含GT序列，这些序列称为转录终止的修饰点。真核RNA转录终止点在越过修饰点延伸很长序列之后，在特异性核酸内切酶作用下从修饰点处切除mRNA，随即加入polyA尾巴及$5'$帽子结构。余下的继续转录一段核苷酸序列，但因无帽子结构的保护作用，很快被RNA酶降解（图3-18）。

三、转录产物的加工

转录后加工是指将各种前体RNA分子加工成成熟的各种RNA。

真核生物由于存在细胞核结构，转录与翻译在时间上和空间上被分隔开，其RNA前体的加工过程主要在细胞核中进行，加工后通过核孔运输到细胞质中。几乎所有真核生物RNA转录的初级产物都需经过一系列变化才成为有生物活性的RNA分子，这一过程称为RNA转录后加工，又称RNA成熟，其中包括水解、剪接、修饰、加帽、加尾等过程。

1. mRNA前体的后加工

真核mRNA一般都有相应的前体，前体必须经过后加工才能用于转译蛋白质。

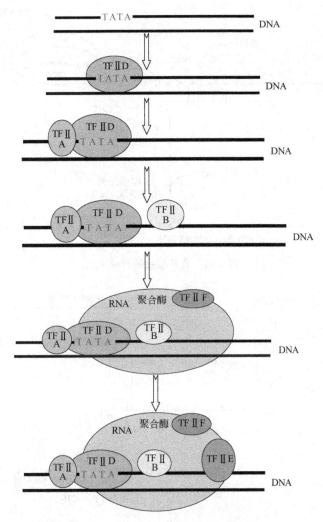

图 3-17　转录起始复合物的形成

真核 mRNA 的原始转录产物（也称原始转录前体）hnRNA 最终被加工成成熟的 mRNA。

（1）装上 5′端帽子　转录产物的 5′端通常要装上甲基化的帽子即 7-甲基鸟核苷三磷酸（图 3-19）；有的转录产物 5′端有多余的序列，则需切除后再装上帽子。

mRNA 5′加帽的功能主要表现在以下四个方面。

① 阻止 mRNA 降解　细胞内存在许多 RNase，它们可从 5′端攻击游离的 RNA 分子。当 mRNA 的 5′端加上 m^7GpppG 帽子后，可阻止 RNase 的切割，延长 mRNA 的半衰期。

② 提高翻译效率　真核生物 mRNA 必须通过 5′帽结合蛋白才能接触核糖体，起始翻译，缺少加帽的 mRNA 由于不能被 5′帽结合蛋白识别，其翻译效率只有加帽的 mRNA 的 1/20。

③ 作为进出细胞核的识别标记　凡由 RNA pol Ⅱ 转录的 RNA 均在 5′端加帽，包括 snRNA，这是 RNA 分子进出细胞核的识别标记。U6 snRNA 由 RNA pol Ⅲ 转录，

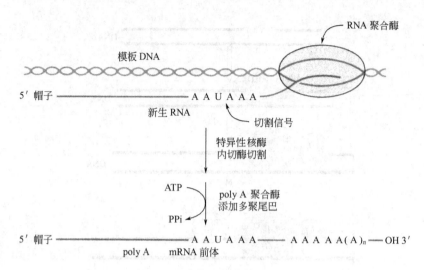

图 3-18 真核生物的转录终止

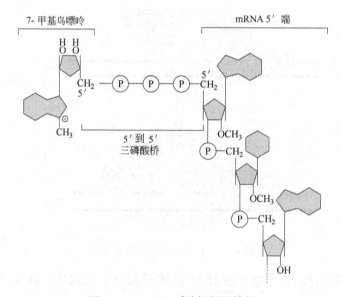

图 3-19 mRNA 5′端加帽子结构

其 5′端保留 3 个磷酸基团，无帽子结构，因而不能输出细胞核。

④ 提高 mRNA 的剪接效率 5′帽结合蛋白涉及第一个内含子剪接复合物的形成，直接影响 mRNA 的剪接效率。

（2）装上 3′端多聚 A 尾巴 转录产物的 3′端通常由 polyA 聚合酶催化加上一段 polyA（图 3-20），polyA 尾巴的平均长度在 20～200 个核苷酸；有的转录产物的 3′端有多余序列，则需切除后再加上尾巴。装 5′端帽子和 3′端尾巴均可能在剪接之前就已完成。

polyA 的生物学功能如下。

① 与翻译有关

a. 一般情况下 polyA 越长，被翻译的效率越高。

b. 缺失可抑制体外翻译的起始。

c. 胚胎发育中，polyA 对其 mRNA 的翻译有影响（非 polyA 化的为储藏形式）。

d. 含 polyA 的 mRNA 失去 polyA 翻译效率减弱。

② 已经确定：polyA 与维持 mRNA 的稳定性有关；与出核运输有关。

（3）剪接 剪接是将 mRNA 前体上的居间序列切除，再将被隔开的蛋白质编码区连接起来。剪接过程是由细胞核小分子 RNA（如 U1RNA）参与完成

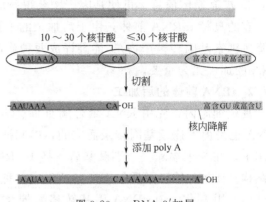

图 3-20 mRNA 3′加尾

的，被切除的居间序列形成套索形（即 lariat RNA 中间体）。

内含子是以一种套索结构（lariat structure）的形式被切除的，即内含子 5′端的鸟苷酸依靠 2′，5′-磷酸二酯键与靠近内含子 3′末端的一个腺苷酸连接在一起。该腺苷酸被称作分支位点。因此在套索结构中它形成了一个 RNA 分支（图 3-21）。

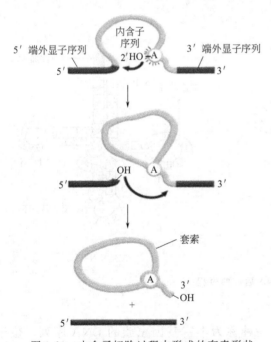

图 3-21 内含子切除过程中形成的套索形状

（4）修饰 mRNA 分子内的某些部位常存在 N^6-甲基腺苷，它是由甲基化酶催化产生的，也是在转录后加工时修饰的。

（5）编辑 编辑存在于原生动物、昆虫、哺乳动物、植物、病毒和非细胞的黏菌基因的转录后加工过程中。在叶绿体中某些 mRNA 约一半以上产生于编辑过程。RNA 编辑是指在基因转录产生的 mRNA 分子中，进行核苷酸的缺失、插入或置换，使翻译产生的蛋白质的氨基酸组成不同于基因序列中编码信息的现象。

RNA 编辑可使一个基因序列有可能产生几种不同的蛋白质，这可能是生物在长期进化过程中形成的、更经济有效地扩展原有遗传信息的机制。

由于 RNA 编辑是转录后在 mRNA 中插入、缺失或置换核苷酸而改变 DNA 模板来源的遗传信息，翻译出多种氨基酸序列不同的蛋白质，RNA 编辑的结果不仅扩大了遗传信息，且使生物更好地适应生存环境。

RNA 编辑的生物学功能如下。

① 校正作用 有些基因在突变过程中丢失的遗传信息可能通过 RNA 编辑得以恢复。

② 调控翻译 通过编辑可以构建或去除起始密码子和终止密码子，是基因表达调控的一种方式。

③ 扩充遗传信息　可使基因产物获得新的结构和功能，有利于生物的进化。

有的真核 mRNA 前体，由于后加工的不同可产生两种或两种以上的 mRNA（如人的降血钙素基因转录产物），能翻译成两种或两种以上的多肽链，因此对真核生物来讲，RNA 的加工尤为重要。

2. tRNA 前体的后加工

真核细胞内，先由 RNA 聚合酶Ⅲ催化合成 tRNA 的初级产物，然后加工其成熟。tRNA 也是由不连续基因转录而成的，中间插入的碱基需经剪接除去；在核苷酸转移酶作用下，在 3′末端除去个别碱基后，换上 tRNA 分子中统一的 CCA-OH 末端，完成柄部结构；tRNA 的转录后加工还包括生成各种稀有碱基。比较常见的后加工如下。

（1）甲基化　在 tRNA 甲基转移酶催化下，某些嘌呤生成甲基嘌呤，如 A→A^m，G→G^m。

（2）还原反应　某些尿嘧啶被还原为双氢尿嘧啶（DHU）。

（3）核苷内的转位反应　如尿嘧啶核苷转变为假尿嘧啶核苷。

（4）脱氨反应　某些腺苷酸脱氨成为次黄嘌呤核苷酸。

tRNA 后成熟过程见图 3-22。

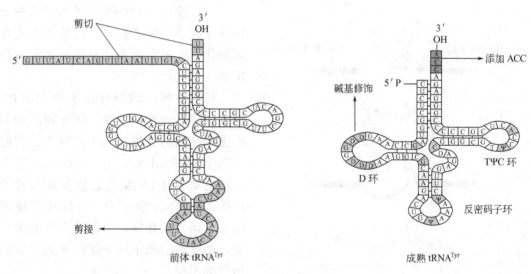

图 3-22　tRNA 后成熟过程

3. rRNA 前体的后加工

真核细胞的 rRNA 基因（rDNA）属于一种称为丰富基因家族的 DNA 序列，位于核仁之内，自成一组转录单位。大多数真核生物核内都可发现一种 45S 的转录产物，它是三种 rRNA 的前身。45S rRNA 经剪接后，先分出属于核糖体小亚基的 18S rRNA，余下部分再形成 5.8S 及 28S 的 rRNA。rRNA 成熟后，就在核仁上装配，与核糖体蛋白质一起形成核糖体，输出至胞质（图 3-23）。

rRNA 前体的后加工步骤如下：① 修饰，除 5S rRNA 外，rRNA 分子上通常有修饰核苷酸（主要是甲基化核苷酸），它们都是在后加工时修饰的，一般认为核糖 2′-羟基的甲基化在碱基甲基化之前；② 剪切，在 rRNA 前体分子的多余序列处切开，产生许多中间前体，然后再切除中间前体末端的多余序列；③ 剪接，有的真核生物 rRNA 前

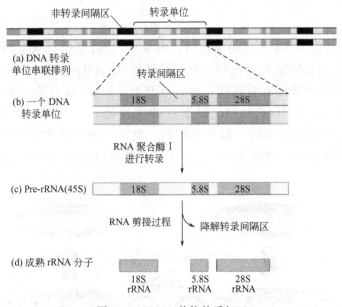

图 3-23 rRNA 前体的后加工

体中存在有居间序列，须加工时除去。1982 年 T. R. 切赫发现，在四膜虫（*Tetrahymena*）rRNA 前体中，去除含有 413 个核苷酸的居间序列是由 rRNA 前体自身催化完成的。在 5′-鸟苷酸的促进下经过自身催化作用将居间序列切除，居间序列前后的两个部分再连接起来，产生成熟的 rRNA（5′-UpU-3′）和一个环状 RNA 分子及一个 15 个核苷酸残基的小片段。rRNA 前体的自身催化作用表明，RNA 具有类似于酶的活性。这一发现突破了生物高分子中只有蛋白质才有催化作用的观念，同时对生物进化与生命起源等研究都将有重要的意义。

第三节　原核细胞的转录

一、RNA 聚合酶

目前研究最清楚的是从大肠杆菌提取出来的 RNA 聚合酶。该酶的全酶由五个亚基组成（$\alpha_2\beta\beta'\sigma$），见图 3-24。不含 σ 亚基的部分为核心酶部分。σ 因子是一种特异性的蛋白质因子，它能识别 DNA 模板上起始位点前启动子上的特异碱基序列，并以全酶的形式与之结合形成稳定的复合物。当 σ 因子与启动子的特异碱基序列结合后，DNA 双链即开始解链，转录亦开始，故 σ 因子又称起始因子。σ 因子本身无催化能力，其作用为识别 DNA 分子上的起始信号。核心酶负责催化各个核苷酸之间 3′，5′-磷酸二酯键的形成，从而促使 RNA 链延伸。体外试验证明，缺乏 σ 因子的核心酶只会偶然地启动 RNA 的合成，而且常常为错误启动。

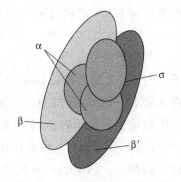

图 3-24　大肠杆菌聚合酶全酶

二、转录单位

RNA 的合成是由 RNA 聚合酶催化的。当 RNA 聚合酶结合到基因起始处时，即启动子的特殊序列上时，转录开始进行。最先转录成 RNA 的一个碱基对是转录起点（startpoint），启动子序列围绕在它周围。从起点开始，RNA 聚合酶不断沿着模板链持续合成 RNA，直到遇见终止子序列。根据这样的过程，一个转录单位（transcription unit）就是从启动子到终止子的一段序列，是一段以一条单链 RNA 分子为表达产物的DNA 片段，这是转录单位的重要特征。一个转录单位（图 3-25）可以包括一条以上的基因。

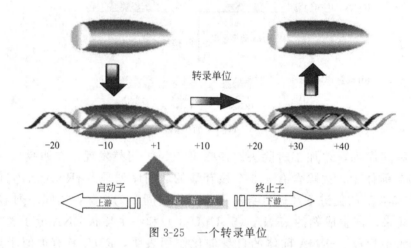

图 3-25　一个转录单位

三、转录过程

基因转录的过程是以 DNA 为模板合成 RNA 的过程。RNA 的合成与 DNA 的合成有相似之处：① 合成的方向均为 $5'{\rightarrow}3'$；② 延伸的机制相似，即在延伸链的 $3'$-OH 末端加上与模板配对的核苷酸。

转录与 DNA 复制的不同之处在于 RNA 聚合酶不具有核酸酶活性，无法校正转录过程中发生的错误并取代错配的核苷酸，而且 RNA 聚合酶不需要引物，这使转录产物$5'$端的错配机会增加。但以下三个重要因素的作用也同样能确保基因转录的忠实性：第一，转录有特定的起始点并且 RNA 聚合酶能对其准确识别；第二，根据碱基互补原则准确转录 DNA 的模板序列；第三，转录有特异的终止点。

1. 起始

基因转录的正确起始（initiation）发生在模板 DNA 的特异位点上，这个在模板分子上与 RNA 聚合酶特异结合、使转录起始的部位称为启动子（promoter）。通常人们将 mRNA 开始转录的第一个碱基定为 +1，其上游用负值表示，下游用正值表示。原核基因启动子就位于转录起始点的上游区，长 40~60bp。

RNA 聚合酶在 σ 因子作用下沿 DNA 双链迅速滑动，寻找启动子并与之结合形成较稳定的结构。因 Pribnow 框富含碱基 A、T，故解链所需温度较低，此区 DNA 的两条链很容易被解开。当解开约 17bp 时，按照 DNA 双链的反义链（即模板链）的碱基顺序指导 RNA 链的合成。新合成 RNA 链 5′ 端的第一个核苷酸往往是嘌呤核苷酸（ATP 或 GTP），尤以 GTP 最常见，然后第二个核苷酸进入模板，并与第一个 NTP 之间形成磷酸二酯键，释放出 PPi，于是 RNA 链开始延伸。

2. 延伸

σ 因子存在时，RNA 聚合酶的构象有利于与上游的启动子较紧密地结合。RNA 链合成开始后 σ 因子即脱落，核心酶的构象变得松弛，有利于酶在 DNA 模板链上沿 3′→5′ 方向迅速滑动，转录产物 RNA 沿 5′→3′ 方向延长。每移动一个核苷酸距离，即有一个 NTP 按照与 DNA 模板链碱基互补的原则进入模板，并与上一个核苷酸的 3′-OH 形成磷酸二酯键。新合成的 RNA 链与模板链互补。当 DNA 继续向前解链时，由于 RNA-DNA 杂交双链之间的氢键不太牢固，容易分开，被转录过的 DNA 区域又重新形成双螺旋结构。随着 RNA 链的不断延长，RNA-DNA 杂交链亦不断分开。由于 RNA 聚合酶结合的 DNA 部位大约有 17bp 是解开的，故这个 DNA 部位连同 RNA 聚合酶及初级转录产物一起形成一个称为转录泡的结构（transcription bubble），如图 3-26 所示。

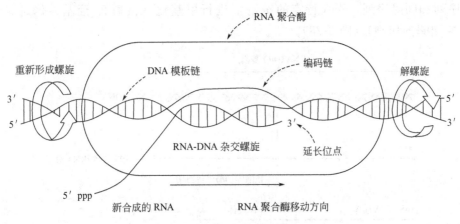

图 3-26　RNA 转录泡模式

3. 终止

转录的终止在原核生物分为依赖 Rho 因子与非依赖 Rho 因子两类。Rho 因子有 ATP 酶和解螺旋酶两种活性，因此能结合转录产物的 3′ 末端区并使转录停顿及产物 RNA 脱离 DNA 模板。非依赖 Rho 因子的转录终止，其 RNA 产物 3′ 端往往形成茎环结构，其后又有一串寡聚 U。茎环结构可使 RNA 聚合酶变构而不再前移，寡聚 U 则有利于 RNA 不再依附 DNA 模板链而脱出。因此无论哪一种转录终止都有 RNA 聚合酶停顿和 RNA 产物脱出这两个必要过程。真核生物转录终止是和加尾（mRNA 的 poly A）修饰同步进行的。RNA 上的加尾修饰点结构特征是有 AAAUAA 序列。

四、转录产物的加工

原核 RNA 聚合酶转录合成的 RNA 为初级转录产物，部分需要经过加工才能得到有生物活性的成熟 RNA 分子。

1. mRNA 转录后加工

原核生物蛋白质基因的初级转录产物 mRNA 一般不经过加工，可以直接翻译，而且是边转录边翻译。但在 T7 噬菌体 mRNA 中发现了修饰现象（图 3-27）。

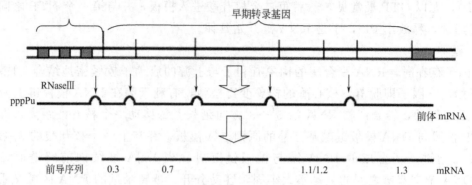

图 3-27　T7 噬菌体初始转录产物的加工过程

2. rRNA 转录后加工

原核生物刚转录生成的 rRNA 为 30S，包含 16S rRNA、23S rRNA、5S rRNA、tRNA 序列和间隔序列，先在特定的碱基上进行甲基化（核糖 2′-羟基）修饰，后逐步裂解（核酸酶的切割）（图 3-28）。

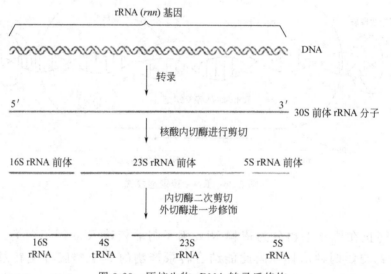

图 3-28　原核生物 rRNA 转录后修饰

3. tRNA 转录后加工

原核生物 tRNA 基因大都丛集在一起，或与 rRNA 基因、蛋白质基因组成转录混合单位。tRNA 的加工过程与真核生物 tRNA 加工过程相似，包括剪切 5′端前导序列和 3′端拖尾序列、添加 3′端 CCA-OH 以及对部分碱基进行修饰使之成为稀有碱基。

【课后思考】

一、名称解释

基因　启动子　模板链（负链或无意义链）　终止子　外显子　Pribnow 盒　转录基因组

二、选择题

1. 下列有关 tRNA 的叙述，哪一项是错误的。（　　　）

A. tRNA 二级结构是三叶草结构

B. tRNA 分子中含有稀有碱基

C. tRNA 的二级结构含有二氢尿嘧啶环

D. tRNA 分子中含有 1 个附加叉

E. 反密码子环有 CCA 三个碱基组成的反密码子

2. 下列对 RNA 一级结构的叙述，哪一项是正确的。（　　　）

A. 几千至几万个核糖核苷酸组成的多核苷酸链

B. 单核苷酸之间是通过磷酸一酯键相连

C. RNA 分子中 A 一定不等于 U，G 一定不等于 C

D. RNA 分子中通常含有稀有碱基

E. mRNA 的一级结构决定了 DNA 的核苷酸顺序

3. 真核生物的 mRNA（　　　）。

A. 在细胞内合成并发挥其功能

B. 帽子结构是一系列腺苷酸

C. 有帽子结构和 polyA 尾巴

D. 因能携带遗传信息，所以可长期存在

E. 前身是 rRNA

4. 真核生物 mRNA 多数在 3' 末端有（　　　）。

A. 起始密码子　　　　　　B. polyA 尾巴　　　　　　C. 帽子结构

D. 终止密码子　　　　　　E. CCA 序列

5. tRNA 分子 3' 末端的碱基序列是（　　　）。

A. CCA-3'　　　　　　　B. AAA-3'　　　　　　　C. CCC-3'

D. AAC-3'　　　　　　　E. ACA-3'

6. 下列关于大肠杆菌 DNA 聚合酶Ⅱ的叙述哪一个是正确的。（　　　）

A. DNA 聚合酶Ⅱ只有聚合酶活力

B. DNA 聚合酶Ⅱ在 DNA 复制中起主要作用

C. DNA 聚合酶Ⅱ是多亚基蛋白

D. DNA 聚合酶Ⅱ无 5'→3' 核酸外切酶活力，在 DNA 的修复中起作用

7. 转录指下列哪一个过程。（　　　）

A. 以 RNA 为模板合成 DNA　　　　　　　　B. 以 DNA 为模板合成 RNA

C. 以 RNA 为模板合成蛋白质　　　　　　　D. 以 DNA 为模板合成 DNA

8. 下列关于真核 mRNA 3' 尾巴形成的叙述哪一个是正确的。（　　　）

A. 先合成多聚腺苷酸（polyA），然后由连接酶作用加到它的 3' 端

B. 是由多聚腺苷酸（polyA）聚合酶使用 ATP 底物形成的

C. 因模板链上有 polyT 序列，故转录后产生了 polyA 尾巴

D. 是由 RNA 聚合酶Ⅱ使用 ATP 底物合成的

9. 下列关于 mRNA 初始转录物加工修饰的叙述哪一个是错误的。（　　　）

A. 大多数原核 mRNA 和真核 mRNA 一样必须经过加工才能成熟

B. 真核生物 mRNA 初始转录物一般包括整个结构基因的序列

C. 真核生物的 mRNA 通常在 5′末端加接帽子结构

D. 通常在 3′末端加接 80～250 个腺嘌呤核苷酸残基

10. tRNA 在发挥其功能时的两个重要部位是（　　　）。

A. 反密码子臂和反密码子环

B. 氨基酸臂和 D 环

C. TΨC 环与可变环

D. TΨC 环与反密码子环

E. 氨基酸臂和反密码子环

11. 下述遗传信息的流动方向不正确的是（　　　）。

A. DNA→DNA　　　　　B. DNA→RNA　　　　　C. RNA→蛋白质

D. RNA→DNA（真核）　　E. RNA→DNA（病毒）

12. 稀有的核苷酸主要存在于（　　　）。

A. rRNA　　　　　　　B. mRNA　　　　　　　C. tRNA

D. 核 DNA　　　　　　E. 线粒体 DNA

13. mRNA 中存在，而 DNA 中没有的是（　　　）。

A. A　　　　　　　　　B. C　　　　　　　　　C. G

D. U　　　　　　　　　E. T

三、填空题

1. 在 DNA 的核苷酸序列中有一部分能被转录，但却不能被翻译成蛋白质，这段序列称为_____。

2. tRNA 的三叶草结构主要含有_____、_____、_____环及_____环，还有_____。

3. tRNA 的三叶草结构中，氨基酸臂的功能是_____，反密码子环的功能是_____。

4. 真核生物染色体 DNA 复制及 RNA 转录的场所是_____，然后 RNA 被送到_____中并指导蛋白质的合成。

5. 真核生物 mRNA 的 5′端带有一个倒置的_____帽子结构，在其 3′端一般有一尾巴。

6. 真核 RNA 聚合酶有_____种。

7. 通常的原核 RNA 聚合酶由_____五个亚基组成，其中_____称为核心酶。

8. 转录是_____，在某个时期，只有某个特定的_____被转录。

9. 除了某些_____RNA 基因组外，所有 RNA 分子都是以_____为模板合成的。

10. 两条互补的 DNA 链中，用作指导 RNA 合成的链称为_____，另一条链叫做_____。

11. 大肠杆菌和其他相关细菌的绝大多数启动子中，－10 区的交感序列是_____，－35 区的交感序列是_____。

12. 转录起始点左边的 DNA 顺序称为＿＿＿＿＿＿，起始点右边的顺序称为＿＿＿＿＿＿。

13. 真核细胞核中有＿＿＿＿＿＿种 RNA 聚合酶。

14. 真核生物的基因一般为＿＿＿＿＿＿基因，因为其中为多肽链编码的部分经常被＿＿＿＿＿＿打断。

15. mRNA 既是＿＿＿＿＿＿的产物，又是＿＿＿＿＿＿合成的模板。

四、简答题

1. 分别说出 5 种以上 RNA 的功能。

2. 原核生物与真核生物启动子的主要差别是什么？

3. 简述转录后的加工修饰。

第四章

蛋白质合成与基因表达调控

【知识目标】
1. 熟悉从蛋白质表达到蛋白质晶体结构解析的整个流程。
2. 精通蛋白质真核表达系统。
3. 具有蛋白质药物方面的知识和蛋白质工程知识。

【能力目标】
1. 能正确进行蛋白质纯化操作并能提出相应的分离纯化方案。
2. 会正确操作蛋白质提取实验、电泳技术。

21 世纪是生物经济的时代，生物产业将成为高新技术产业的龙头，未来的经济形态也将由信息经济转变为生物经济。蛋白质组的研究和产业化，将规模化、高通量挖掘重要功能蛋白质，批量发现药靶，促进原创性新药研究与开发，实现制药业的突破，将极大推动生物产业的发展；进一步奠定生物产业在国民经济，尤其是高新技术产业中的重要和核心地位。进一步发展蛋白质组产业，将为提高我国生物产业的核心竞争力，突出重围、打破西方国家在科学前沿和高新技术领域的垄断格局，为摆脱仿制他国产品的尴尬局面提供强大的原动力，将在高新技术产业，为我国的产品打上真正"中国制造"的标记。同时，蛋白质组关系到众多产业领域，必然催生更多的高新技术产业，可以全面推动我国医药、农业、环保、化工产业发展，对经济发展将发挥巨大的推动作用，促进国家经济结构的战略性调整，增强我国经济跨越式发展与可持续发展的能力。

第一节　蛋白质生物合成的主要物质

蛋白质是化学结构复杂的一类有机化合物，是人体的必需营养素。蛋白质的英文是protein，是"头等重要"意思，表明蛋白质是生命活动中头等重要物质。蛋白质是细胞组分中含量最为丰富、功能最多的高分子物质，在生命活动过程中起着各种生命功能执行者的作用，几乎没有一种生命活动能离开蛋白质，所以没有蛋白质就没有生命。

蛋白质功能的多样性决定了蛋白质生物合成的重要性：① 蛋白质几乎承担了所有

的生命现象，如细胞结构、生物催化、物质运输、运动、防御、调控、记忆、识别等；② 蛋白质是生物体内大多数信息途径的终产物，它是 DNA 或 RNA 中遗传信息表达的产物。细胞中的众多蛋白质不仅是根据细胞的现时需要合成、转运到合适的细胞部位，而且当不需要时及时降解。

中心法则：DNA 中的遗传信息在细胞分裂时通过复制从亲代传到子代，在个体发育中通过转录传递到 RNA，最后翻译成特异的蛋白质（图 4-1），表现出与亲代相似的遗传性状。有些 RNA 病毒也具有自我复制能力，同时 mRNA 指导病毒蛋白质的生物合成。有些 RNA 病毒如致癌 RNA 病毒还可以逆转录方式将遗传信息传递给 DNA。

RNA
复制
复制
DNA
转录
逆转录
RNA
翻译
蛋白质
折叠、运输

图 4-1　中心法则

蛋白质分子中氨基酸的排列顺序是由 mRNA 中的核苷酸排列顺序决定的，每三个相邻的核苷酸残基代表一种氨基酸，因此，将 mRNA 分子中核苷酸残基顺序转变成蛋白质分子中的氨基酸残基的过程称为翻译（或以 mRNA 为模板合成蛋白质的过程）。

蛋白质合成体系：20 种氨基酸、mRNA、tRNA、核糖体、酶和蛋白质因子，以及无机离子、ATP、GTP。合成方向：N 端→C 端。

$$n\ \text{氨基酸} \xrightarrow[\text{酶、蛋白质因子、ATP、GTP}]{\text{mRNA、tRNA、rRNA}} \text{蛋白质}$$

一、信使 RNA（mRNA——翻译的模板）和遗传密码

1. mRNA 与遗传信息的传递

蛋白质合成的信息来自于 DNA，合成的模板是 mRNA。蛋白质的合成是在核糖体上进行的，而遗传信息载体 DNA 存在于核中，必然有一种中间物来传递 DNA 上的信息。推测这种中间物极不稳定，在蛋白质合成时产生，合成结束后又分解，半衰期很短。后来科学家用实验证明这种中间物就是 mRNA。

2. 遗传密码的破译

mRNA 上的核苷酸顺序与蛋白质中的氨基酸之间的对应关系称为遗传密码。

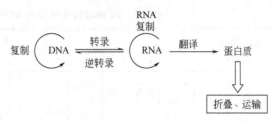

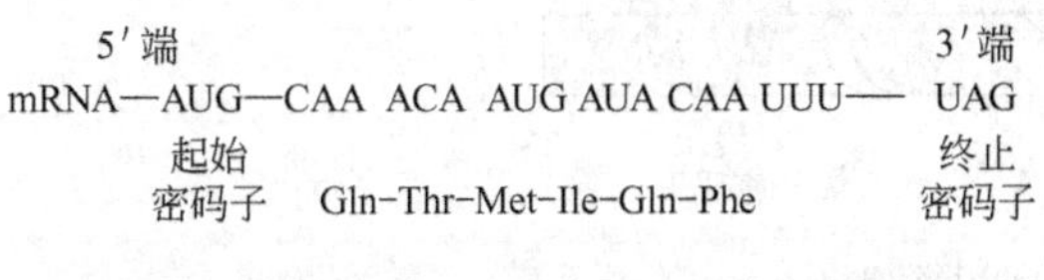

5′端
3′端
mRNA—AUG—CAA ACA AUG AUA CAA UUU— UAG
起始
密码子
Gln-Thr-Met-Ile-Gln-Phe
终止
密码子

图 4-2　mRNA 分子中的三联体密码

密码子共有 64 个
61 个
3 个
代表 20 种氨基酸
UAA、UAG、UGA
AUG
起始密码子
蛋氨酸
终止密码子

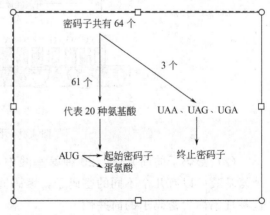

图 4-3　64 个密码子对应的关系

mRNA上每三个连续核苷酸对应一个氨基酸，这三个核苷酸就称为一个密码子，或三联体密码（triplet codons）（图4-2）。

1961年，Nirenberg等人用大肠杆菌的无细胞体系在各种RNA的人工模板下合成多肽，从而推断出各氨基酸的密码子（图4-3，表4-1）。

表4-1　20种氨基酸对应的61个密码子和3个终止密码子

第一碱基 (5′端)	第二碱基				第三碱基 (3′端)
	U	C	A	G	
U	UUU UUC 苯丙 UUA UUG 亮	UCU UCC UCA UCG 丝	UAU UAC 酪 UAA 终止信号 UAG 终止信号	UGU UGC 半胱 UGA 终止信号 UGG 色	U C A G
C	CUU CUC CUA CUG 亮	CCU CCC CCA CCG 脯	CAU CAC 组 CAA CAG 谷酰胺	CGU CGC CGA CGG 精	U C A G
A	AUU AUC 异亮 AUA AUG① 蛋	ACU ACC ACA ACG 苏	AAU AAC 天冬酰胺 AAA AAG 赖	AGU AGC 丝 AGA ACG 精	U C A G
G	GUU GUC 缬 GUA GUG	GCU GCC GCA GCG 丙	GAU GAC 天冬 GAA GAG 谷	GGU GGC GGA GGG 甘	U C A G

① 在mRNA起始部位的AUG为起始信号。

3. 遗传密码的特点

（1）密码子的方向性　密码子的阅读方向及它们在mRNA上由起始信号到终止信号的排列方向均为 5′→3′，与mRNA链合成时延伸方向相同。开放阅读框是指从mRNA 5′端起始密码子AUG到3′端终止密码子之间的正确可读序列见图4-4。

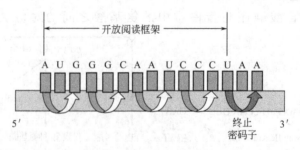

图4-4　开放阅读框架

（2）密码子的简并性　20种氨基酸中，仅甲硫氨酸、色氨酸只有一个密码子。一个氨基酸可以有几个不同的密码子，编码同一个氨基酸的一组密码子称为同义密码子。这种现象称为密码子的简并性。

（3）密码子的连续性（读码）（无标点、无重叠）　从正确起点开始至终止信号，密码子的排列是连续的，既不存在间隔（无标点），也无重叠。在 mRNA 分子上插入或删去一个碱基，会使该点以后的读码发生错误，称为移码，由这种情况引起的突变称为移码突变。

（4）密码子的基本通用性（近于完全通用）　蛋白质生物合成的整套密码，从原核生物到人类都通用。已发现少数例外，如动物细胞的线粒体、植物细胞的叶绿体。密码子的通用性进一步证明各种生物进化自同一祖先。

（5）起始密码子和终止密码子　64 种密码子中，AUG 为甲硫氨酸的密码子，又是肽链合成的起始密码子。UAA、UAG、UGA 为终止密码子，不编码任何氨基酸，而成为肽链合成的终止部位（无义密码子）。

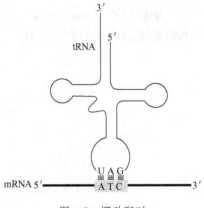

图 4-5　摆动配对

（6）密码子的摆动性（变偶性）　如丙氨酸的密码子 GCU、GCC、GCA、GCG，只是第三位不同，显然密码子的专一性基本取决于前两位碱基，第三位碱基有较大灵活性。发现 tRNA 上的反密码子与 mRNA 上的密码子配对时，密码子的第一位、第二位碱基配对是严格的，第三位碱基可以有一定变动，这种现象称为密码子的摆动性或变偶性（wobble）（图 4-5，表 4-2）。如 I→ A、U、C 配对。

表 4-2　密码子、反密码子配对的摆动现象

tRNA 反密码子第 1 位碱基	I	U	G	A	C
mRNA 密码子第 3 位碱基	U、C、A	A、G	U、C	U	G

4. 原核生物 mRNA 的特点

（1）S-D 序列　原核生物 mRNA 的起始密码 AUG 上游 4～7 个核苷酸以外有一段 5'-UAAGGAGG- 3'的保守序列，称为 S-D 序列（Shine-Dalgarno sequence）（图 4-6）。该序列是核糖体识别结合的位点。

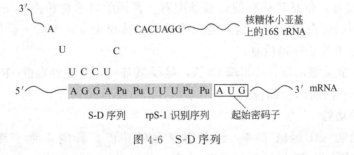

图 4-6　S-D 序列

（2）多顺反子　遗传学将编码一个多肽的 mRNA 上的遗传单位称为顺反子。在原核细胞中，通常是几种不同的 mRNA 连在一起，相互之间由一段短的不编码蛋白质的间隔序列所隔开，这种 mRNA 叫做多顺反子 mRNA。这样的一条 mRNA 链含有指导合成几种蛋白质的信息（图 4-7）。

5. 真核生物 mRNA 的特点

（1）Kozark 序列　起始密码子常处于－CCACCAUGG－序列中，这段保守序列的存在能增加翻译起始的效率，这段序列称为 Kozark 序列（Marilyn Kozark）。

（2）单顺反子（monocistron）　即一个基因编码一条多肽链或 RNA 链（图 4-7），每个基因转录有各自的调节元件。

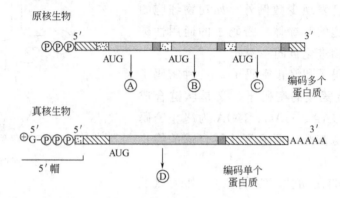

图 4-7　原核生物的多顺反子、真核生物的单顺反子

▨核糖体结合位点　▧编码序列　▨非编码序列　▨终止密码子

（3）帽子和尾巴结构　5′端帽子结构（m⁷G）和 3′端的 polyA 尾巴。

二、转运 RNA（tRNA）

tRNA 在蛋白质合成中处于关键地位，被称为第二遗传密码。它不但为将每个三联体密码翻译成氨基酸提供了接合体，还为准确无误地将所需氨基酸运送到核糖体上提供了载体。所有的 tRNA 都能够与核糖体的 P 位点和 A 位点结合，此时，tRNA 分子三叶草形顶端突起部位通过密码子：反密码子的配对与 mRNA 相结合，而其 3′末端恰好将所转运的氨基酸送到正在延伸的多肽上。代表相同氨基酸的 tRNA 称为同工 tRNA。在一个同工 tRNA 组内，所有 tRNA 均专一于相同的氨基酰-tRNA 合成酶。

转录过程是信息从一种核酸分子（DNA）转移至另一种结构上极为相似的核酸分子（RNA）的过程，信息转移靠的是碱基配对。翻译阶段遗传信息从 mRNA 分子转移到结构极不相同的蛋白质分子，信息是以能被翻译成单个氨基酸的三联体密码形式存在的，在这里起作用的是解码机制。

tRNA 有两个关键部位：①3′端 CCA，接受氨基酸，形成氨基酰-tRNA；②与 mRNA 结合部位——反密码子部位。

1. tRNA 的功能

tRNA 的功能：①运输工具，运载氨基酸的功能，具倒 L 形三级结构的 tRNA 在 ATP 和酶作用下，可与特定氨基酸结合；②解读 mRNA 的遗传信息，有接头作用，氨基酰-tRNA 凭借自身的反密码子，依靠核糖体的特定位点识别 mRNA 的密码子并以碱基配对方式与之结合，将氨基酸带到肽链的一定位置。tRNA 的功能见图 4-8。

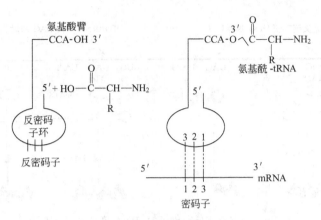

图 4-8　tRNA 的功能

2. tRNA 的种类

tRNA 种类有 30 多种，分类如下。

（1）同工 tRNA　代表同一种氨基酸的 tRNA 称为同工 tRNA，同工 tRNA 既要有不同的反密码子以识别该氨基酸的各种同义密码子，又要有某种结构上的共同性，能被氨基酰-tRNA 合成酶（AA-tRNA 合成酶）识别。

（2）起始 tRNA 和延伸 tRNA　能特异地识别 mRNA 模板上起始密码子的 tRNA 称起始 tRNA，其他 tRNA 统称为延伸 tRNA。

真核生物：起始密码子 AUG 所编码的氨基酸是甲硫氨酸（Met），真核生物起始 tRNA 携带甲硫氨酸（Met）；起始 AA-tRNA 为 Met-tRNA^{Met}。

原核生物：起始密码子 AUG 所编码的氨基酸并不是甲硫氨酸本身，而是甲酰甲硫氨酸，原核生物起始 tRNA 携带甲酰甲硫氨酸（fMet）；起始 AA-tRNA 为 fMet-tR-NA^{fMet}。

（3）校正 tRNA　又称抑制基因（suppressor）或称校正基因。

校正 tRNA 分为无义突变校正及错义突变校正。在蛋白质的结构基因中，一个核苷酸的改变可能使代表某个氨基酸的密码子变成终止密码子（UAG、UGA、UAA），使蛋白质合成提前终止，合成无功能的或无意义的多肽，这种突变就称为无义突变。由于结构基因中某个核苷酸的变化使一种氨基酸的密码子变为另一种氨基酸的密码子，这种基因突变叫错义突变。

① 无义抑制（nonsense suppressor）：a. tRNA 反密码子的突变；b. tRNA 其他结构的改变。带有突变反密码子的 tRNA 可抑制无义突变（图 4-9）。

② 错义抑制　反密码子发生突变可抑制错义突变，如图 4-10，GGA（甘氨酸）→ AGA（精氨酸）。

③ 抑制突变的特点

a. 不是所有抑制基因都能产生有功能的蛋白质，关键是要看氨基酸取代的情况。

b. 校正的作用不可能是完全的。

c. 每种抑制 tRNA 一般都只识别 UAG 终止密码子，而不再识别原来相应的密码子。

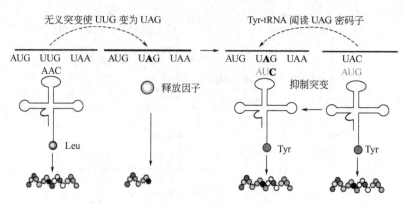

图 4-9　带有突变反密码子的 tRNA 可抑制无义突变

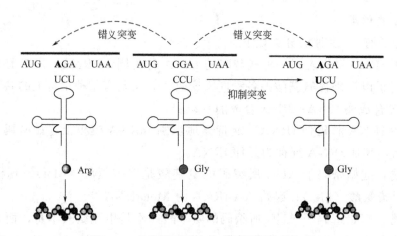

图 4-10　反密码子发生突变可抑制错义突变

d. 赭石突变抑制基因不仅可以识别赭石密码子（UUA），也可以抑制琥珀突变（Am）密码子（UAG）。但反过来 Am 抑制基因（CUA）就不能抑制赭石突变（UAA），这是由于摆动缘故造成的。

e. 当细胞中含有多个 tRNA 拷贝时，抑制才能发挥作用。

f. 有的抑制基因，不仅可以识别终止密码子，而且还可以识别原来的密码子。如野生型 tRNATrp 的反密码子是 CCA，它可以识别原来的密码子 UGG，而且还可以识别终止密码子 UGA。

g. 校正基因一般不会影响正常的终止。

三、氨基酰-tRNA 合成酶（AA-tRNA 合成酶）

氨基酰-tRNA 合成酶存在于所有的生物体，定位于细胞浆。已从许多生物组织中提纯，其相对分子质量 $2.27 \times 10^4 \sim 2.7 \times 10^5$，有的由单一肽链组成，有的由几个亚基组成，通常称为 α 和/或 β 亚基。

氨基酰-tRNA 合成酶的两个活性（形成 AA-AMP 复合物和 AA-tRNA 复合物）在肽链内具有较明确的结构域。氨基酰-tRNA 合成酶的 N 端序列具有使 AA-AMP 复合物形成的活性，称为氨基酰-tRNA 合成酶的 AA-AMP 合成结构域；毗邻 AA-AMP 合成结构域 C 端的部分序列具有识别特异 tRNA 的活性，称为氨基酰-tRNA 合成酶的 AA-tRNA 识别结构域。AA-tRNA 合成酶是一类催化氨基酸与 tRNA 结合的特异性酶，它实际上包括如下两步反应。

第一步是氨基酸活化生成酶-氨基酰腺苷酸复合物。

$$AA+ATP+酶(E) \longrightarrow E\text{-}AA\text{-}AMP+PPi$$

第二步是氨基酰基转移到 tRNA 3′末端腺苷残基上，与其 2′-OH 或 3′-OH 结合。

$$E\text{-}AA\text{-}AMP+ tRNA \longrightarrow AA\text{-}tRNA +E+AMP$$

蛋白质合成的真实性主要决定于 AA-tRNA 合成酶是否能使氨基酸与对应的 tRNA 相结合。AA-tRNA 合成酶既要能识别 tRNA，又要能识别氨基酸，因有 20 种氨基酸，故有 20 种氨基酰-tRNA 合成酶。它对两者都具有高度的专一性。不同的 tRNA 有不同碱基组成和空间结构，容易被 AA-tRNA 合成酶所识别，困难的是这些酶如何识别结构上非常相似的氨基酸。

在体内，每种氨基酰-tRNA 合成酶都能从 20 种氨基酸中精确选择与其相对应的氨基酸，并识别出与此氨基酸相适应的特异 tRNA，即一种氨基酸可被数种不同的同工 tRNA 携带。换言之，氨基酰-tRNA 合成酶对氨基酸有严格的特异性，而对与此氨基酸相适应的数种同工 tRNA 则无严格的特异性。

四、核糖体与蛋白质合成场所

核糖体是蛋白质合成的工厂。

1. 核糖体的组成、结构与分类

（1）组成与结构 原核生物核糖体由约 2/3 的 RNA 及 1/3 的蛋白质组成。真核生物核糖体中 RNA 占 3/5，蛋白质占 2/5。

核糖体是一个致密的核糖核蛋白颗粒，可以解离为两个亚基，每个亚基都含有一个相对分子质量较大的 rRNA 和

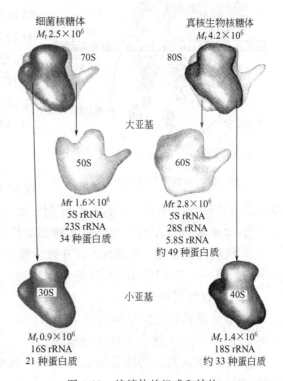

图 4-11 核糖体的组成和结构

许多不同的蛋白质分子（图 4-11）。如大肠杆菌核糖体小亚基由 21 种蛋白质组成，分别用 S1～S21 表示；大亚基由 33 种蛋白质组成，分别用 L1～L33 表示。真核生物细胞核糖体大亚基含有 49 种蛋白质，小亚基含有 33 种蛋白质。

原核生物和真核生物核糖体的组成及功能见表 4-3。

（2）核糖体分类 核糖体可附着于粗面内质网内，也可游离于胞浆。

① 附着于粗面内质网，主要参与白蛋白、胰岛素等分泌性蛋白质的合成。

② 游离于胞浆，主要参与细胞固有蛋白质的合成。

表 4-3 原核生物和真核生物核糖体的组成及功能

核糖体亚基		rRNA	蛋白质	RNA 的特异顺序和功能
细菌	70S $\begin{cases}50s\\30s\end{cases}$ 2.5×10⁶Da 66%RNA	50S $\begin{cases}23S\\5S\end{cases}$	34 种(L1～L34)	含 CGAAC 和 GTΨCG 互补
		30S 16S	21 种(S1～S21)	16S rRNA(CCUCCU) 和 S-D 序列(AGGAGG)互补
哺乳动物	80S $\begin{cases}60s\\40s\end{cases}$ 4.2×10⁶Da 60%RNA	60S $\begin{cases}28S\\5S\\5.8S\end{cases}$	约 49 种	GAUC tRNA^fMet TΨCG
		40S 18S	约 33 种	和 Cap^m7G 结合

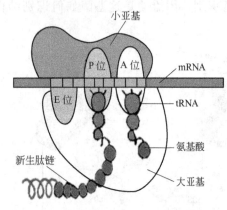

图 4-12 核糖体的主要功能部位

（图中标注：小亚基、P 位、A 位、mRNA、E 位、tRNA、氨基酸、新生肽链、大亚基）

2. 核糖体的功能

（1）核糖体的主要功能部位 核糖体的主要功能部位（图 4-12）为：①有与 mRNA 结合的部位；②结合氨基酰-tRNA 的氨基酰部位（A 位）；③结合肽酰-tRNA 的肽酰部位（P 位）；④有转肽酶，可催化肽链从 P 位转移到 A 位；⑤空载 tRNA 的排出部位（E 位）；⑥有与一些蛋白因子（IF、EF、RF）结合的部位。

（2）原核生物核糖体各组分的功能

① 由小亚基中的 16S rRNA 3′端（富含嘧啶碱的序列）与 mRNA 分子中的 AUG 上游 5′端（富含嘌呤碱的序列，称为 S-D 序列）互补结合。

② 大亚基 rRNA 具有肽酰基转移酶活性，催化肽键的合成。

③ 核糖体大亚基 5S rRNA 具有两个保守序列，其中一个与 tRNA 的 TΨC 互补识别序列，另一个与 23S rRNA 互补识别序列，稳定核糖体结构。

（3）核糖体蛋白作用

① 维系核糖体稳定结构的骨架。

② 保护 rRNA 防止被核酸酶降解。

③ 与 rRNA 构成功能活性区域。如：肽酰基转移酶活性；蛋白因子结合位点；氨基酰-tRNA 结合位点。

核糖体的活性位点见表 4-4。

表 4-4 核糖体的活性位点

活性位点	功能	位置	组分
mRNA 结合位点	结合 mRNA 和 IF 因子	30S,P 位点附近	S1,S3,S4,S5,S12,S18,S21,16S rRNA 3′末端区域
P 位点	结合 fMet-tRNA 和肽酰-tRNA	大部分在 50S 亚基	L2,L14,L18,L24,L27,L33,16S rRNA 和 23S rRNA3′附近区域
A 位点	结合氨基酰-tRNA	大部分在 30S 亚基	L1,L5,L7/L12,L20,L30,L33,16S rRNA 和 23S rRNA(16S 的 1400 区)

续表

活性位点	功能	位置	组分
E 位点	结合脱酰 tRNA	50S	23S rRNA 是重要的
5S rRNA	和 23S rRNA 结合	P 和 A 位点的附近	L5,L18,L25 复合体
肽酰基转移酶	将肽链转移到氨基酰-tRNA 上	50S 的中心突起	L2,L3,L4,L15,L16,23S rRNA 是重要的
EF-Tu 结合位点	氨基酰-tRNA 的进入	30S 外部	
EF-G 结合位点	移位	50S 亚基的界面上,L7/L12 附近,近 S12	
L7/L12	GTP 酶需要	50S 的柄	L7,L12

第二节　原核生物蛋白质合成

核糖体是蛋白质合成的场所，mRNA 是蛋白质合成的模板，tRNA 是模板与氨基酸之间的接合体。此外，有 20 种以上的 AA-tRNA 及合成酶，10 多种起始因子、延伸因子及终止因子，各种 rRNA、mRNA，100 种以上翻译后加工酶共同参与蛋白质合成和加工过程。

一、蛋白质生物合成的基本原理

蛋白质生物合成的主要步骤：翻译的起始——核糖体与 mRNA 结合并与氨基酰-tRNA 生成起始复合物；肽链的延伸——核糖体沿 mRNA 5′端向 3′端移动，导致从 N 端向 C 端的多肽合成；肽链的终止以及肽链的释放——核糖体从 mRNA 上解离，准备新一轮合成反应。大肠杆菌中的蛋白质合成见表 4-5。

表 4-5　大肠杆菌中的蛋白质合成

步骤	主要成分
1. 氨基酸活化	20 种氨基酸,20 种 AA-tRNA 合成酶,20 种或多于 20 种 tRNA,ATP, Mg^{2+}
2. 起始	mRNA, fMet-tRNA, 起始密码子 AUG,30S 小亚基,50S 大亚基,翻译起始因子 IF1~IF3, GTP, Mg^{2+}
3. 延伸	功能型核糖体(70S 起始复合物)与特定密码子相匹配的氨基酰-tRNA,延长因子 EF-Tu、EF-Ts、EF-G、GTP, Mg^{2+}
4. 终止和释放	mRNA 上的终止密码子,多肽释放因子 RF1、RF2、RF3、ATP
5. 折叠和翻译后加工	特异性蛋白质、酶、修饰基因等

二、原核生物蛋白质合成过程

原核细胞的蛋白质合成过程以 *E. coli* 细胞为例。

(一) 氨基酸活化成氨基酰-tRNA

氨基酰-tRNA 合成酶对底物氨基酸和 tRNA 都有高度特异性。氨基酰-tRNA 合成酶具有校正活性。

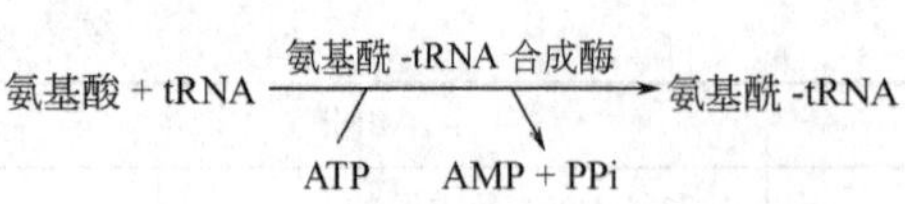

$$\text{氨基酸}+\text{tRNA} \xrightarrow[\text{ATP} \quad \text{AMP}+\text{PPi}]{\text{氨基酰-tRNA合成酶}} \text{氨基酰-tRNA}$$

图 4-13　活化反应：形成酯键

两氨基酸之间不能直接形成肽键，这一能障通过活化氨基酸形成活化中间体氨基酰-tRNA 加以克服（图 4-13）。在蛋白质合成中，必须经过活化才能形成肽键。

意义：① 氨基酸只有与自己相对应的 tRNA 连接，才能运转至核糖体，才能识别 mRNA 上的密码子，运输与识别保证合成准确性；② 氨基酰键储存了能量，具有相当高的转移势能，用于以后肽键的形成，也就降低了形成肽键的能障。

活化氨基酸或氨基酰-tRNA 的表示方法：AA-tRNA^{AA}，如 Ala-tRNA^{Ala}。

真核生物中起始氨基酸是 Met（甲硫氨酸），原核生物中起始氨基酸是 fMet（甲酰甲硫氨酸）（图 4-14）；但两者的起始密码子只有 1 个：AUG。

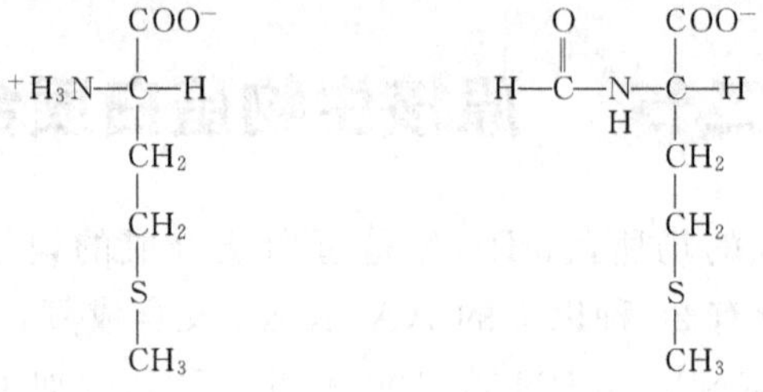

图 4-14　甲硫氨酸（Met）和甲酰甲硫氨酸（fMet）结构

原核生物中识别起始密码子 AUG 的 tRNA 为 tRNA^{fMet}，它与 fMet 组成起始氨基酰-tRNA：fMet-tRNA$_i^{fMet}$。

识别非起始 AUG（中间的）的 tRNA 表示为：tRNA$_m^{Met}$；它携带 Met，组成中间的氨基酰-tRNA：Met-tRNA$_m^{Met}$。

（二）原核生物肽链合成的起始

原核 mRNA 一般为多顺反子结构，5′端无帽子结构，3′端无 polyA 尾，但 5′端和 3′端有不翻译区。mRNA 翻译方向是 5′→3′。

各顺反子区之间有不编码序列，长短不一。有顺反子重叠现象，如 UGA（终止密码子）的 A 作为邻近顺反子起始密码子 AUG 的 A。原核生物蛋白质合成起始标志见图 4-15。

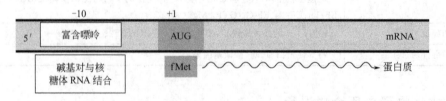

图 4-15　原核生物蛋白质合成起始标志

mRNA 的编码区形成二级结构可影响个别顺反子的解读频率（图 4-16）。两个顺反子间的距离一般为 -1～40nt。

1. 所需成分

带起始密码子的模板 mRNA、核糖体 30S 小亚基和 50S 大亚基、fMet-tRNA^{fMet}、

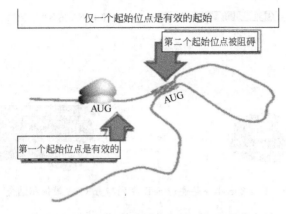

图 4-16　mRNA 的编码区形成二级结构

GTP、Mg^{2+}、翻译起始因子（IF）。

起始因子（IF）：三种蛋白质因子依次命名为 IF1、IF2 和 IF3。在 70S 起始复合物形成后，无任何 IF 与之结合。IF 的生物学活性见表 4-6。值得一提的是 IF1 无特异功能，仅具有加强 IF2 和 IF3 的活性作用，这种广泛的效应亦称为基因多效性。

表 4-6　IF 的生物学活性

IF	相对分子质量	GTP 结合能力	生物学活性
IF3	22000		①形成三元复合物；②解离因子活性，使 70S 核糖体颗粒解离为 30S 和 50S 亚基
IF2	120000	+	形成 30S 前起始复合物
IF1	9000		无特异功能，但具有加强 IF2 和 IF3 的活性作用

翻译过程从开放阅读框架（ORF）的 $5'$-AUG 开始，按 mRNA 模板三联体密码的顺序延长肽链，直至终止密码子出现。

2. 原核生物肽链合成的起始过程

（1）三元复合物（trimer complex）的形成　核糖体 30S 小亚基附着于 mRNA 的起始信号部位，该结合反应是由起始因子 3（IF3）介导的，另外有 Mg^{2+} 的参与。故形成 IF3-30S 亚基-mRNA 三元复合物。其过程如下。

① 核糖体大小亚基分离　70S 核糖体颗粒必须解离为亚基，才能参与形成 30S 前起始复合物及 70S 起始复合物。IF3 除具有形成三元复合物活性外，也具有使 70S 核糖体颗粒解离为 30S 和 50S 亚基的作用，即解离因子活性（disassociation factor activity）。IF1 无特异功能，但具有加强 IF3 活性的作用。分离示意如图 4-17 所示。

② 30S 小亚基通过 S-D 序列与 mRNA 模板相结合。如图 4-18 所示，由于 RNA-RNA 的识别，使 mRNA 固定小亚基；而 RNA-蛋白质识别，则使 AUG 固定于 P 位。

mRNA 定位基础：mRNA 位于起始密码子上游

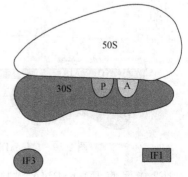

图 4-17　核糖体大小亚基分离

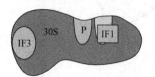 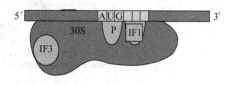

图 4-18 30S 小亚基通过 S-D 序列与 mRNA 模板相结合

8～13 个核苷酸部位，存在 4～9 个富含嘌呤核苷酸保守序列 UAAGGAGG（S-D 序列），它可以与原核生物小亚基中的 16S rRNA 3′端富含嘧啶序列 AUUCCUCC 反向互补配对，形成氢键结合，因此有助于 mRNA 的翻译从起始密码子处开始。上述 mRNA 分子的序列特征是 1974 年由 J. Shine 和 L. Dalgarno 发现的，故称为 S-D 序列。后来在 *E. coli* 的多种 mRNA 分子中证实均存在 S-D 序列。

原核 mRNA 为多顺反子，一个 mRNA 可能不止一个起始 AUG，同时还有很多内部 Met 的密码子也是 AUG，因此存在起始密码子的正确选读问题。

mRNA 起始密码子 AUG 上游有 10nt 以上（30～40nt 更好）的不译区，它是核糖体结合序列 RBS，其中包括 S-D 序列。S-D 和 16S rRNA 3′端的反 S-D 序列配对，是 mRNA 和 30S 亚基结合的一个条件。

（2）30S 前起始复合物（30S pre-initiation complex）的形成 在起始因子 2（IF2）的作用下，甲酰甲硫氨酸-起始型 tRNA 与 mRNA 分子中的起始密码子（AUG 或 GUG）相结合，即密码子与反密码子相互反应。同时 IF3 从三元复合物脱落，形成 30S 前起始复合物，即 IF2-30S 亚基-mRNA-fMet-tRNA^{fMet} 复合物。此步亦需要 GTP 和 Mg^{2+} 参与。其过程为：在 IF2 和 GTP 的帮助下，fMet-tRNA^{fMet} 进入小亚基，tRNA 上的反密码子与 P 位上 mRNA 的起始密码子配对，起始氨基酰-tRNA（fMet-tRNA$_i^{fMet}$）结合到小亚基（图 4-19）。

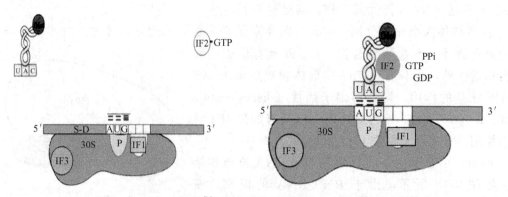

图 4-19 fMet-tRNA$_i^{fMet}$ 结合到小亚基形成 30S 前起始复合物

IF2 能促使 fMet-tRNA^{fMet} 与起始密码子结合，在形成 30S 前起始复合物过程中，必须有 IF2 参与。

（3）70S 起始复合物（70S initiation complex）形成　50S 亚基与上述的 30S 前起始复合物结合，同时 IF2 脱落，形成 70S 起始复合物，即 30S 亚基-mRNA-50S 亚基-fMet-tRNA^{fMet}复合物。此时 fMet-tRNA^{fMet}占据着 50S 亚基的肽酰位（peptidyl site，简称为 P 位或给位），而 50S 的氨基酰位（aminoacyl site，简称为 A 位或受位）暂为空位。其过程为：带有 tRNA、mRNA 和 3 个翻译起始因子的小亚基复合物与 50S 大亚基结合，GTP 水解，释放翻译起始因子（图 4-20）。

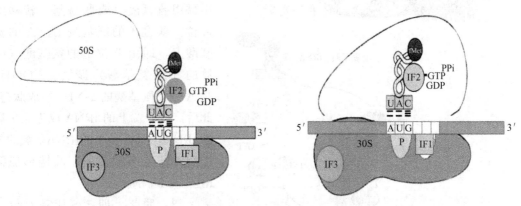

图 4-20　小亚基复合物与 50S 大亚基结合

（三）原核生物肽链合成的延长

1. 肽链延长

肽链延长指根据 mRNA 密码序列的指导，按次序添加氨基酸从 N 端向 C 端延伸肽链到合成终止的过程。肽链延长在核糖体上连续性循环式进行，每次循环增加一个氨基酸，这一过程包括进位、肽键形成、脱落和转位等四个步骤。肽链合成的延长需两种延长因子（elongation factor，EF），分别称为 EF-T 和 EF-G，此外尚需 GTP 供能加速翻译过程。

EF-T 由 EF-Tu 和 EF-Ts 两种成分组成（表 4-7），Tu 表示对热不稳定（unstable-fortemperature），Ts 表示对热稳定（stablefortemperature）。这三种因子与 GTP（或 GDP）均有亲和性。在 E. coli 细胞中 EF-Tu 的稳定性很高，但没有直接活性，EF-Tu 只有与 GTP 形成 EF-Tu-GTP 复合物才能与 AA-tRNA 结合。在形成 EF-Tu-GTP 复合物的过程中，需 EF-Ts 的参与。

表 4-7　肽链合成的延长因子

原核生物延长因子	生物功能
EF-Tu	促进氨基酰-tRNA 进入 A 位,结合分解 GTP
EF-Ts	调节亚基
EF-G	有转位酶活性,促进 mRNA-肽酰-tRNA 由 A 位前移到 P 位,促进卸载 tRNA 释放

2. 肽链合成的延长过程

（1）进位　进位又称注册，即新的氨基酰-tRNA 进入 50S 大亚基 A 位，并与 mRNA分子上相应的密码子结合。在 70S 起始复合物的基础上，原来结合在 mRNA 上的 fMet-tRNA^{fMet}占据着 50S 亚基的 P 位（当延长步骤循环进行两次以上时，在 P 位则为肽酰-tRNA），新进入的氨基酰-tRNA 则结合到 50S 大亚基的 A 位，并与 mRNA 上起始密码子随后的第二个密码子结合。此步需 GTP、EF-Tu、EF-Ts 及 Mg^{2+} 的参与。通过延长因子 EF-Ts 再生 GTP，形成 EF-Tu-GTP 复合物（图 4-21）。

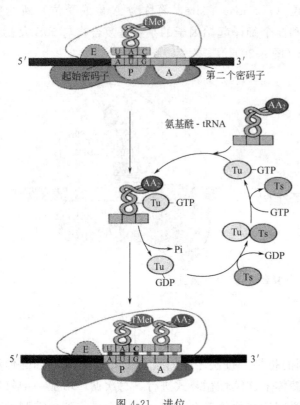

图 4-21 进位

（2）肽键形成 如图 4-22 所示，在大亚基上肽酰基转移酶的催化下，将 P 位上的 tRNA 所携带的甲酰甲硫氨酰（或肽酰基）转移给 A 位上新进入的氨基酰-tRNA 的氨基酸上，即由 P 位上的氨基酸（或肽的 3′端氨基酸）提供 α-COOH，与 A 位上氨基酸的 α-NH₂ 形成肽链。此后，在 P 位上的 tRNA 成为无负载的 tRNA，而 A 位上的 tRNA 负载的是二肽酰基或多肽酰基。肽链形成需 Mg^{2+} 及 K^+ 的存在。

（3）脱落 即 50S 亚基 P 位上无负载的 tRNA（如 tRNA^Met）脱落。

（4）转位 如图 4-23 所示，指在 EF-G 和 GTP 的作用下，核糖体沿 mRNA 链（5′→3′）做相对移动。每次移动相当于一个密码子的距离，使得下一个密码子能准确地定位于 A 位。与此同时，原来处于 A 位的二肽酰-tRNA 转移到 P 位，空出 A 位。随后再依次按上述的进位、肽键形成和脱落步骤进行下一循环，即第三个氨基酰-tRNA 进入 A 位，然后在肽酰基转移酶催化下，P 位上的二肽酰-tRNA 又将此二肽酰基转移给第三个氨基酰-tRNA，形成三肽酰-tRNA。同时，卸下二肽酰基的 tRNA 又迅速从核糖体脱落。像这样继续下去，延长过程每重复一次，肽链就延伸一个氨基酸残基。多次重复，就使肽链不断地延长，直到增长到必要的长度。通过实验已经证明，mRNA 上的信息阅读是从多核苷酸链的 5′端向 3′端进行的，而肽链的延伸是从 N 端开始的。

核糖体的转位使 mRNA 在核糖体上移动 3 个碱基的长度。转位使脱氨基酰基的 tRNA 进入 E 位，肽酰-tRNA 进入 P 位，A 位空出。整个过程需要 GTP 和延长因子 EF-G（EF-G 发挥转位酶活性）。

（四）原核生物肽链合成的终止

1. 肽链合成的终止

当 mRNA 链上终止密码子出现后，多肽链合成停止，肽链从肽酰-tRNA 中释出，mRNA、核糖体等分离，此过程称为肽链合成终止（图 4-24）。肽链合成的终止，需终止因子或释放因子（releasing factor，RF）参与。在 *E.coli* 中已分离出三种 RF：RF1、

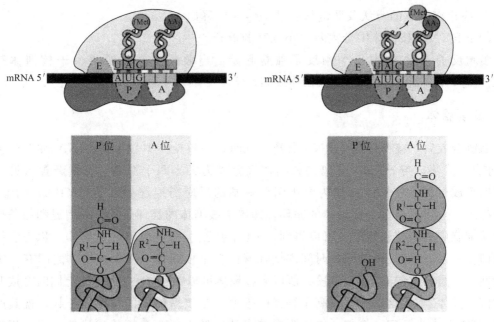

图 4-22 肽键形成

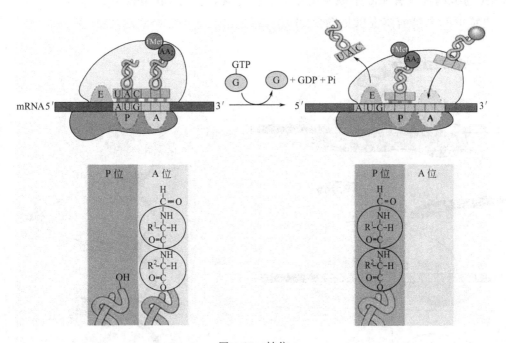

图 4-23 转位

RF2 和 RF3。其中，只有 RF3 与 GTP（或 GDP）能结合。它们均具有识别 mRNA 链上终止密码子的作用，使肽链释放，核糖体解聚。

释放因子的功能：①识别终止密码子，如 RF1 特异识别 UAA、UAG，而 RF2 可识别 UAA、UGA；②RF3 具 GTP 酶活性，刺激 RF1 和 RF2 活性，诱导转肽酶改变为酯酶活性，使肽链从核糖体上释放；需能量 GTP。

2. 肽链合成终止涉及两个阶段

① 终止密码子的辨认及肽链从肽酰-tRNA 中释出。

② mRNA 从核糖体中分离及大小亚基的拆开。

多顺反子 mRNA 中每个顺反子独立起始，当顺反子间的距离大于核糖体跨度（30nt）时，前一个顺反子终点核糖体脱离，下一个顺反子独立起始。

三、多核糖体

肽链合成后，核糖体与 mRNA 分离；同时，在核糖体 P 位上的 tRNA 和 A 位上的 RF 亦自行脱落。与 mRNA 分离的核糖体又分离为大小两个亚基，可重新投入另一条肽链的合成过程。核糖体分离为大小两个亚基的反应需要起始因子 3（IF3）的参与。必须指出，上述只是单个核糖体的循环，即单个核糖体的翻译过程。采用温和的条件小心地从细胞中分离核糖体时，可以得到 3～4 个甚至上百个成串的核糖体，称为多核糖体，即在一条 mRNA 链上同一时间内结合着许多个核糖体，两个核糖体之间有一定的长度间隔，是裸露的 mRNA 链段，所以多核糖体可以在一条 mRNA 链上同时合成几条多肽链（图 4-25），这就大大提高了翻译的效率。多核糖体中的核糖体个数，视其所附着的 mRNA 大小而定。例如，血红蛋白的多肽链约由 150 个氨基酸残基组成，相应的 mRNA 的编码区应有 450 个碱基组成的多核苷酸，长约 150nm。

电镜下的多核糖体现象见图 4-26。

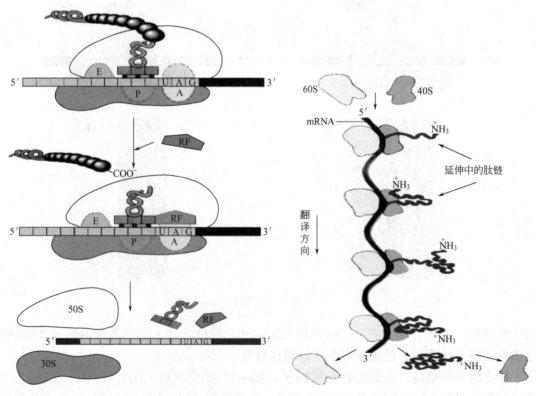

图 4-24　原核生物肽链合成终止过程　　　　　图 4-25　多核糖体

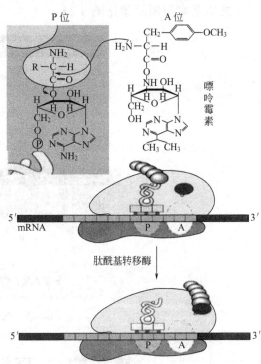

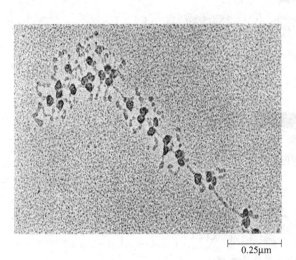

图 4-26　电镜下的多核糖体现象

图 4-27　嘌呤霉素作用示意

四、原核生物蛋白质合成的抑制剂

　　某些翻译抑制剂是人工合成的化合物，但大多数是从多种微生物培养液中提取出的抗生素，可以抗感染或抑制恶性肿瘤的生长。因为某些抗生素能特异地和原核生物核糖体反应，故广泛应用于抗感染的治疗。

　　抗生素类阻断剂是微生物产生的能够杀灭或抑制细菌的一类药物，其抑制蛋白质生物合成的原理如表 4-8 所示。嘌呤霉素作用机理见图 4-27。

表 4-8　抗生素抑制蛋白质生物合成的原理

抗生素	作用点	作用原理	应用
四环素族（金霉素、新霉素、土霉素）	原核生物核糖体小亚基	抑制氨基酰-tRNA 与小亚基结合	抗菌药
链霉素、卡那霉素、新霉素	原核生物核糖体小亚基	改变小亚基构象，使密码子与反密码子结合松弛，引起读码错误、抑制起始	抗菌药
氯霉素、林可霉素	原核生物核糖体大亚基	抑制转肽酶、阻断延长	抗菌药
红霉素	原核生物核糖体大亚基	抑制转肽酶、妨碍转位	抗菌药
梭链孢酸	原核生物核糖体大亚基	与 EF-G-GTP 结合，抑制肽链延长	抗菌药
放线菌酮	原核生物核糖体大亚基	抑制转肽酶、阻断延长	医学研究
嘌呤霉素	真核生物、原核生物核糖体	氨基酰-tRNA 类似物，进位后引起未成熟肽链脱落	抗肿瘤药

抗生素类作用示意见图 4-28。

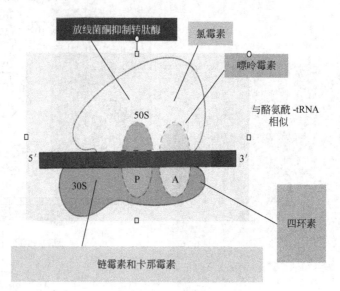

图 4-28　抗生素类作用示意

第三节　真核生物蛋白质合成

真核细胞的蛋白质生物合成过程基本类似于原核细胞的蛋白质生物合成过程。其差别除参与蛋白质生物合成的核糖体结构、大小和组成及 mRNA 的结构等不同外，主要区别在于真核细胞蛋白质生物合成的起始步骤。这一步骤涉及的起始因子至少达十多种，因此起始过程更为复杂些。

一、真核生物蛋白质合成的特点

自 20 世纪 80 年代以来，人们对真核细胞蛋白质生物合成及其起始因子的研究有了进一步深入。真核细胞的蛋白质生物合成过程与原核细胞十分一致。只是真核生物 mRNA 的 5′不译区结构不同，起始因子较多，形成起始复合物的步骤也较多，Met-tRNA^{Met}不发生甲酰化，Met-tRNA^{Met}先和 40S 亚基结合，然后才结合 mRNA。肽链的延伸过程、终止过程与原核生物非常相似。不同之处主要有以下几点。

① 特异的起始 tRNA 为 Met-tRNA^{Met}，不需要 N 末端的甲酰化。

② Met-tRNA^{Met}与 GTP 和 eIF2（eucaryotic initiation factor，eIF）形成一个可分离的复合物，不依赖于小亚基。而在原核细胞 IF1 与 tRNA^{Met}结合在 30S 小亚基上。

③ tRNA^{Met}与 40S 小亚基的结合先于 40S 小亚基与 mRNA 的结合。相反，在原核细胞 tRNA^{Met}与 30S 小亚基的结合后于 mRNA 与 30S 小亚基的结合。

④ ATP 水解为 ADP 提供能量，对于 mRNA 的结合是必需的。

⑤ 在真核细胞，不仅 eIF 的种类多，而且许多 eIF 本身是多亚基的蛋白质。最明显的是 eIF3（涉及 mRNA 结合，类似于原核细胞 IF3 的作用），含有大约 10 个亚基，分子质量达 106kDa，其重量相当于 40S 亚基重量的 1/3。

⑥ mRNA 5′端帽子的存在对于起始是需要的（除某些病毒 mRNA 外，一些病毒 mRNA 的 5′末端有共价结合的蛋白质）。

⑦ 真核细胞在起始过程中存在的一种蛋白质合成调节方式是最后一个关键差别。

原核生物与真核生物翻译比较见表 4-9。

表 4-9　原核生物与真核生物翻译比较

项目	真核生物	原核生物
核糖体	80S	70S
mRNA	5′帽子,3′尾巴,单顺反子	S-D 序列,多顺反子
转录与翻译	不耦联	耦联
起始 tRNA	Met-tRNA$_i^{Met}$	fMet-tRNA$_i^{fMet}$
合成过程	起始因子多 延长因子少(eEF1,eEF2) 一种释放因子(eRF)	IF1,IF2,IF3 EF-Tu、EF-Ts、EF-G RF1、RF2、RF3

二、真核生物蛋白质合成过程

1. 真核生物蛋白质合成的起始

（1）起始特点

① 起始因子多，起始过程复杂。

② 核糖体并不在编码区开始处直接和起始位点相结合。

③ 首先识别 5′端甲基化的帽子结构。

④ tRNA^{Met} 与 40S 小亚基的结合先于 40S 小亚基与 mRNA 的结合。

（2）真核生物蛋白质合成的起始因子（eIF）　eIF 的分子质量以及与其结构、功能的对应关系见表 4-10。

表 4-10　真核生物蛋白质合成中涉及的各种 eIF

起始因子	分子质量/kDa	结构	功　能
eIF3	550	多聚体	40S 三元复合物和 mRNA 结合,和帽有强的亲和力
eIF4F(CBPⅡ)	220	多聚体	5′帽结合蛋白,具有解链酶活性
eIF4E(CBPⅠ)	24	单体	结合 mRNA 5′端,解链
eIF1	15	单体	帮助 mRNA 的结合,形成 40S 起始复合物
eIF4B	80	单体	结合 mRNA,解链酶
eIF4A	44.4	单体	结合 mRNA 和 ATP,水解 ATP,解链
eIF6	23	单体	阻止 40S 和 60S 亚基结合
eIF5	150	单体	介导 eIF2 和 eIF3 从起始复合物中释放出来
eIF4C		单体	40S 和 60S 亚基结合
eIF2α	35		结合 GTP,由磷酸化控制
eIF2β(2B)	38	三聚体	可能是循环因子
eIF2γ	55		结合 Met-tRNA^{fMet}
eIF1A	17.5	单体	核糖体解聚,结合 60S 亚基
eIF3A	25	单体	核糖体解聚,结合 60S 亚基

2. 真核生物蛋白质合成的起始过程

真核 mRNA 无 S-D 序列而在 5′端有帽子结构，翻译起始复合物形成于 AUG 上游的帽子结构。真核生物蛋白质合成起始标志见图 4-29。

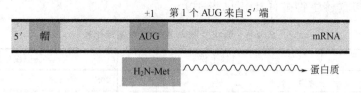

图 4-29　真核生物蛋白质合成起始标志

① 形成 43S 核糖体复合物：由 40S 小亚基与 eIF3 和 eIF6 组成。核糖体大小亚基分离。

② 形成 43S 前起始复合物：即在 40S 核糖体复合物上，连接 eIF2-GTP-Met-tRNA^Met 复合物。

③ 形成 48S 前起始复合物：由 mRNA 及帽结合蛋白Ⅰ（CBPⅠ）、eIF4A、eIF4B 和 eIF4F 共同构成一个 mRNA 复合物。mRNA 复合物与 43S 前起始复合物作用，形成 48S 前起始复合物。

④ 形成 80S 起始复合物：在 eIF5 的作用下，48S 前起始复合物中的所有 eIF 释放出，并与 60S 大亚基结合，最终形成 80S 起始复合物，即 40S 亚基-mRNA-Met-tRNA^Met-60S 亚基。

真核生物翻译起始复合物形成过程见图 4-30。

3. 肽链的延伸

肽链的延伸是将 mRNA 的核苷酸序列翻译为多肽链氨基酸顺序的过程。翻译的准

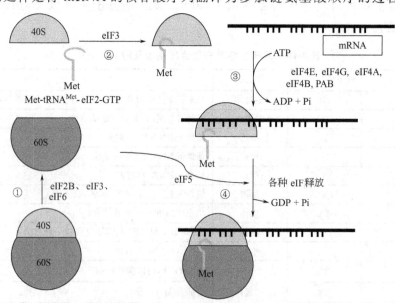

图 4-30　真核生物翻译起始复合物形成过程

①核糖体大小亚基分离；②起始氨基酰-tRNA 与小亚基 P 位结合；③mRNA 在核糖体小亚基准确就位；④与核糖体大亚基结合，消耗 GTP，释放各因子

确性是肽链延伸过程的关键。与原核生物类似，可分为 AA-tRNA 的进位、转肽、移位三步反应。真核细胞肽链延长过程所涉及的因子见表 4-11。

表 4-11 真核细胞肽链延长过程所涉及的因子

延长因子	功　　能	相应的原核细胞因子
eEF1	是一种多亚基蛋白质，由 α、β、γ 亚基组成。eEF1 主要负责将氨基酰-tRNA 转运至核糖体	
eEF1α	负责氨基酰-tRNA 与核糖体结合，并需要 GTP 的参与。GTP 可能是 α 亚基的变构激活剂	EF-Tu
eEF1βγ	具有核苷酸交换活性，类似于原核生物的 EF-Ts，使 eEF1α 再循环	EF-Ts
eEF2	是单体蛋白质分子，能与 GTP 结合，GTP 为其发挥功能所必需的。对核糖体的亲和性有两种状态，高亲和性出现在移位前，低亲和性出现在移位后。eEF2 与原核生物的 EF-G 类似，与移位过程相关；活性还受糖基化和磷酸化等共价修饰的调节	EF-G
eEF3	在真菌中发现。由一条多肽链组成，具有结合和水解 ATP 和 GTP 的能力，两种活性位于同一活性位点；eEF3 对每一轮延伸都是必需的，可能起到保证翻译准确性的作用	

（1）肽链的延伸过程

① 进位　50kDa 的延长因子 eEF1α-GTP 与 AA-tRNA 结合，引导 AA-tRNA 进入 A 位，AA-tRNA 的反密码子与 mRNA 的密码子正确配对后，eEF1α-GTP 水解掉一个 P，随后 eEF1α-GDP 离开核糖体，留下 AA-tRNA。在 eEF1β、eEF1γ 的帮助下，eEF1α-GDP 再生为 eEF1α-GTP。在真菌（如酵母）中，需要另一个延长因子 eEF3 与 eEF1α 共同引导 AA-tRNA 进位。

② 肽键形成（转肽）　核糖体大亚基的肽酰基转移酶活性催化 A 位 α-氨基亲核攻击 P 位氨基酸的羧基，在 A 位形成一个新的肽键。P 位卸载的 tRNA 从核糖体上离开。

③ 移位　移位需要一个 100kDa 的延长因子 eEF2-GTP。eEF2-GTP 结合在核糖体未知的位置上，GTP 水解释放的能量使核糖体沿 mRNA 移动一个密码子的位置，然后 eEF2-GDP 离开核糖体。

肽链的延伸过程见图 4-31。

（2）延伸循环　真核生物肽链合成的延伸循环也可分为三个阶段，进位、转肽和移位。氨基酰-tRNA 是以 eEF1α-GTP-AA-tRNA 三元复合物的形式进入 A 位的，并需要 GTP 的水解。肽键形成是由核糖体大亚基的肽酰基转移酶催化完成的，在形成肽键时核糖体的构象发生扭曲。移位需要 eEF2 的参与。移位后可使 eEF2 的构象发生变化，从而水解 GTP，对核糖体的亲和力下降并解离下来。

4. 蛋白质合成的终止

蛋白质合成终止是在终止因子或释放因子的作用下肽链停止延伸以及核糖体与 mRNA 分离的过程。

（1）终止因子　真核细胞中有两个释放因子 eRF1 和 eRF3（GTP 结合蛋白）介导终止。当 GTP 结合到 eRF3 后，GTPase 活性就被激活，eRF1 和 eRF3-GTP 形成一个复合物，能识别三种终止密码子 UAA、UAG 和 UGA。eRF 不能终止细菌核糖体的延伸反应，说明真核生物和原核生物在终止的机制上存在差异。

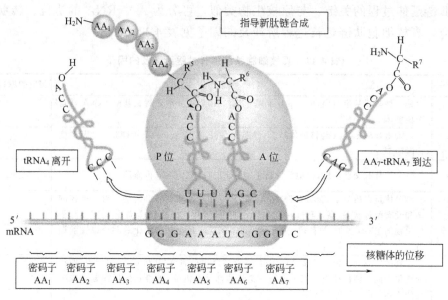

图 4-31　肽链的延伸过程

（2）终止的机制　核糖体移动到终止密码子处时，由于没有氨基酰-tRNA 能对其识别，核糖体在终止密码子处暂停。eRF 可以识别终止密码子，并与核糖体形成复合物，引起肽链的释放。在 eRF 与核糖体释放因子（ribosome release factor，RRF）共同作用下，核糖体与 mRNA 解离，肽链延伸终止。

（3）终止密码子　体外实验证明，真核生物的 eRF 需要识别 4 个核苷酸才能终止翻译，终止密码子的下游核苷酸倾向于 G。

（4）终止密码子的识别　翻译的终止是通过 eRF 与终止密码子之间类似于碱基配对的相互作用完成的。eRF 可识别第一个进入到 A 位的终止密码子，并导致肽酰-tRNA 的水解。

（5）翻译的终止　eRF 识别终止密码子之后，肽酰-tRNA 水解，新生肽链释放，核糖体与 mRNA 解离，60S 大亚基和 40S 小亚基解离。解离后的大小亚基可以参与下一次循环。解离过程涉及 GTP 水解，故终止肽链合成是耗能的。

三、真核生物蛋白质合成的特异抑制剂

1. 抗生素

一些能抑制原核生物蛋白质合成的抑制剂也能抑制真核生物蛋白质的合成。如 AA-tRNA 的类似物嘌呤霉素可提前终止肽链翻译；梭链孢酸不仅可阻止完成功能后的原核细胞的 EF-G 从核糖体释放，也能阻止真核细胞的 EF2 释放。

有些抑制剂对真核细胞的翻译过程是特异的，这主要是由于真核细胞翻译系统装置的特殊性。如 7-甲基鸟苷酸（m^7Gp）在体外抑制真核细胞的翻译起始，这是因为 m^7Gp 与帽结合蛋白竞争性地与 mRNA 的 5′端帽结合。同样，其他多数真核细胞蛋白质生物合成的特异性抑制剂亦可与不同的翻译装置（成分）结合。

特异性抑制剂大多数是小分子，有的是多肽，如蓖麻蛋白。蓖麻蛋白是一种特异的核酸酶，能够通过使 60S 亚基水解失活而中止延长步骤。

2. 毒素

由白喉杆菌产生的致死性毒素是研究得较为清楚的真核细胞蛋白质合成抑制剂。白喉毒素的作用机理是作为一种修饰酶，催化真核生物中肽链延长因子 2 与 NAD$^+$ 发生特异结合而失去活性，阻断了肽链合成的延长过程，从而抑制真核生物细胞蛋白质的合成。

3. 抗代谢药

抗肿瘤化疗的药物：阻断真核细胞蛋白质的生物合成，故称为抗代谢药。抗肿瘤化疗的药物产生耐药的原因：编码人的多重耐药性基因（multiple drug resistant，MDR）表达的结果。

4. 干扰素

干扰素是真核细胞感染病毒后分泌的一类有抗病毒作用的蛋白质。干扰素的分类：白细胞 INF-α、成纤维细胞 INF-β 和淋巴细胞 INF-γ。

干扰素的作用机理：在双股 RNA（如某些病毒 RNA）存在时，能活化一种蛋白激酶，这种激酶可使起始因子 eIF2 磷酸化，可抑制细胞的蛋白质生物合成，由此达到抑制病毒蛋白的生物合成，使病毒无法繁殖（图 4-32）。

干扰素诱导病毒 RNA 降解：干扰素与 dsRNA 能共同诱导细胞中 2′,5′-寡聚腺苷酸合成酶，催化 ATP 通过 2′,5′-磷酸二酯键转化为 2′,5′-寡聚腺苷酸（简称 2′,5′A）。2′,5′A 能使无活性的核酸内切酶激活，从而促进 mRNA 降解，抑制病毒蛋白质的合成（图 4-33）。

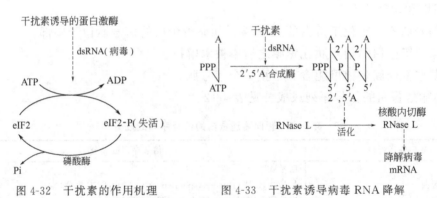

图 4-32　干扰素的作用机理　　　　图 4-33　干扰素诱导病毒 RNA 降解

第四节　生物合成蛋白质运输及加工修饰过程

一、蛋白质运输

绝大多数的蛋白质均在细胞质基质中开始合成。随后，或在细胞质基质或在粗面内质网上继续合成。然后通过不同的途径转运到细胞的特定部位，这一过程称为蛋白质的分选或定向运输。

蛋白质的合成部位在核糖体，合成后去向有三个：①保留在胞浆；②进入细胞核、线粒体或其他细胞器；③分泌到细胞外。

蛋白质运输有两种方式，一是跨膜运输：保留在胞浆，进入细胞核、线粒体或其他细胞器时需越过不同的膜结构，信号肽决定了肽的走向。二是靶向运输：蛋白质合成后，定向到达其执行功能的目的地点。

1. 信号假说

Blobel 于 1971 年提出信号肽理论，20 世纪 70 年代末发现并破译第一个信号序列；80 年代初发现两个功能蛋白：信号识别蛋白（SRP）和停泊蛋白（DP）；20 世纪 90 年代在内质网上找到了神秘的蛋白通道。1999 年，Blobel 因信号理论获得诺贝尔生理学及医学奖。

2. 信号肽引导的蛋白跨内质网运输

（1）信号肽及结构　粗面内质网核糖体合成三类主要蛋白质：①溶酶体蛋白；②分泌到胞外的蛋白；③构成脂膜骨架的蛋白。某些分泌蛋白、分泌途径的膜蛋白 N 末端有一段延伸的肽段，可引导蛋白质跨内质网膜，称为信号肽。信号肽跨膜之后一般被信号肽酶水解去除。信号肽广泛存在于真核生物及原核生物中，结构上没有专一性，进化上也没有高度保守性。信号肽的结构特点如下。

① 信号肽一般由 10～30 个氨基酸残基组成，平均 15 个左右。

② N 端至少有一个带正电荷的碱性氨基酸，一般 4～5 个。

③ 中间部分有 12～14 个氨基酸的疏水区，易于形成螺旋，这些疏水氨基酸若有一个被替换，信号肽即丧失功能。

④ C 端与结构蛋白相连部位为富含丙氨酸（Ala）的片段，易于形成片段，是信号肽酶的识别和切割位点。

⑤ 信号肽不一定位于蛋白的 N 末端。如卵清蛋白的信号肽位于中部。

⑥ 某些膜蛋白的信号肽在跨膜之后不被水解掉。

⑦ 某些复杂膜蛋白可能含有不止一个信号肽。

靶向输送蛋白的信号序列或成分见表 4-12。

表 4-12　靶向输送蛋白的信号序列或成分

靶向输送蛋白	信号序列或成分
分泌蛋白	信号肽
内质网腔蛋白	信号肽，C 端—Lys—Asp—Leu—COO⁻（KDEL 序列）
线粒体蛋白	N 端靶向序列（20～35 个氨基酸残基）导肽
核蛋白	核定位序列（—Pro—Pro—Lys—Lys—Lys—Arg—Lys—Val—）
过氧化物蛋白	PST 序列（—Ser—Lys—Leu—）导肽
溶酶体蛋白	甘露糖-6-磷酸

（2）信号肽引导的蛋白跨内质网膜过程　属于边翻译边运输过程：识别→停泊→跨膜→水解。

① 识别　当蛋白质合成 50～70 个氨基酸时，蛋白 N 端从核糖体中冒出头，信号识别蛋白（SRP）识别并结合到信号肽中部疏水部分，肽合成终止。随后在 SRP 引导下，SRP-核糖体-信号肽三元复合物趋向内质网表面。

功能域：a. 识别信号肽；b. 干扰进入核糖体的氨基酰-tRNA 与肽酰基转移酶作用，中止肽合成。

② 停泊（入坞）　三元复合物在 SRP 引导下与内质网上的停泊蛋白（DP）结合。

DP 与 SRP 相互作用，肽合成继续，SRP 释放。

③ 跨膜 DP 引起内质网上核糖体受体蛋白聚集，后者在膜上有形成孔道的能力——蛋白质传导通道（protein-conducting channel，PCC），PCC 内径只有约 2nm，传导通道＋信号肽（配体）→边翻译边运送→肽进入内质网。

④ 水解 跨膜后蛋白经信号肽酶水解去除信号肽后成熟，成熟蛋白在内质网腔中加工、折叠，而 PCC 关闭。

3. 分泌蛋白的输送

以分泌蛋白的输送为例，信号肽引导其跨内质网膜的输送见图 4-34。

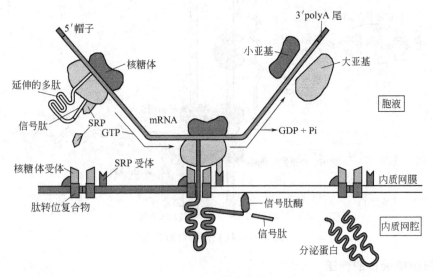

图 4-34 分泌蛋白的输送

4. 线粒体蛋白的输送

线粒体蛋白的输送由导肽介导。导肽是线粒体蛋白 N 末端一段延伸的肽段，可识别线粒体，从而引导蛋白跨膜，对蛋白进行定位。

（1）导肽结构特征

① 导肽是由 20～80 个氨基酸残基构成的片段。

② 富含带正电荷的碱性氨基酸，特别是精氨酸（Arg），通常分散在不带电荷的氨基酸之间，不可被不带电荷的氨基酸取代。

③ 几乎不含带负电的酸性氨基酸。

④ 羟基氨基酸特别是丝氨酸的含量较高。

⑤ 导肽有形成两性（既有亲水又有疏水部分）螺旋的倾向。

（2）导肽的功能

① 识别特征细胞器：导肽与受体蛋白结合有相对专一性。

② 导肽的不同片段含有不同的信息。例如：线粒体 Cytc1，它的导肽（61 个氨基酸）经历两次水解，第一段信息引导蛋白进入线粒体基质；第二段信息引导蛋白进入内外膜间隙。

③ 导肽对被牵引蛋白无特异性要求，线粒体 Cytc1 导肽可以牵引小鼠二氢叶酸还原酶到线粒体相应部位。

（3）导肽与基质蛋白跨膜过程　见图4-35。

$$\text{胞质前体} \xrightarrow[\text{HSP70}]{\text{ATP}} \text{解折叠（接近线性）} \xrightarrow[\text{牵引}]{\text{导肽}} \text{与膜受体结合}$$

$$\xrightarrow[\text{跨膜}]{\text{ATP}} \left\{ \text{在内外膜接触点上一次跨双层膜 / 或先跨外膜，水解第一段导肽后再跨内膜} \right.$$

$$\xrightarrow{\text{信号肽水解}} \xrightarrow{\text{HSP60 结合}} \text{蛋白重折叠} \longrightarrow \text{成熟蛋白}$$

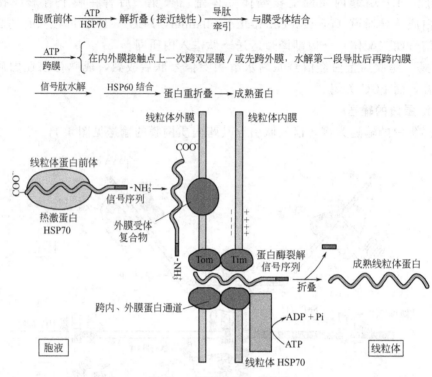

图 4-35　线粒体蛋白的输送

5. 细胞核蛋白的输送

（1）核定位序列（nuclear location sequence，NLS）　其功能是引导核内蛋白跨越核膜，特征如下。

① 一般为 10 个氨基酸构成的短片段。

② 富含碱性氨基酸。

③ NLS 可以是连续片段，也可分隔为两个不连续片段，中间间隔大于 10 个氨基酸左右。

④ NLS 可位于蛋白质的不同部位。

（2）核内蛋白运输机制　核孔复合物（nuclear pore complexes，NPC）：核膜表面的核孔中间结合着的一个圆筒形的亲水通道。

① NLS 只是帮助蛋白和 α 亚基结合，在 NPC 纤毛作用下跨膜。

② 转运过程不需要将肽链打开和重折叠。

③ NLS 帮助识别转运蛋白，但不识别核孔复合物。

④ NPC 本身不和核膜脂双层相互作用，所以不能帮助蛋白整合到核膜上。

（3）跨膜过程　也属于翻译后运输（图4-36）。

二、蛋白质的加工和修饰

几乎所有的蛋白质在合成过程中或合成后都要经过某些形式的翻译后加工和修饰，一些不合适的加工和修饰常常与疾病相关，某些特定的翻译后加工和修饰还被作为疾病的生物标志或治疗的靶标。肽链合成后，经若干加工和修饰后，才能使合成的肽链具有一定的空间结构和生物学活性，才能成为具有功能的成熟蛋白。

蛋白质 NLS ┐
　　　　　　├→ 转运复合物 ──转运蛋白质 β 亚基──→ 停泊在 NPC 纤毛上
转运蛋白质 α 亚基 ┘

──纤毛摆动──→ 核质 ──Ran-GTP──→ 转运复合物解离 ──→ 蛋白质释放
　　NPC

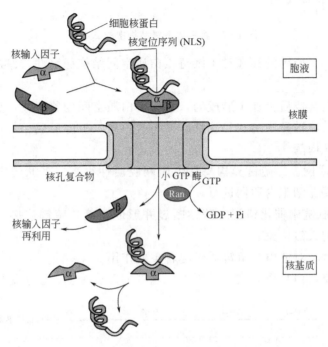

图 4-36　细胞核蛋白的输送

蛋白质加工和修饰的类型多种多样，一般分为四种：①N 端 fMet 或 Met 的切除；②二硫键的形成；③化学修饰；④折叠、剪切等。

（一）N 端 fMet 或 Met 的切除

N 端被甲酰化，因而掩蔽了—NH$_2$，使其既不能形成肽链，又难以卷曲折叠，须切除。

fMet-多肽＋去甲酰化酶 ⇌ Met-多肽（*E. coli* 38％蛋白质到此为止）

Met-多肽＋Met-氨基肽酶 ⇌ Met＋多肽

原核生物：去甲酰化酶＋氨基肽酶；真核生物：氨基肽酶。

发生时间：肽链合成过程中或肽链从核糖体上释放以后。

（二）二硫键的形成

二硫键是由蛋白质的两个半胱氨酸之间配对形成的一种共价键，可以存在于同一条蛋白质多肽链内，也可以存在于不同的多肽链之间。对于许多蛋白质而言，二硫键是它们最终折叠产物的永久特征。二硫键的形成是蛋白质折叠过程中的重要步骤，其形成动力学影响蛋白质折叠的速率和途径，它的错误配对是影响蛋白质多肽链正确折叠的重要

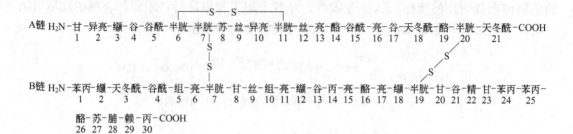

图 4-37 蛋白质一级结构中的二硫键

原因。如图 4-37，二硫键的存在对于维持蛋白质空间结构稳定性，保持其生理活性具有至关重要的意义。

二硫键都是在合成后再加工形成的，它与蛋白质空间构象有关，是由专门的二硫键交换酶催化的。二硫键异构酶和谷胱甘肽参与蛋白质二硫键形成。

(1) 二硫键异构酶

① 部位　内质网。二硫键异构酶在内质网腔活性很高，多肽链内或肽链之间二硫键的正确形成主要在细胞内质网进行。

② 功能　在肽链中催化错配二硫键断裂并形成正确二硫键连接，最终使蛋白质形成热力学最稳定的天然构象。

(2) 谷胱甘肽　对链内二硫键形成起着重要作用。

以前胰岛素原蛋白翻译后成熟过程中二硫键的形成为例，示意见图 4-38。

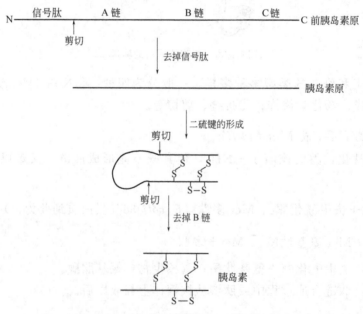

图 4-38　前胰岛素原蛋白翻译后成熟过程

(三) 化学修饰 (特定氨基酸的修饰)

化学修饰是蛋白质加工的重点。修饰的类型很多，包括磷酸化 [如核糖体蛋白的丝氨酸 (Ser)、酪氨酸 (Tyr) 和色氨酸 (Trp) 残基常被磷酸化]、糖基化 (如各种糖蛋白）、甲基化（如组蛋白、肌蛋白）、乙基化（如组蛋白）、羟基化（如胶原蛋白）。还有各种辅基如大卟啉环结合在叶绿蛋白和血红蛋白上。

1. 蛋白质的糖基化修饰

糖基化是真核细胞中特有的加工，这些蛋白常和细胞信号的识别有关，如受体蛋白等。

（1）糖基化有两种类型（图 4-39）

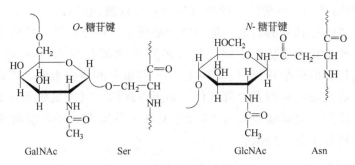

图 4-39　糖基化两种类型

① N-糖苷键　寡糖连接在 Asn 氨基上。从内质网开始，高尔基体中进一步完成。

② O-糖苷键　寡糖连接在 Ser、Thr 羟基或 Lys 羟基上。仅发生在高尔基体中。

（2）蛋白质分子表面的糖基化主要功能

① 糖基化影响蛋白质分子的生物活性　对于某些蛋白质分子如人绒毛膜促性腺激素（hCG）而言，糖基化是其发挥生物学活性必需的。同时研究表明，改变蛋白质的糖基化还可以使蛋白质分子产生新的生物学活性。

② 糖基化增加蛋白质的稳定性　糖基化可增加蛋白质对于各种变性条件（如变性剂、热等）的稳定性，防止蛋白质的相互聚集。同时，蛋白质表面的糖链还可覆盖蛋白质分子中的某些蛋白酶降解位点，从而增加蛋白质对于蛋白酶的抗性。

③ 糖基化与蛋白质的免疫原性　一方面，蛋白质表面的糖链可诱发特定的免疫反应；另一方面，糖链又可遮盖蛋白质表面的某些表位从而降低其免疫原性。

④ 糖基化与分子识别　长期以来，细胞表面的糖链被认为是"分子天线"，参与细胞识别。研究表明，糖链还参与抗原与抗体及抗体与其受体的相互识别。

⑤ 糖基化与蛋白质的可溶性　研究表明，蛋白质表面的糖链可增加蛋白质分子的溶解性。

⑥ 糖基化影响蛋白质的转运　蛋白质表面的糖链可作为蛋白分子的胞内定位信号，如糖蛋白 N-糖链经修饰，带有甘露糖-6-磷酸后，这些糖蛋白（多数是水解酶）就被分拣和投递到溶酶体中。糖基化还可增加糖蛋白的分泌效率。

⑦ 糖基化影响治疗用蛋白的疗效　对于治疗用蛋白，糖基化还可影响蛋白药物在体内的半衰期和靶向性。

2. 核糖体蛋白的磷酸化

磷酸化是一种广泛的翻译后修饰，同时也是原核和真核生物中最重要的调控修饰形式，由于蛋白质氨基酸侧链加入了一个带有强负电的磷酸基团，发生酯化作用，从而改变了蛋白质的构型、活性及与其他分子相互作用的能力，在许多生物学过程，如信号传导、基因表达、细胞分裂等的调控中起着重要作用。异常的蛋白质磷酸化通常与癌症有关。

（1）蛋白质磷酸化的主要类型　根据磷酸氨基酸残基的不同，可将磷酸化蛋白质分为4类，即 O-磷酸盐、N-磷酸盐、酰基磷酸盐和 S-磷酸盐。O-磷酸盐是通过羟基氨基酸的磷酸化形成的，如丝氨酸、苏氨酸或酪氨酸、羟脯氨酸或羟赖氨酸磷酸化；N-磷酸盐是通过精氨酸、赖氨酸或组氨酸的磷酸化形成的；酰基磷酸盐是通过天冬氨酸或谷氨酸的磷酸化形成的；而 S-磷酸盐则通过半胱氨酸磷酸化形成。

（2）蛋白质磷酸化具有的功能　蛋白质磷酸化具有以下功能：①磷酸化参与酶作用机制，在此过程磷酸化为反应性中间产物（多为 S-磷酸盐或 N-磷酸盐），如磷酸烯醇式丙酮酸羧激酶依赖的磷酸转移酶系统（PTR）的组氨酸蛋白激酶；②磷酸化介导蛋白活性，蛋白分子通过蛋白激酶发生磷酸化，如蛋白激酶A（丝氨酸和苏氨酸残基）或不同的受体酪氨酸激酶（酪氨酸残基）；③天冬氨酸、谷氨酸和组氨酸的磷酸化在细菌趋化反应的感觉性传导中发生解离。

（四）蛋白质折叠

蛋白质折叠问题是生命科学领域的前沿课题之一，并且被列为"21世纪的生物物理学"的重要课题，它是分子生物学中心法则尚未解决的一个重大生物学问题。

蛋白质折叠研究的理论意义：几乎所有的生命活动都是由蛋白质完成的，而蛋白质链只有折叠成天然结构才有活性，生命从蛋白质折叠开始！

蛋白质折叠研究的应用意义：蛋白质工程的医药保健产品市场每年数十亿美元，已知二十多种疾病与蛋白质的错误折叠有关（老年痴呆症、疯牛病等），即所谓"构象病"，或称"折叠病"。蛋白质折叠还是蛋白质组研究的瓶颈之一。

1. 蛋白质折叠的定义

蛋白质凭借相互作用在细胞环境（特定的酸碱度、温度等）下自己组装自己，这种自我组装的过程被称为蛋白质折叠。蛋白质的正确折叠是其行使功能的基础。

2. 蛋白质折叠相关的重要分子

蛋白质折叠相关的重要分子是分子伴侣，它是一类保守蛋白质，有两个功能，一是帮助转运蛋白折叠，二是切除错折叠蛋白。细胞内分子伴侣包括两类，分别为热激蛋白

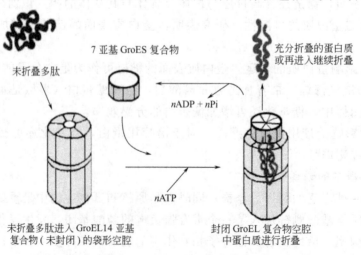

图 4-40　伴侣素 GroEL/GroES 系统促进蛋白质折叠过程

和伴侣素。

热激蛋白 (heat shock protein, HSP) 常见的是 HSP70, 其功能为结合尚未离开核糖体的新生肽链或正在穿膜的肽链, 防止肽链疏水段错误聚集, 有利于肽链的正确折叠。伴侣素包括 GroEL 和 GroES (真核细胞同源物 HSP60、HSP10) 家族, 作用为非自发折叠的蛋白质创造折叠的微环境。HSP60 具有桶状结构。伴侣素 GroEL/GroES 系统促进蛋白质折叠过程见图 4-40。

第五节　基因表达调控

基因表达 (gene expression) 是基因经过转录、翻译, 产生具有特异生物学功能的蛋白质分子或 RNA 分子的过程。表达调控 (gene regulation) 是基因表达时受到内源及外源信号调控的过程。基因表达调控大多数是对基因的转录和翻译速率的调节, 从而导致其编码产物的水平发生变化, 进而影响其功能。

真核生物基因表达调控, 根据其性质可分为两大类。第一类是瞬时调控或称可逆调控, 它相当于原核细胞对环境条件变化所作出的反应, 包括某种底物或激素水平升降及细胞周期不同阶段中酶活性和浓度的调节。第二类是发育调控或称不可逆调控, 是真核生物基因调控的精髓部分, 它决定了真核细胞生长、分化、发育的全部进程。

一、真核生物基因表达调控

(一) 真核生物基因表达调控的特点

真核生物基因表达调控最显著特征是能在特定时间和特定细胞中激活特定的基因, 从而实现"预定"的、有序的、不可逆转的分化、发育过程, 并使生物的组织和器官在一定环境条件范围内保持正常功能。

真核生物基因表达调控的特点如下。

① 基因表达有转录水平和转录后的调控, 且以转录水平调控为主。

② 在结构基因上游和下游甚至内部存在多种调控成分, 并依靠特异蛋白因子与这些调控成分结合而调控基因的转录。

③ 真核生物基因表达调控的环节多: 转录与翻译间隔进行, 个体发育复杂, 具有调控基因特异性表达的机制。

④ 真核生物活性染色体结构的变化对基因表达具有调控作用: DNA 拓扑结构变化、DNA 碱基修饰变化、组蛋白变化等都具有调控作用。

⑤ 具有细胞特异性或组织特异性: 在生长发育过程中, 随着细胞需求的不断改变, 各种基因变得有活性或沉寂。

⑥ 正性调节占主导, 且一个真核生物基因通常有多个调控序列, 需要有多个激活物。

(二) 转录水平的调控

基因转录是遗传信息传递过程中第一个具有高度选择性的环节, 真核生物基因转录发生在细胞核 (线粒体基因的转录在线粒体内), 翻译则多在细胞质中, 两个过程是分开的，为其调控增加了更多的环节和复杂性，在体内真核生物基因的表达调控以转录水平为主。真核生物基因转录的调节区较大，转录激活与起始需要多种元件和蛋白因子的参与，包括启动子、增强子、通用转录因子、上游因子、诱导型转录因子和 RNA 聚合酶等。转录调控是通过顺式作用元件和反式作用因子的互相作用实现的。

1. 顺式作用元件

顺式作用元件是调控基因表达的一段 DNA 序列，一般自身没有转录功能，它们与特定的功能基因连锁在一起，可与许多同起始转录有关的蛋白因子相互作用而控制转录。顺式作用元件包括启动子、增强子、沉默子、绝缘子等。有关启动子、增强子的内容第三章已详述。

（1）沉默子　沉默子与增强子的功能相反、结构相似，对基因表达进行负调控即抑制基因的表达。与沉默子作用的蛋白因子称为阻遏物，二者结合后能抑制基因的转录。沉默子最早是在酵母中发现的，以后在 T 淋巴细胞的 T 抗原受体基因的转录和重排中证实这种负顺式作用元件的存在。

（2）绝缘子　在真核生物基因及其调控区的一段 DNA 序列，功能是阻止激活或阻遏作用在染色质上的传递，使染色质的活性限定于结构域之内。

2. 反式作用因子

反式作用因子即转录因子，能直接或间接地识别或结合在各类顺式作用元件上，参与调控靶基因的转录。转录因子分为通用或基本转录因子、特异转录因子和共调节因子。通用转录因子是 RNA 聚合酶结合启动子所必需的一组蛋白因子，如 TFⅡA、TFⅡB、TFⅡD 等；特异转录因子是体内个别基因转录所必需的转录因子，能识别并结合转录起始点上游和远端的增强子元件，通过 DNA-蛋白质相互作用而调节转录活性，决定不同基因在时间、空间上的特异性表达。在转录因子上有 DNA 识别结合域（DNA-binding domain）、转录活性域（transcriptional activation domain）、结合其他蛋白的结合域等几种重要的功能结构域。

（1）DNA 识别结合域的模式　由 60～100 个氨基酸残基组成的几个亚区组成，与转录因子结合的 DNA 区域常是一段反向重复序列，因此许多转录因子常以二聚体形式与 DNA 结合。

① 锌指结构（zinc finger）　锌指结构是一种常出现在 DNA 结合蛋白中的结构基元，是由一个含有大约 30 个氨基酸的环和一个与环上的 4 个 Cys 或 2 个 Cys 和 2 个 His 配位的 Zn 构成（分别简写为 C_4H_2 或 C_2H_2），形成的结构像手指状（图 4-41）。锌指的 N 端部分形成 β折叠结构，C 端部分形成 α 螺旋结构。锌指与基因的启动子区域结合，锌指的尖端可进入 DNA 的大沟或小沟，以识别其特异性结合的 DNA 序列并与之结合。

② 螺旋-转折-螺旋（helix-turn-helix，H-T-H）　该结构域长约 20 个氨基酸，主要由两个 α 螺旋区和将其隔开的 β 转角构成，其中的一个被称为识别螺旋区，因为它常常带有数个直接与 DNA 序列相识别的氨基酸。

两个这样的基元结构以二聚体形式相连，距离正好相当于 DNA 一个螺距（3.4nm）。两个 α 螺旋刚好分别嵌入 DNA 的大沟。螺旋-转折-螺旋结构域见图 4-42。

③ 碱性-亮氨酸拉链（basic-leucine zipper）　有些转录激活因子结合 DNA 结构域中有一段由约 30 个氨基酸组成的核心序列，每隔 6 个氨基酸残基有规律地出现 1 个亮氨

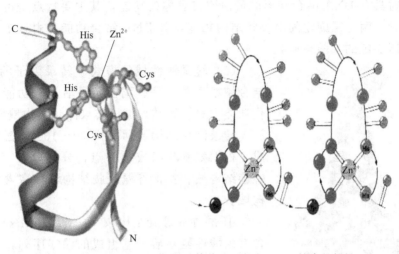

图 4-41 锌指结构（浅灰色球体代表可能与 DNA 结合的侧链）

酸残基，能形成两性 α 螺旋，在螺旋的一侧以带电荷的氨基酸残基（如 Arg、Lys）为主，具有亲水性，而另一侧是排列成行的亮氨

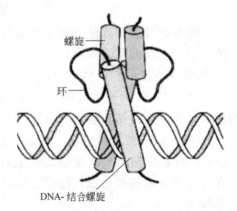

酸，具有疏水性，成为亮氨酸拉链区（图 4-43）。序列的 N 端富含碱性氨基酸，借助其正电荷与 DNA 双螺旋链上带负电的磷酸基团结合，形成 DNA 结合面，两个具有亮氨酸拉链区的转录激活因子以疏水力相互作用形成亮氨酸拉链，N 端碱性区域进入适当的位置，与 DNA 大沟相匹配像一对钳子夹住 DNA。

图 4-42 螺旋-转折-螺旋

蛋白质之间的相互作用是生命现象的普遍规律之一，在基因表达调控中同样具有重要意义，亮氨酸拉链是蛋白质二聚体化（蛋白质相互作用的一种方式）的一种结构基础，某些癌基因（如 *c-jun*、*v-jun*、*c-fos*、*v-fos* 等）表达产物通过亮氨酸拉链形成同源或异源二聚体，大大增加对 DNA 的结合能力，调控基因表达。亮氨酸拉链蛋白在真核生物中广泛存在。

④ 碱性-螺旋-环-螺旋（basic-helix/loop/helix，bHLH） 该调控区长约 50 个氨基

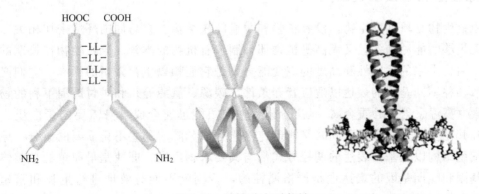

图 4-43 碱性-亮氨酸拉链

酸残基，同时具有 DNA 结合和形成蛋白质二聚体的功能，其主要特点是可形成两个亲脂性的 α 螺旋，两个螺旋之间由环状结构相连，其 DNA 结合功能是由一个较短的富碱性氨基酸区所决定的（图 4-44）。

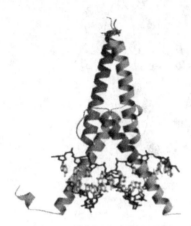

图 4-44　碱性-螺旋-环-螺旋

（2）转录活性域的模式　转录因子的 DNA 识别结合域本身并不具有调控转录活性的功能，其转录活化功能由另一种结构域即转录激化结构域所作用。

转录激化结构域通常由 30～100 个氨基酸残基组成，根据氨基酸组成的特点，分为以下三类：酸性 α 螺旋结构域、富含谷氨酰胺结构域和富含脯氨酸的结构域。

① 酸性 α 螺旋结构域（acidic α-helix）　该结构域含有由酸性氨基酸残基组成的保守序列，多呈带负电荷的亲脂性 α 螺旋，包含这种结构域的转录因子有酵母的 GAL4 和 GCN4、糖皮质激素受体、AP1 家族的 Jun 等。增加激活区的负电荷数能提高激活转录的水平，可能是通过非特异性的相互作用与转录起始复合物上的 TFⅡD 等因子结合生成稳定的转录复合物而促进转录。

② 富含谷氨酰胺结构域（glutamine-rich domain）　SP1 是启动子 GC 盒的结合蛋白，除结合 DNA 的锌指结构外，SP1 共有 4 个参与转录活化的区域，其中最强的转录激活域很少有极性氨基酸而谷氨酰胺的含量却高达 25% 左右。

③ 富含脯氨酸的结构域（proline-rich domain）　CTF 家族（包括 CTF-1、CTF-2、CTF-3）的 C 末端与其转录激活功能有关，含有 20%～30% 的脯氨酸残基。脯氨酸的存在妨碍了 α 螺旋的形成，Oct2、Jun、AP2、SRF 等哺乳动物因子中也有富含脯氨酸的结构域。

转录调控的实质在于蛋白质与 DNA、蛋白质与蛋白质之间的相互作用，构象的变化正是蛋白质和核酸"活"的表现。但对生物大分子间的辨认、相互作用、结构上的变化及其在生命活动中的意义，人们的认识和研究还只在起步阶段，其中许多内容甚至重要的规律人们可能至今还一无所知，有待于努力探索。

二、原核生物基因表达调控

原核生物是单细胞生物，没有核膜和明显的核结构。它与周围环境密切相关，它本身既无足够的能源储备，又无高等植物那种制造有机物的本领。原核生物在长期的进化过程中演化出来的适应性和高度的应变能力，是它们赖以生存繁衍的根本。它们必须不断调节各种不同基因的表达以适应营养条件（碳源、氮源等）和对付周围不利的物理化学因素（高温、射线、重金属、烷化剂等），必须能迅速合成自身需要的蛋白质（酶）、核酸和其他生物大分子，而同时又能迅速停止合成和降解那些不再需要的成分。原核生物的细胞结构以及基因表达的调控方式都与其要求相适应。即使是最简单的噬菌体，其早期基因和晚期基因的表达也是严格调控的，否则就不能有效地进行生长和繁殖。例如，噬菌体溶菌酶基因的表达就是严格控制的，只有噬菌体合成大量的 DNA 和外壳蛋白后，才使宿主细菌裂解，否则噬菌体就不能产生大量的后代。

原核生物与真核生物一样，其基因的调控主要发生在转录水平上。其中的道理也很简单，任何一系列连锁过程，控制其第一步通常是最有效和最经济的。原核生物中的操纵元系统就是这种最有效和最经济原则的体现。因为把生物活性相关的基因组织在一起，就不必逐个进行调控，而是一开俱开，一关俱关，同时还可保持基因产物在比例上大体相当，甚至十分精确的比例。

1. 操纵元模型的提出

人们早在 20 世纪初就发现了酵母细胞中酶的诱导现象，即分解底物的酶只有在底物存在时才出现。酶的可诱导性在细菌中普遍存在，而对大肠杆菌酶的诱导现象研究得最为透彻。法国分子生物学家 Jacob 和 Monod 等人于 1961 年提出了操纵元模型，其要点是一个或几个结构基因与一个调节基因和一个操纵位点组成一个操纵单元，这个单元称为操纵元（operon），这个操纵位点称为操纵子（operator）。在操纵元中，结构基因产生 mRNA 并作为模板合成蛋白质；而调节基因则产生一种阻遏蛋白与操纵位点相互作用，这个操纵位点总是与它所控制的结构基因相毗邻；阻遏蛋白与操纵位点结合从而阻碍了结构基因转录成 mRNA；在诱导过程中，诱导物（又称抗阻遏物）通过与阻遏蛋白相结合而阻止阻遏蛋白与操纵位点的结合。1964 年人们发现了启动子，因此启动子也就成为操纵元的一个成分。

2. 乳糖操纵元的调控机理

乳糖（*lac*）操纵元的基本调控途径示于图 4-45。*lacZ*、*lacY*、*lacA* 为结构基因，逆流而上依次为操纵子（操纵位点）、启动子和调节基因 *lacI*。当细胞内无诱导物存在时，阻遏蛋白能与操纵子结合，由于操纵子与启动子有一定程度的重叠，因此妨碍了 RNA 聚合酶在−10 区序列上形成开放性的启动子复合物。当细胞内有诱导物存在时，诱导物以其极高的浓度与阻遏蛋白迅速结合，从而改变阻遏蛋白的构象，使之迅速从操

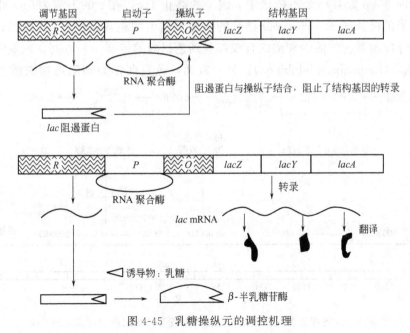

图 4-45 乳糖操纵元的调控机理

纵子上解离下来，这样，RNA 聚合酶就能与启动子牢固结合并形成开放性的启动子复合物，从而开始转录结构基因。这种通过与小分子结合而进行的变构控制在基因转录调控中是很普遍的现象。

另外有几个问题还需要说明一下。首先在非诱导状态下乳糖操纵元（以及其他许多操纵元）存在着本底组成型合成（background constitutive synthesis）。这是因为阻遏蛋白对 lacO 的结合并非是经久不变的，而是有一个 10～20min 的半衰期。虽然 lacO 处于游离的时间极短，但有时 RNA 聚合酶就抓住这一时机进行一次转录。平均每个细胞周期有一个 lac mRNA 以此方式产生，从而翻译出几个分子的 β-半乳糖苷酶，β-半乳糖苷透性酶和 β-半乳糖苷转乙酰酶。当细胞内的乳糖被代谢完毕后，阻遏蛋白又可结合于操纵子，lac 操纵元的结构基因又处于关闭状态。

3. 色氨酸操纵元：可阻遏系统

lac 操纵元是可诱导的系统，它们负责某一营养基质的分解，而它们的诱导物就是需要分解的底物或其变构形式。细菌中还有负责某些物质合成的操纵元，如负责氨基酸合成的操纵元。在没有外源氨基酸时，这类操纵元表达，使细胞内有足够的氨基酸以进行蛋白质合成；如果有外源氨基酸存在，则细菌就不必自己合成，编码这种氨基酸的操纵元亦受到阻遏。这类可被最终合成产物所阻遏的操纵元称可阻遏操纵元（repressible operons），色氨酸操纵元就是一个典型的可阻遏操纵元。色氨酸供应充足时，trp 操纵元关闭，而很少或无色氨酸时则启动 trp 操纵元合成色氨酸。

色氨酸（trp）操纵元的基因组成示于图 4-46，它含有五个基因。trpE 和 trpD 分别编码邻氨基苯甲酸合成酶（anthranilte synthetase）两个亚基，分子质量各为 60kDa；trpC 编码吲哚甘油磷酸合成酶（indoleglycerol-phosphate synthetase），分子质量为 45kDa；trpB 和 trpA 分别编码色氨酸合成酶的 β 亚基（50kDa）和 α 亚基（29kDa）。在 trpO 与 trpE 之间有一段 162bp 的前导序列（trpL）可以转录到 mRNA 中。在 trpA 基因下游方向 36bp 处有一个不依赖于 ρ 因子的终止子 t，在 t 的下游 250bp 处还有一个依赖于 ρ 因子的终止子 t'。与 trpO 结合的阻遏蛋白由相距甚远的 trpR 编码。

色氨酸合成酶系统的活性和酶的合成都受到色氨酸的控制。一方面，色氨酸对已有的酶起反馈抑制（feedingback inhibition）；另一方面，色氨酸作为辅阻遏物激活无活性的无

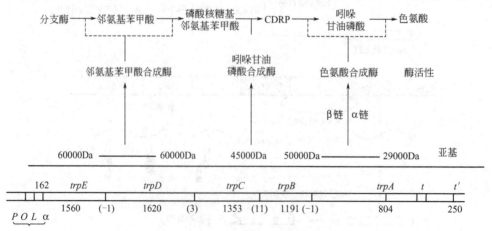

图 4-46　大肠杆菌色氨酸操纵元的基因组成及其基因产物所催化的反应

辅基阻遏蛋白（*trpR*），使之结合到操纵子 *trpO* 上，阻止 *trp* 操纵元的转录（图4-47）。

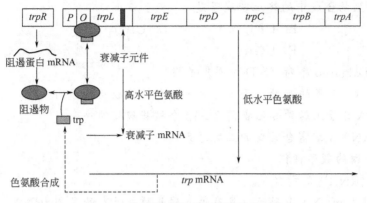

图 4-47　色氨酸操纵子和阻遏子的结构

trpR 编码 12.5kDa 的阻遏蛋白亚基，阻遏蛋白在细胞内以四聚体的形式发挥作用，每个细胞内约有 20 个这样的四聚体。单独的四聚体不能和 *trpO* 结合，只有先结合了色氨酸分子后改变了其分子构象才能与 *trpO* 结合。

trpP 位于 −40 到 +80 这个范围内，而 *trpO* 整个位于 *trpP* 内（−21～+1）并有比较完美的 20bp 反向重复序列。因此，活性阻遏物与 *trpO* 的结合完全排斥了 RNA 聚合酶的结合。*trpP* 有正常的 −10 和 −35 序列，而 −10 序列完全在 *trpO* 之内。

【课后思考】

一、名词解释

三联体密码　开放阅读框架　核糖体循环　信号肽分子伴侣　蛋白质组学　S-D 序列

二、选择题

1. 多数氨基酸都有两个以上密码子，下列哪组氨基酸只有一个密码子。（　　）

A. 苏氨酸、甘氨酸　　　　　　　　B. 脯氨酸、精氨酸

C. 丝氨酸、亮氨酸　　　　　　　　D. 色氨酸、甲硫氨酸

E. 天冬氨酸和天冬酰胺

2. tRNA 分子上结合氨基酸的序列是（　　）。

A. CAA-3′　　　　B. CCA-3′　　　　C. AAC-3′　　　　D. ACA-3′

E. AAC-3′

3. 关于遗传密码，下述说法正确的是（　　）。

A. 20 种氨基酸共有 64 个密码子　　B. 碱基缺失、插入可致框移突变

C. AUG 是起始密码　　　　　　　　D. UUU 是终止密码

E. 一个氨基酸可有多达 6 个密码子

4. tRNA 能够成为氨基酸的转运体，是因为其分子上有（　　）。

A. -CCA-OH 3′ 末端　　　　　　　B. 3 个核苷酸为一组的结构

C. 稀有碱基　　　　　　　　　　　D. 反密码子环

E. 假腺嘌呤环

5. 蛋白质生物合成中的终止密码子是（　　）。

A. UAA　　　　　B. UAU　　　　　　C. UAC

D. UAG　　　　　E. UGA

6. Shine-Dalgarno 序列（S-D 序列）是指（　　）。

A. 在 mRNA 分子的起始密码上游 8~13 个核苷酸处的序列

B. 在 DNA 分子上转录起始点前 8~13 个核苷酸处的序列。

C. 16S rRNA 3′端富含嘧啶的互补序列

D. 启动基因的顺序特征

7. "同工 tRNA" 是指（　　）。

A. 识别同义 mRNA 密码子（具有第三碱基简并性）的多个 tRNA

B. 识别相同密码子的多个 tRNA

C. 代表相同氨基酸的多个 tRNA

D. 由相同的氨基酰-tRNA 合成酶识别的多个 tRNA

8. 反密码子中（　　）碱基对参与了密码子的简并性（摇摆）。

A. 第一个　　　　B. 第二个　　　　C. 第三个　　　　D. 第一个与第二个

9. 与 mRNA 的 GCU 密码子对应的 tRNA 的反密码子是（　　）。

A. CGA　　　　　B. IGC　　　　　C. CIG　　　　　D. CGI

10. 真核与原核细胞蛋白质合成的相同点是（　　）。

A 翻译与转录耦联进行　　　　　　　B. 模板都是多顺反子

C. 都需要 GTP　　　　　　　　　　D. 甲酰蛋氨酸是第一个氨基酸

三、简答题

1. 简述遗传密码特性。

2. 比较原核生物与真核生物在翻译起始阶段的区别。

3. 说出组成原核生物与真核生物核糖体大小亚基中 rRNA 的种类。

4. 简述蛋白质组学研究的意义。

5. 简述蛋白质空间折叠相关的大分子及功能。

6. 举出蛋白质翻译后的加工修饰形式。

7. 氨基酸活化的实质是什么？关键酶是什么？该酶对遗传信息的翻译有什么作用？

第五章

分子生物学常用技术及应用

【知识目标】
1. 熟悉分子生物学技术在实践中的应用原理。
2. 掌握常用的分子生物学技术。

【能力目标】
1. 学会基因诊断技术在生命科学、医学领域的应用。
2. 能正确将基因工程制药的原理、步骤和方法应用于生命科学、医学研究领域。

随着分子生物学的发展，促使生物化学、遗传学以及整个生物学科发生了深刻的"革命"，人类进入 21 世纪，分子生物学也进入了"基因组后时代"分子生物学的发展前沿，如哺乳动物克隆、基因组计划、遗传与进化、生物计算机、生物芯片、生物材料、蛋白质组、天然药物、干细胞、脑科学以及转基因等。无一不是多学科的交叉与融合、基础研究与应用的统一。

分子生物学技术正对生物科学各个领域，包括医学和农学、医药工业和生物技术产业进行广泛渗透和影响。基因诊断和基因工程制药也是重组 DNA 技术在医学和制药领域应用的重要方面。

第一节 PCR 技术

一、PCR 定义

聚合酶链反应（polymerase chain reaction，PCR）是体外扩增特异性 DNA 或 RNA 片段的基因扩增方法，由高温变性、低温退火（复性）及适温延伸等几步反应组成一个周期，循环进行，使目的 DNA 得以迅速扩增，具有特异性强、灵敏度高、操作简便、产率高、快速、重复性好、易自动化等特点。PCR 技术是生物医学领域中一项革命性创举和里程碑，并且发展迅速，不仅可以用于突变体和重组体的构建、基因的表达调控、基因多态性的分析，还可用于疾病的诊断、法医鉴定等诸多方面。

二、PCR 基本原理

DNA 的半保留复制是生物进化和传代的重要途径。双链 DNA 在多种酶的作用下可以变性解链成单链，在 DNA 聚合酶与引物的参与下，根据碱基互补配对原则复制成同样的两分子拷贝。在实验中发现，DNA 在高温时也可以发生变性解链，当温度降低后又可以复性成为双链。因此，通过温度变化控制 DNA 的变性和复性，并设计引物，加入 DNA 聚合酶、dNTP 就可以完成特定基因的体外复制。

但是，DNA 聚合酶在高温时会失活，因此，每次循环都得加入新的 DNA 聚合酶，不仅操作烦琐，而且价格昂贵，制约了 PCR 技术的应用和发展。发现耐热 DNA 聚合酶——Taq 酶对于 PCR 的应用有里程碑的意义，该酶可以耐受 90℃ 以上的高温而不失活，不需要每个循环加酶，使 PCR 技术变得非常简捷，同时也大大降低了成本，PCR 技术得以大量应用，并逐步应用于临床。

PCR 类似于 DNA 的天然复制过程，其特异性依赖于与靶序列两端互补的寡核苷酸引物。PCR 由变性、退火（复性）、延伸三个基本反应步骤构成。第一，模板 DNA 的变性：模板 DNA 经加热至 94℃ 左右并持续一定时间后，使模板 DNA 双链或经 PCR 扩增形成的双链 DNA 解离，使之成为单链，以便它与引物结合，为下轮反应作准备。第二，模板 DNA 与引物的退火（复性）：模板 DNA 经加热变性成单链后，温度降至 40～60℃，引物与模板 DNA 单链的互补序列配对结合。第三，引物的延伸：DNA 模板-引物结合物在 Taq DNA 聚合酶的作用下，于 72℃ 左右，以 dNTP 为反应原料，靶序列为模板，按碱基互补配对原则与半保留复制原理，合成一条新的与模板 DNA 链互补的半保留复制链。重复循环变性、退火、延伸三个过程，就可获得更多的“半保留复制链”，而且这种新链又可成为下次循环的模板（图 5-1，图 5-2）。每完成一个循环需 2～4min，2～3h 就能将待扩目的基因扩增放大几百万倍。

三、实现 PCR 的基本条件

PCR 反应体系由反应缓冲液（10×缓冲液）、脱氧核苷三磷酸底物（dNTP）、反应

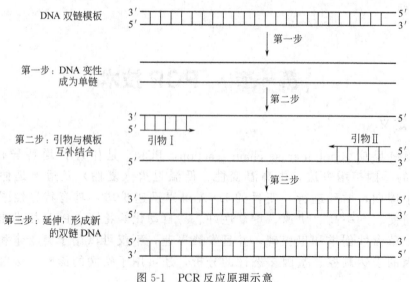

图 5-1　PCR 反应原理示意

引物、耐热 DNA 聚合酶（*Taq* 酶）、靶序列（DNA 模板）等几部分组成。

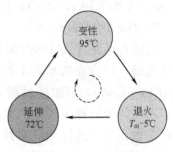

图 5-2　PCR 反应过程

1. 模板（DNA 或 mRNA）

PCR 对模板的要求不高，单链或双链 DNA 均可作为 PCR 模板。闭环 DNA 模板的扩增效率略低于线性 DNA。虽然模板 DNA 的长短并不是 PCR 扩增的关键因素，但用限制性内切酶（此酶不应切割其中的靶序列）对大于 10kb 的模板 DNA 先行消化，扩增效果更好。用哺乳动物基因组 DNA 作模板时，每个 PCR 反应所加入的模板约为 $1.0\mu g$ DNA；酵母、细菌与质粒 DNA 作为 PCR 模板时，每个反应中应含有模板量依次是 $1\times10^{-2}g$、$1\times10^{-3}g$ 和 $1\times10^{-6}g$。但混有任何蛋白酶、核酸酶、*Taq* DNA 聚合酶抑制剂以及结合 DNA 的蛋白，将可能干扰 PCR 反应。

2. 引物

引物是 PCR 扩增特异性和扩增效率的关键因素，PCR 产物的特异性取决于引物与模板 DNA 的互补程度，要保证 PCR 反应能准确、特异、有效地对模板进行扩增，通常设计引物要遵循以下几条原则。

① 序列应位于高度保守区，与非扩增区无同源序列。

② 引物长度以 15～40bp 为宜。

③ 碱基尽可能随机分布。

④ 引物内部避免形成二级结构。

⑤ 两引物间避免有互补序列。

⑥ 引物 3′端为关键碱基，5′端无严格限制。

3. 脱氧核苷三磷酸（dNTP）

标准 PCR 反应体系中包含 4 种等物质的量浓度的脱氧核苷三磷酸，即 dATP、dTTP、dCTP 和 dGTP。dNTP 的质量和浓度与 PCR 扩增效率有密切关系，在 *Taq* DNA 聚合酶反应液中包含 1.5mmol/L $MgCl_2$ 条件下，每种 dNTP 的浓度一般在 200～$250\mu mol/L$。

dNTP 粉呈颗粒状，如保存不当易变性失去生物学活性。dNTP 溶液呈酸性，使用时应配成高浓度后，以 1mol/L NaOH 或 1mol/L Tris-Cl 的缓冲液将其 pH 调节到 7.0～7.5，小量分装，-20℃冰冻保存，多次冻融会使 dNTP 降解。

4. 逆转录酶

逆转录酶是 Temin 等在 20 世纪 70 年代初研究致癌 RNA 病毒时发现的，该酶以 RNA 为模板，根据碱基配对原则，按照 RNA 的核苷酸顺序合成 DNA（其中 U 与 A 配对）。这一途径与一般遗传信息传递流的方向相反，故称反转录或逆转录。

逆转录现在已成为一项重要的分子生物学技术，广泛用于基因的克隆和表达。从逆转录病毒中提取的逆转录酶已商品化，最常用的有 AMV（鸟类成骨髓细胞白血清病毒）逆转录酶。利用真核 mRNA 3′末端存在的一段聚腺苷酸尾，可以合成一段寡聚胸苷酸作引物，在逆转录酶催化下合成互补于 mRNA 的 cDNA 链，然后再用 RNase H 将 mRNA 消化掉，再加入大肠杆菌的 DNA 聚合酶Ⅰ催化合成另一条 DNA 链，即完成了从 mRNA 到双链 DNA 的逆转录过程。

5. Taq DNA 聚合酶

目前有两种 Taq DNA 聚合酶供应，一种是从栖热水生杆菌中提纯的天然酶，另一种为大肠杆菌合成的基因工程酶。催化一典型的 PCR 反应约需酶量 2.5U（指总反应体积为 100μL 时），酶浓度过高可引起非特异性扩增，浓度过低则合成产物量减少。但是，不同的公司或不同批次的产品有很大的差异，由于酶的浓度对 PCR 反应影响极大，因此应做预实验或使用厂家推荐的浓度。

6. 辅基（反应缓冲液）

标准 PCR 缓冲液中含 10mmol/L Tris-Cl、50mmol/L KCl、1.5mmol/L MgCl$_2$。一般由 Taq DNA 聚合酶生产商供应。

（1）维持 pH 值的缓冲液　用 Tris-Cl 在室温将 PCR 缓冲液的 pH 值调至 8.3～8.8 之间。在 72℃温育时（即通常 PCR 延伸阶段的温度），反应体系的 pH 值将下降 1 个多单位，致使缓冲液的 pH 值接近 7.2。

（2）二价阳离子　Mg^{2+}浓度对 PCR 扩增的特异性和产量有显著影响。在各种单核苷酸浓度为 200μmol/L 时，Mg^{2+}浓度为 1.5～2.0mmol/L 为宜。Mg^{2+}浓度过高，反应特异性降低，出现非特异性扩增；Mg^{2+}浓度过低，会降低 Taq DNA 聚合酶的活性，使反应产物减少。若样品中含 EDTA 或其他螯合物，可适当增加 Mg^{2+}的浓度。在高浓度 DNA 及 dNTP 条件下也必须相应调节 Mg^{2+}的浓度。

（3）一价阳离子　标准 PCR 缓冲液内包含有 50mmol/L 的 KCl，它对于扩增大于 500bp 长度的 DNA 片段是有益的，提高 KCl 浓度在 70～100mmol/L 范围内对改善扩增较短的 DNA 片段产物是有利的。

7. PCR 的通用操作程序

标准的 PCR 过程一般由三个阶段组成：模板的热变性，寡核苷酸引物复性到单链靶序列上，由热稳定 DNA 聚合酶催化的复性引物引导的新生 DNA 链延伸聚合反应过程。

（1）变性　双链 DNA 模板在热作用下，氢键断裂，形成单链 DNA。在选择的变性温度条件下，DNA 分子越长，两条链完全分开所需的时间也越长。如果变性温度过低或时间太短，模板 DNA 中往往只有富含 AT 的区域被变性。如果在后续的 PCR 循环过程中降低变性温度，模板 DNA 将会重新复性恢复其天然结构。在应用 Taq DNA 聚合酶进行 PCR 反应时，变性一般在 94～95℃条件下进行，这是因为 Taq DNA 聚合酶在此温度时，循环 30 个或 30 个以上时，酶活力不致受到过多损失。在 PCR 的第一个循环中，通常把变性时间计为 5min，以便增加大分子模板 DNA 彻底变性的概率。而根据实际经验，线性 DNA 分子延长变性时间没有必要这么长，并且在某些时候还是有害的。对于 G+C 含量在 55% 以下的线性 DNA 模板，推荐常规 PCR 的变性条件是 94～95℃变性 45s。

（2）引物和模板 DNA 的复性　系统温度降低，引物与 DNA 模板结合，形成局部双链。复性过程（即退火）采用的温度至关重要。如复性温度太高，寡核苷酸引物不能与模板很好地复性，扩增效率将会非常低。如果复性温度太低，引物将产生非特异性复性，从而导致非特异性的 DNA 片段扩增。引物的复性温度可通过以下公式来选择合适的温度：T_m(解链温度)=4(G+C)+2(A+T)；复性温度=T_m-(5~10℃)。

在 T_m 值允许范围内，选择较高的复性温度可大大减少引物和模板间的非特异性结合，提高 PCR 反应的特异性。复性时间一般为 30~60s，足以使引物与模板之间完全结合。

(3) 核苷酸引物的延伸　在最初的两个循环，从一条引物开始的 DNA 链延伸往往要超越与另一条引物互补的序列；在接下来的一个循环里，将产生第一个与两条引物之间的长度相同的 DNA 分子；从三个循环开始，与两条引物之间的长度相等的 DNA 片段将以几何级数方式被扩增与累积，然而较长的扩增产物将以算术级数增长，在最适反应温度（72~78℃）下 Taq DNA 聚合酶的聚合速率约为 2000bp/min。一般情况下，靶基因的每 1000bp 的扩增产物的延伸时间设计为 1min，以此类推，对于 PCR 的最后一个循环，经常把延伸时间增加为以前循环的延伸时间的 3 倍以上。PCR 延伸反应的时间，可根据待扩增片段的长度而定，一般 1kb 以内的 DNA 片段，延伸时间 1min 已足够；3~4kb 的靶序列需 3~4min；扩增 10kb 需延伸至 15min。延伸时间过长会导致非特异性条带的出现。对低浓度模板的扩增，延伸时间要稍长些。

(4) 循环次数　循环次数决定了 PCR 的扩增程度。PCR 循环次数取决于模板 DNA 的浓度以及引物延伸和扩增效率。一般的循环次数选在 30~40 次之间，循环次数越多，非特异性条带随之增多。

8. PCR 反应的特异性

PCR 反应的特异性决定因素为：引物与模板 DNA 特异正确的结合，碱基配对原则，Taq DNA 聚合酶合成反应的忠实性以及靶基因的特异性与保守性。其中引物与模板的正确结合是关键。引物与模板的结合及引物链的延伸遵循碱基配对原则。Taq DNA 聚合酶合成反应的忠实性、耐高温性，使反应中模板与引物的结合（复性）可以在较高的温度下进行，结合的特异性大大增加，被扩增的靶基因片段也就能保持很高的准确率。再通过选择特异性和保守性高的靶基因区，其特异性程度就更高。

9. PCR 扩增产物的分析

PCR 产物是否为特异性扩增，其结果是否准确可靠，必须对其进行严格的分析与鉴定，才能得出正确的结论。PCR 产物的分析，可依据研究对象和目的不同而采用不同的分析方法。

(1) 凝胶电泳分析　PCR 产物通过电泳、溴化乙锭（EB）或核酸染料染色、紫外仪下观察，初步判断产物的特异性。PCR 产物片段的大小应与预计的一致，特别是多重 PCR，应用多对引物，其产物片段都应符合预计的大小。

琼脂糖凝胶电泳：通常应用 1%~2% 的琼脂糖凝胶检测。

聚丙烯酰胺凝胶电泳：6%~10% 聚丙烯酰胺凝胶电泳分离效果比琼脂糖好，条带比较集中，用于科研及检测分析。

(2) 酶切分析　根据 PCR 产物中限制性内切酶的位点，用相应的酶切、电泳分离后，获得符合理论的片段，此法既能进行产物的鉴定，又能对靶基因分型，还能进行变异性研究。

(3) 分子杂交　分子杂交是检测 PCR 产物特异性的有力证据，也是检测 PCR 产物碱基突变的有效方法。

（4）Southern 印迹杂交　在两引物之间另合成一条寡核苷酸链（内部寡核苷酸）标记后做探针，与 PCR 产物杂交。此法既可做特异性鉴定，又可以提高检测 PCR 产物的灵敏度，还可知其分子量及条带形状，主要用于科研。

（5）斑点杂交　将 PCR 产物点在硝酸纤维素膜或尼龙薄膜上，再用内部寡核苷酸探针杂交，观察有无着色斑点，主要用于 PCR 产物特异性鉴定及变异分析。

（6）PCR-ELISA（酶联免疫吸附测定法）（免疫检测）法　杂交捕获法Ⅱ、酶单克隆抗体检测法、捕获寡核苷酸探针检测法等。即通过标记的信号（如生物素、放射性核素、化学发光、荧光物质等）检测。

（7）PCR-HPLC（高压液相色谱）法　将 PCR 产物通过 HPLC 仪自动分析，7～8min 即可显示结果，HPLC 检测的敏感度是 0.3ng。

（8）核酸序列分析　是检测 PCR 产物特异性最可靠方法，但操作烦琐，适用于临床。此法可准确地发现病原体的变异现象及不同株的分子流行病学，在研究工作中有实用意义。

10. PCR 注意事项

① PCR 反应应在一个没有 DNA 污染的干净环境中进行。最好设立一个专用的 PCR 实验室。

② 纯化模板所选用的方法对污染的风险有极大影响。一般而言，只要能够得到可靠的结果，纯化的方法越简单越好。

③ 所有试剂都应该没有核酸和核酸酶的污染，操作过程中均应戴手套。

④ PCR 试剂配制应使用最高质量的新鲜双蒸水，采用 $0.22\mu m$ 滤膜过滤除菌或高压灭菌。

⑤ 试剂都应该以大体积配制，试验一下是否满意，然后分装成仅够一次使用的量储存，从而确保实验与实验之间的连续性。

⑥ 试剂或样品准备过程中都要使用一次性灭菌的塑料瓶和管子，玻璃器皿应洗涤干净并高压灭菌。

⑦ PCR 的样品应在冰浴上化开，并且要充分混匀。

11. PCR 失败原因分析

PCR 反应的关键环节有：模板核酸的制备，引物的质量与特异性，酶的质量。PCR 寻找失败原因也要从这几个环节进行分析研究。

（1）模板　①模板中含有杂蛋白质；②模板中含有 Taq 酶抑制剂；③模板中蛋白质没有消化除净，特别是染色体中的组蛋白；④在提取制备模板时丢失过多或吸入酚；⑤模板核酸变性不彻底。在酶和引物质量好时，不出现扩增带，极有可能是标本的消化处理、模板核酸提取过程出了毛病，因而要配制有效而稳定的消化处理液，其程序亦应固定，不宜随意更改。

（2）酶失活　需更换新酶，或新旧两种酶同时使用，以分析是否因酶的活性丧失或不够而导致假阴性。需注意的是有时忘加 Taq 酶或溴化乙锭。

（3）引物　引物质量、引物的浓度、两条引物的浓度是否对称，是 PCR 失败或扩增条带不理想、容易弥散的常见原因。有些批号的引物合成质量有问题，两条引物一条浓度高，一条浓度低，造成低效率的不对称扩增。避免扩增不理想的对策如下。①选定一个好的引物合成单位。②引物的浓度不仅要看 OD 值，更要注重引物原液做琼脂糖凝胶电泳，一定要有引物条带出现，而且两引物带的亮度应大体一致。如一条引物有条带，一条引物无条带，此时做 PCR 有可能失败，应与引物合成单位协商解决。如一条引物亮度高，一条亮度低，在稀释引物时要平衡其浓度。③引物应高浓度小量分装保存，防止多次冻融或长期放冰箱冷藏，导致引物变质降解失效。④引物设计不合理，如引物长度不够，引物之间形成二聚体等。

（4）Mg^{2+} 浓度　Mg^{2+} 浓度对 PCR 扩增效率影响很大，浓度过高可降低 PCR 扩增的特异性，浓度过低则影响 PCR 扩增产量，甚至使 PCR 扩增失败而不出现扩增条带。

（5）反应体积的改变　通常进行 PCR 扩增采用的体积为 $20\mu L$、$30\mu L$、$50\mu L$ 或 $100\mu L$，应用多大体积进行 PCR 扩增，是根据科研和临床检测不同目的而设定，在做小体积如 $20\mu L$ 后，再做大体积时，一定要摸索条件，否则容易失败。

（6）变性　变性对 PCR 扩增来说相当重要，如变性温度低、变性时间短，极有可能出现假阴性；退火温度过低，可致非特异性扩增而降低特异性扩增效率；退火温度过高影响引物与模板的结合而降低 PCR 扩增效率。有时有必要用标准的温度计检测一下扩增仪或水浴锅内的变性、退火和延伸温度。

（7）靶序列变异　如靶序列发生突变或缺失，影响引物与模板特异性结合，或因靶序列某段缺失使引物与模板失去互补序列，其 PCR 扩增是不会成功的。假阳性出现的 PCR 扩增条带与目的靶序列条带一致，有时其条带更整齐，亮度更高。引物设计不合适，选择的扩增序列与非目的扩增序列有同源性，因而在进行 PCR 扩增时，扩增出的 PCR 产物为非目的序列。靶序列太短或引物太短，容易出现假阳性。需重新设计引物。

（8）靶序列或扩增产物的交叉污染　这种污染有两种原因：一是整个基因组或大片段的交叉污染，导致假阳性，这种假阳性的解决需要在操作时小心轻柔，防止将靶序列吸入加样枪内或溅出离心管外，除酶及不能耐高温的物质外，所有试剂或器材均应高压消毒，使用一次性离心管及进样枪头，必要时，在加标本前，反应管和试剂用紫外线照射，以破坏存在的核酸；二是空气中的小片段核酸污染，这些小片段比靶序列短，但有一定的同源性，可互相拼接，与引物互补后，可扩增出 PCR 产物，而导致假阳性的产生，可用巢式 PCR 方法来减轻或消除。

（9）出现非特异性扩增带　PCR 扩增后出现的条带与预计的大小不一致，或大或小，或者同时出现特异性扩增带与非特异性扩增带。出现非特异性条带其原因有以下三点：一是引物与靶序列不完全互补，或引物聚合形成二聚体；二是与 Mg^{2+} 浓度过高、退火温度过低、PCR 循环次数过多有关；三是酶的质和量，往往一些来源的酶易出现非特异性条带而另一来源的酶则不出现，酶量过多时也会出现非特异性扩增。解决这一问题的方法可以在必要时重新设计引物，降低酶量或调换另一来源的酶，降低引物量，适当增加模板量，减少循环次数，适当提高退火温度或采用二温度点法（93℃变性，65℃左右退火与延伸）等。

（10）出现片状拖带或涂抹带　PCR 扩增有时出现涂抹带或片状带或地毯样带。其原因往往由于酶量过多或酶的质量差，dNTP 浓度过高，Mg^{2+} 浓度过高，退火温度过低，循环次数过多引起。可以通过减少酶量或调换另一来源的酶，减少 dNTP 的浓度，适当降低 Mg^{2+} 浓度，增加模板量，减少循环次数等方法解决这一问题。

四、PCR 技术的扩展

1. 逆转录 PCR

逆转录 PCR（reverse transcription PCR，RT-PCR）：该技术为快速、准确检测 mRNA 提供了新的途径。其基本原理是以总 RNA 或 mRNA 为模板，逆转录合成 cDNA 的第一条链，以这条链为模板，在一对特异引物存在下进行常规 PCR（图 5-3）。RT-PCR 用于检测 RNA 病毒、病毒的 mRNA，分析基因的转录产物，克隆 cDNA 及合成 cDNA 探针，改造 DNA 序列，构建 RNA 高效转录系统。可以用此技术检测标本中丙型肝炎、肠道病毒、轮状病毒等。RT-PCR 对制品的要求极为严格，作为模板 RNA 分子必须完整，并且不含 DNA、蛋白质和其他杂物。RNA 制品中即使含极微量的 DNA，经扩增后也会出现非特异性的 DNA 扩增产物。蛋白质和 DNA 结合后会影响逆转录和 PCR 的进行。残存的 RNA 酶也极易将模板 RNA 降解。

cDNA 第一链的合成可以用一种基因特异性引物（GSP）、oligo（dT）或一种随机六核苷酸序列进行引导。cDNA 第二链的合成（扩增循环 1）用正义引物引导。后续

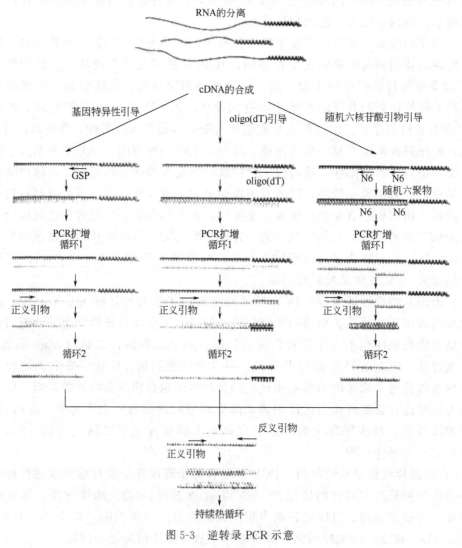

图 5-3　逆转录 PCR 示意

cDNA 的扩增用正义引物与反义引物两种引物进行引导。

2. 定量 PCR

依据 PCR 扩增后的 DNA 产物来推导原始标本中目的 DNA 或 RNA 含量。定量 PCR 技术有广义和狭义之分，广义的定量 PCR 技术是指以外参或内参为标准，通过对 PCR 终产物的分析或 PCR 过程的监测，进行 PCR 起始模板量的定量。狭义的定量 PCR 技术是指用外标法（荧光杂交探针保证特异性）通过监测 PCR 过程（监测扩增效率）达到精确定量起始模板数的目的，同时以内对照有效排除假阴性结果（扩增效率为零）。但能对目的基因进行绝对定量且具有较高准确性的方法为内参 PCR。该技术是设计一个与目的基因序列类似的内参物，且与目的基因具有相同的引物结合位点，与目的基因在同一管中进行扩增，因而消除了标本中潜在的抑制因子及试管效应对扩增反应的影响，使两者具有相同的扩增效率；灵敏度和准确度均较高。常用方法有：测定特异 mRNA 的内参物定量 PCR、mRNA 测定竞争性定量 PCR、酶标记的定量 PCR、荧光素标记的定量 PCR 等多种方法。

3. 实时荧光定量 PCR

实时荧光定量 PCR 技术是一种在 PCR 反应体系中加入荧光基团，利用荧光信号积累实时监测整个 PCR 进程，最后通过标准曲线对未知模板进行定量分析的方法。通过荧光染料或荧光标记的特异性探针，对 PCR 产物进行标记跟踪，实时在线监控反应过程，结合相应的软件可以对产物进行分析，计算待测样品模板的初始浓度。该技术不仅实现了对 DNA 模板的定量，而且具有灵敏度高、特异性和可靠性更强、能实现多重反应、自动化程度高、无污染性、具实时性和准确性等特点，目前已广泛应用于分子生物学研究和医学研究等领域。

该技术是 PCR 扩增时在加入一对引物的同时加入一个特异性的荧光探针，该探针为一寡核苷酸，两端分别标记一个报告荧光基团和一个猝灭荧光基团。探针完整时，报告基团发射的荧光信号被猝灭基团吸收。实时荧光定量 PCR 常用的检测模式有 TaqMan 探针和 SYBR Green Ⅰ检测模式。

TaqMan 探针方法的作用原理是：利用 *Taq* 酶的 5′核酸外切酶活性，并在 PCR 过程中，反应体系加入一个荧光标记探针，两端分别标记一个报告荧光基团和一个猝灭荧光基团。在 PCR 的退火期，探针与引物所包含序列内的 DNA 模板发生特异性杂交，延伸期引物在 *Taq* 酶作用下延伸 DNA 模板，当到达探针处，*Taq* 酶发挥 5′→3′核酸外切酶活性，继而发生置换。切断探针后，报告荧光基团远离猝灭荧光基团（图 5-4），这时荧光探测系统便会检测到光密度有所增加。即每扩增一条 DNA 链，就有一个荧光分子形成，实现了荧光信号的累积与 PCR 产物形成完全同步。

SYBR Green Ⅰ荧光染料方法的原

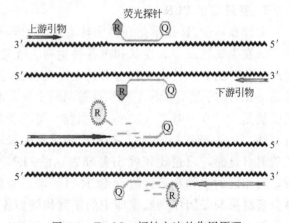

图 5-4 TaqMan 探针方法的作用原理
R—荧光发射基团；Q—荧光猝灭基团

理是：SYBR Green Ⅰ是一种与 DNA 小沟结合的染料，当它与 DNA 双链结合时，荧光大大加强；从 DNA 双链释放出时，荧光信号急剧减弱。在 PCR 反应体系中，加入过量的 SYBR Green Ⅰ荧光染料，其中特异性地掺入 DNA 双链后，发射出强荧光信号；而不掺入 DNA 双链中的荧光染料仅有微弱信号，由此保证了荧光信号的增强与 PCR 扩增产物的增加同步（见图 5-5）。

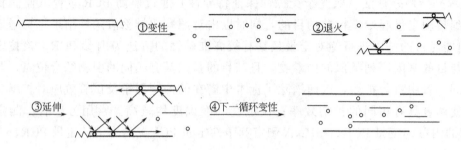

图 5-5　SYBR Green Ⅰ作用原理

实时荧光定量 PCR 技术秉承及发展了普通 PCR 的快速、高灵敏度检测等优点，同时克服了普通 PCR 不能准确定量、容易污染等缺点，无需在反应结束后通过电泳操作确认扩增产物。运用该技术，可以对 DNA、RNA 样品进行定量和定性分析。并可设计多对引物在同一反应体系中同时对多个靶基因进行扩增，实现多重实时定量检测。实时荧光定量 PCR 技术发生了质的飞跃，扩展了 PCR 技术的应用范畴，是一种具有划时代意义的技术。

4. 锚定 PCR

锚定 PCR（anchored PCR，A-PCR）用于扩增已知一端序列的目的 DNA。在未知序列一端加上一段多聚 dG 的尾巴，然后分别用多聚 dC 和已知的序列作为引物进行 PCR 扩增。锚定 PCR 帮助克服序列未知或序列未全知带来的障碍。在未知序列末端添加同聚物尾序，将互补的引物连接于一段带限制性内切酶位点的锚上，在锚引物和基因另一侧特异性引物的作用下，将未知序列扩增出来。该技术主要用于分析具有可变末端的 DNA 序列，可用于 T 细胞、肿瘤及其他部位抗体基因的研究。

5. 差异显示 PCR

差异显示 PCR 技术是在基因转录水平上研究差异表达和性状差异的有效方法之一，该方法在生物的发育、性状和对各种生物、理化因子作用时应答过程基因表达的研究中应用十分广泛。该技术依赖一套锚定反义引物与一套随机正义引物，最常见的锚定引物是由 mRNA 的 3′端 polyA 尾及毗邻的两个核苷酸互补的约 12 个核苷酸组成的引物，随机引物是 8～10 个碱基（10mer）引物，将二者加入反应混合液，用常规的 PCR 技术进行双链 cDNA 产物扩增，对 PCR 产物进行凝胶电泳，随后进行荧光染色或硝酸银染色或放射自显影，通过比较找出差异表达的 cDNA 条带。从凝胶上切割下这些差异性条带，用相同的引物和条件进行 PCR 再扩增，克隆所得 PCR 产物进行核苷酸序列分析，将分析结果与基因序列数据库中的序列作同源比较，就可知分离的是已知基因序列，还是未知基因序列；同时分析结果可以用作探针从 cDNA 文库或基因组 DNA 文库中筛选到全长的 cDNA 序列或基因组克隆（图 5-6）。

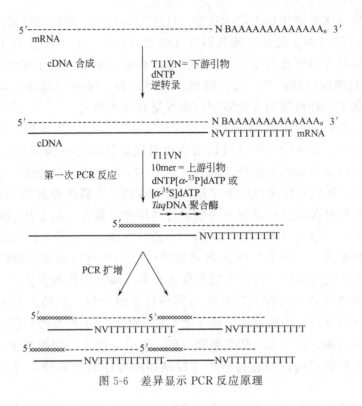

图 5-6 差异显示 PCR 反应原理

五、PCR 技术的应用

在所有生物技术中，PCR 技术发展最迅速，应用最广泛，它对生物学、医学和相邻学科带来了巨大的影响。它发展的新技术和用途大约有以下几个方面。

1. 基础研究领域的应用

(1) 扩增目的基因 科研工作者为了研究某一个生物性状的成因及其变异原因，首先需要将控制这个性状的基因克隆出来，然后将其克隆到合适的载体上，通过诸如转基因等方法来研究这个基因的功能。在克隆基因时以及随后的转基因鉴定过程中，都需要应用 PCR 技术。

(2) 基因组测序 为了了解一个基因或者一个 DNA 片段的碱基组成，需要通过测序才能知道，而核酸测序之前首先要对待测序的 DNA 片段进行 PCR 扩增，然后才能进行测序工作。

(3) 生物主要性状的分子标记 对于控制同一个性状的基因，相同的物种具有相似的基因，不同的物种其基因是不同的。常见的分子标记如 RAPD 标记、SSR 标记、SNP 标记等，都是应用 PCR 的方法来鉴定不同生物体的基因是否相同的一种简便的基因检测技术。两个生物个体如果具有相同的基因，那么 PCR 扩增就会有相同的扩增产物，如果基因不同（如基因发生突变）其扩增产物就不相同。这项技术在物种分类、基因突变分析、人类遗传病鉴定、亲子鉴定等方面具有重要的价值。

2. 医学中的应用

(1) 病毒微生物的检测 RT-PCR 技术可以用来检测或定量感染人类的病毒微生物。在医学临床上已用 TaqMan 技术诊断各种病原体，如流感病毒、结核分枝杆菌、大肠杆菌、性病病原体和猪伪狂犬病病毒等。HSV1 与 HSV2 的检测也可以用 TaqMan 探针检测。针对 HSV DNA 的聚合酶基因设计引物与探针，对 HSV1 与 HSV2 表型进行检测，并能对这两种表型进行定量。在检测疱疹病毒方面也显示了定量的灵敏性。RT-PCR 可以较为精确地检测病毒（乙型脑炎、乙型肝炎、肠道病毒等）与宿主之间的相互作用，并提供了一种可靠的方法研究抗病毒复合物的功效。

（2）细菌的检测　常规的 PCR 可以验证细菌病原体的高变异性，应用 RT-PCR 可以达到更好的效果。荧光杂交探针可以快速检测较低数量的细菌 DNA。在测定临床样本中的细菌和难以培养或生长缓慢的细菌时，RT-PCR 优于其他方法，如免疫测定法和培养法等。并且，RT-PCR 可以用于定量检测肠球菌、大肠埃希菌和 O139 群霍乱弧菌等。早期鉴别分枝杆菌感染的常规方法缺乏特异性和灵敏度。测定从培养或临床样本中获得耐药性的突变体基因（异烟肼、利福平、乙胺丁醇），采用 RT-PCR 法代替了原来的肉汤培养基稀释法。一些 RT-PCR 测定方法已经用于快速测定芽孢杆菌属引起的炭疽。然而，临床研究需要进一步研究能够快速检测人体病原体的方法。

（3）寄生虫的检验　随着 RT-PCR 和其他技术的发展，使得人们能更为容易地精确定量原虫数量以及进行临床诊断。临床上，RT-PCR 用于检测阿米巴性的痢疾、孕妇羊水内的住血原虫病、疟原虫、华支睾吸虫等。此外，随着基因组测序的发展，需要寄生虫学家进一步研究那些已经进行了小片段基因组测序的生物体，并进行必要的基因注释。

（4）肿瘤检测中的应用　癌症是遗传基因多态性的聚积、变异或者是部分机体的基因多态性变异造成的，如 DNA 修复、信号基因的增长。尽管成像诊断技术、外科手术以及药物治疗不断发展，但是癌症死亡率仍旧很高。由于变异细胞与正常细胞很难区分，使得早期癌症的诊断很难，而用 RT-PCR 技术可以在低数量样品中定量检测出特异 DNA。例如，肝癌细胞通过血液循环转移到其他组织是其转移的主要方式之一，通过 RT-PCR 分析外周血中肝癌细胞特征性标志物可以协助分析肝癌转移与预后。应用检测外周血中肿瘤基因的 RT-PCR 方法，以清蛋白的 mRNA 为靶 mRNA，而清蛋白 mRNA 是肝细胞和肝癌细胞的特异表达产物，其在外周血中不表达，用于预测肝癌的复发情况。应用 PCR 技术检测外周血或骨髓中存在的肿瘤细胞，具有灵敏度高、特异性强的优点，对肿瘤患者的复发、转移和疗效具有良好的临床监测价值。对于多重基因所表达引发的常规恶性疾病，如膀胱癌、乳癌、肝癌、胰腺癌、甲状腺癌、直肠癌等可以做到在早期进行精确诊断。目前，许多临床诊断试剂盒已经上市，而且这将促进 RT-PCR 技术在其他疾病诊断领域的发展。

（5）人类遗传病的鉴定　遗传病是完全或部分由遗传因素决定的疾病，常为先天性，也可后天发病。如先天愚型、多指（趾）、先天性聋哑、血友病等。这一类遗传病患者给家庭、社会带来了沉重的负担，若能在胎儿出生前特别是妊娠早期，甚至在胚胎植入子宫前对孕卵、胚胎或胎儿进行适当的检查，及早了解胎儿的发育是否正常，可有效解除孕妇及家庭的心理负担，利于孕期保健。当胎儿异常时，则在获取分析资料后作出准确的诊断，再选择终止妊娠或进行宫内治疗，以达到减少遗传病患儿和畸形儿出生的目的。所以提高产前诊断技术，保证其准确率就显得尤为重要。传统的产前诊断技术多采用羊水检测、B 超、彩超等方法进行监测，但其有灵敏度不高、特异性低、同时对母体及胎儿都有或多或少的不良反应。应用 PCR 方法检测血友病的 FV1 基因内、外及 FIX 基因外多个位点的多态性并进行遗传连锁分析，目前来说，PCR 是血友病携带者检测与产前诊断的简便、快速、安全的首选方法。

3. 食品安全方面的应用

食物传播性病毒感染已经成为人类广泛传播的疾病之一。霉菌毒素是主要的食品污染物。为了解决这个问题，人们从食物链中寻找快速、低成本、食品传播病原体的自动诊断方法。欧洲标准协会建立了食物传播病原体的 PCR 测定方法。实时 SYBR Green Light Cycler PCR（LC-PCR）可以测定 17 种食物或水传播的病原菌。可以测定的病原菌主要有：大肠杆菌、肠毒性的大肠杆菌、肠聚集性大肠杆菌、沙门菌、志贺菌属、小肠结肠炎耶尔森菌、假结核耶尔森菌、空肠弯曲杆菌、霍乱弧菌、气单胞菌属、金黄色葡萄球菌和产气荚膜梭状芽孢杆菌。在用 RT-PCR 监测时，既可以用纯化的 DNA，也可以用直接从临床病人体内或者培养基培养中粗提产物。轮状病毒和胃肠炎病毒是重要的食物传播性病毒，可以用 RT-PCR 法对其进行定量检测。

4. 人类基因组工程方面的应用

（1）用于 DNA 的测序　　PCR 可用于制备测序用样品。在系统中加入测序引物和 4 种中各有一种双脱氧核苷三磷酸（ddNTP）的底物，即可按 Sanger 的双脱氧链终止法测定 DNA 序列。在染色体 DNA 中依次加入各种测序引物可以完成整个基因组测序。

（2）产生和分析基因突变　　PCR 技术十分容易用于基因定位诱变。利用寡核苷酸引物可在扩增 DNA 片段的末端引入附加序列，或造成碱基的替代、缺失和插入。设计引物时应使与模板不配对的碱基安置在引物中间或是 5′ 端，在不配对碱基的 3′ 端必须有 15 个以上配对碱基。PCR 的引物通常总是在被扩增 DNA 片段的两端，但有时需要诱变的部位在片段的中间，这时可在 DNA 片段中间设置引物，引入变异，然后在变异位点外侧再用引物延伸，此法称为嵌套式 PCR。

PCR 技术用于检测基因突变的方法十分灵敏。已知人类的癌症和遗传疾病都与基因突变有关。应用 PCR 扩增可以快速获得患者需要检查的基因片段，再通过分子杂交检测突变；也可用特殊的引物，通过 PCR 来直接判断突变。

（3）基因组序列的比较研究　　应用随机引物的 PCR 扩增，便能测定两个生物基因组之间的差异，这种技术称为随机扩增多态 DNA 分析。如果用随机引物寻找生物细胞表达基因的差异，则称为 mRNA 的差异显示。PCR 技术在人类学、古生物学、进化论等的研究中也起了重要的作用。

5. 环境检测方面的应用

应用 PCR 技术检测环境中的致病菌与指标菌。土壤、水和大气环境中都存在着多种多样的致病菌和病毒，它们与许多传染性疾病的传播和流行密切相关。因此，定期检测环境中致病菌的动态（种类、数量、变化趋势等）具有重要的实际意义。采用分离培养的方法进行检测，不仅费时（一般需几天到数周），而且无法检测一些难以人工培养的病原菌。近年来采用 PCR 技术进行检测则克服了上述缺陷，一般仅需 2～4h 就能完成。

单核细胞增生李斯特菌是一种容易导致人类脑膜炎的致病菌，广泛存在于乳制品、肉类、家禽和蔬菜中，特别容易感染孕妇、新生儿和免疫损伤的病人。微生物学上采用培养方法至少需要 5 天才能公布某种食品有没有被李斯特菌污染，至少需要 10 天才能鉴定已感染了单核细胞增生李斯特菌的存在。而应用 PCR 技术，通过对单核细胞增生李斯特菌中特异性的 $hlyA$ 和 iap 基因扩增，只需要几小时即可完成对该菌的检测，连同其他分析时间在内，也只需 32～56h。

第二节　基因工程技术

以基因工程为核心的现代生物技术已应用到农业、医药、轻工、化工、环境等各个领域，它与微电子技术、新材料和新能源技术一起，并列为影响未来国计民生的四大科学技术支柱。而利用基因工程技术开发新型药物更是当前最活跃和发展迅猛的领域。从 1982 年美国 Lilly 公司首先将重组人胰岛素（商品名 Humulin）投放市场，标志着世界第一个基因工程药物的诞生以来，基因工程制药作为一个新兴行业得到各国政府的大力支持；各国都积极研究和开发各种基因工程药物，并取得了丰硕成果。

随着人类基因组逐渐被破译，人们的生活将发生巨大变化，这对医药行业也是巨大的冲击。基因工程药物已经走进人们的生活，利用基因治愈更多的疾病不再是一个奢望。随着人们对自身的了解迈上新台阶，很多病因将被揭开，药物就会设计得更好些，治疗方案就能"对因下药"，生活起居、饮食习惯有可能根据基因进行调整，人类的整体健康状况将会提高，21 世纪的医学基础将由此奠定。

一、基因工程技术原理

基因工程是生物技术的一个重要分支，它和细胞工程、酶工程、蛋白质工程和微生物工程共同构成了生物技术。所谓基因工程是在分子水平上对基因进行操作的复杂技术，是将外源基因通过体外重组后导入受体细胞内，使这个基因能在受体细胞内复制、转录、翻译表达的操作过程。它是用人为的方法将所需要的某一供体生物的遗传物质——DNA 大分子提取出来，在离体条件下用适当的工具酶进行切割后，把它与作为载体的 DNA 分子连接起来，然后与载体一起导入某一更易生长、繁殖的受体细胞中，以让外源基因在其中"安家落户"，进行正常的复制和表达，从而产生遗传物质及状态的转移和重新组合。因此外源 DNA、载体分子、工具酶和受体细胞等是基因工程的主要组成要素。

（一）工具酶

1. 限制性核酸内切酶

可以识别 DNA 的特异序列，并在识别位点或其周围切割双链 DNA 的一类内切酶，简称限制酶。根据限制酶的结构、辅助因子的需求、切位与作用方式，可将限制酶分为三种类型，分别是第一型（type Ⅰ）、第二型（type Ⅱ）及第三型（type Ⅲ）。Ⅰ型限制性内切酶既能催化宿主 DNA 的甲基化，又催化非甲基化的 DNA 水解；而Ⅱ型限制性内切酶只催化非甲基化的 DNA 水解；Ⅲ型限制性内切酶同时具有修饰及认知切割的作用（表 5-1）。

表 5-1　限制性核酸内切酶的类型及其主要性质

项目 ＼ 类型	Ⅰ 型	Ⅱ 型	Ⅲ 型
限制和修饰活性	多功能的酶	核酸内切酶和甲基化酶是分不开的	具有一种共同亚基的多功能酶
蛋白质结构	三种不同的亚基	单一的成分	两种不同的亚基
切割反应辅助因子	ATP,Mg^{2+},S-腺苷甲硫氨酸	Mg^{2+}	ATP,Mg^{2+},S-腺苷甲硫氨酸
特异性识别位点	无规律,如 EcoK:AACN₅GT-GC	旋转对称	无规律,如 EcoP15:CAGCAG
切割位点	距识别位点至少 400bp 以上随机切割	位于识别位点或其附近	距识别位点 3′ 端 24～26bp 处
酶催化转移	不能	能	能
DNA 易位作用	能	不能	不能
甲基化作用位点	特异性的识别位点	特异性的识别位点	特异性的识别位点
识别未甲基化序列进行切割	能	能	能
序列特异性切割	不是	是	是
在 DNA 克隆中的作用	无用	十分有用	几乎没用

第一型限制酶：同时具有修饰及认知切割的作用；另有认知 DNA 上特定碱基序列的能力，通常其切割位距离认知位可达数千个碱基之远。例如：EcoB、EcoK。

第二型限制酶：只具有认知切割的作用。所认知的位置多为短的回文序列；所剪切的碱基序列通常即为所认知的序列，是遗传工程上实用性较高的限制酶种类。例如：EcoRⅠ、$Hind$Ⅲ。

第三型限制酶：与第一型限制酶类似，同时具有修饰及认知切割的作用。可认知短的不对称序列，切割位与认知序列距 24～26 个碱基对。例如：EcoPⅠ、$Hinf$Ⅲ。

限制性核酸内切酶的命名（图 5-7）一般是以微生物属名的第一个字母和种名的前两个字母组成，第四个字母表示菌株（品系）。例如，从 $Bacillus\ amylolique\ faciens$ H 中提取的限制性核酸内切酶称为 Bam H；在同一品系细菌中得到的识别不同碱基顺序的几种不同特异性的酶，可以编成不同的号，如 $Hind$Ⅱ、$Hind$Ⅲ，HpaⅠ、HpaⅡ，MboⅠ、MboⅡ等。

2. DNA 聚合酶

（1）Taq DNA 聚合酶　该酶是 1969 年从美国黄石国家森林公园火山温泉中一种水生栖热菌（$Thermus\ aquaticus$）yT1 株分离提取的，是发现的耐热 DNA 聚合酶中活性最高的一种。该酶基因全长 2496 个碱基，编码 832 个氨基酸，酶蛋白分子质量为 94kDa，比活性为 200000U/mg。Taq DNA 聚合酶的热稳定性是该酶用于 PCR 反应的前提条件，也是 PCR 反应能迅速发展和广泛应用的原因。75～80℃时每个酶分子每秒可延伸约 150 个核苷酸，70℃延伸率大于 60 个核苷酸/s，55℃时为 24 个核苷酸/s。温

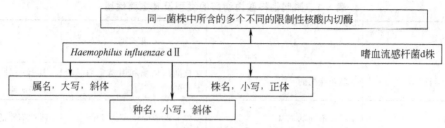

图 5-7 限制性核酸内切酶的命名

度过高（90℃以上）或过低（22℃）都可影响 *Taq* DNA 聚合酶的活性，该酶虽然在90℃以上几乎无 DNA 合成，但却有良好的热稳定性，在 PCR 循环的高温条件下仍能保持较高的活性，在 92.5℃、95℃、97.5℃时，PCR 混合物中的 *Taq* DNA 聚合酶分别经 130min、40min 和 5~6min 后，仍可保持 50% 的活性。实验表明 PCR 反应时变性温度为 95℃ 20s，50 个循环后，*Taq* DNA 聚合酶仍有 65% 的活性。*Taq* DNA 聚合酶还具有逆转录活性，作用类似于逆转录酶，此活性温度一般为 65~68℃，有 Mn^{2+} 存在时，其逆转录活性更高。

Taq DNA 聚合酶是 Mg^{2+} 依赖性酶，该酶的催化活性对 Mg^{2+} 浓度非常敏感，由于 Mg^{2+} 能与 dNTP 结合而影响 PCR 反应液中游离的 Mg^{2+} 浓度，因而 $MgCl_2$ 的浓度在不同的反应体系中应适当调整并优化，一般反应中 Mg^{2+} 浓度至少应比 dNTP 总浓度高 0.5~1.0mmol/L。适当浓度的 KCl 能使 *Taq* DNA 聚合酶的催化活性提高 50%~60%，其最适浓度为 50mmol/L，高于 75mmol/L 时明显抑制该酶的活性。

Taq DNA 聚合酶具有 $5'{\rightarrow}3'$ 外切酶活性，但不具有 $3'{\rightarrow}5'$ 外切酶活性，因而在 DNA 合成中对某些单核苷酸错配没有校正功能。

Taq DNA 聚合酶还具有非模板依赖活性，可将 PCR 产物双链中的每一条链的 3' 端加入单核苷酸尾，故可使 PCR 产物具有 3' 突出的单 A 核苷酸尾；另外，在仅有 dTTP 存在时，它可将平端的质粒 3' 端加入单 T 核苷酸尾，产生 3' 端突出的单 T 核苷酸尾的质粒。应用这一特性可实现 PCR 产物的 T-A 克隆。

（2）*Tth* DNA 聚合酶 从 *Thermus thermophilus* HB8 中提取而得，该酶在高温和 $MnCl_2$ 条件下，能有效地逆转录 RNA；当加入 Mg^{2+} 后，该酶可从 $5'{\rightarrow}3'$ 方向催化核苷酸聚合为 DNA，聚合活性大大增加，从而实现了 cDNA 合成与扩增的同步。

（3）*Pfu* DNA 聚合酶 从嗜热的古核生物火球菌属 *Pyrococcus furiosis* 中精制而成，是一种高保真耐高温 DNA 聚合酶。与其他在 PCR 反应中使用的聚合酶相比，*Pfu* 聚合酶有着出色的热稳定性，以及特有的"校正作用"，它不具有 $5'{\rightarrow}3'$ 外切酶活性，但具有 $3'{\rightarrow}5'$ 外切酶活性，因而可纠正 PCR 扩增过程中产生的错误，使产物的碱基错配率降低。*Pfu* 聚合酶正逐渐取代 *Taq* 聚合酶，成为使用最广的 PCR 工具。但 *Pfu* 聚合酶的聚合效率较低，一般来说，在 72℃扩增 1kb 的 DNA 时，每个循环需要 1~2min，而且使用 *Pfu* 聚合酶进行 PCR 反应，会产生钝性末端的 PCR 产物，也即无 3' 端突出的单 A 核苷酸。

3. DNA 连接酶

大肠杆菌 DNA 连接酶是一条分子质量为 75ku 的多肽链。对胰蛋白酶敏感，可被其水解，水解后形成的小片段仍具有部分活性，可以催化酶与 NAD（而不是 ATP）反应形成酶-AMP 中间物，但不能继续将 AMP 转移到 DNA 上促进磷酸二酯键的形成。DNA 连接酶在大肠杆菌细胞中约有 300 个分子，和 DNA 聚合酶Ⅰ的分子数相近，这也是比较合理的现象。因为 DNA 连接酶的主要功能就是在 DNA 聚合酶Ⅰ催化聚合、填满双链 DNA 上的单链间隙后封闭 DNA 双链上的缺口。这在 DNA 复制、修复和重组中起着重要作用，连接酶有缺陷的突变株不能进行 DNA 复制、修复和重组。

噬菌体 T4 DNA 连接酶分子也是一条多肽链，分子质量为 60ku，其活性很容易被 0.2mol/L 的 KCl 和精胺所抑制。此酶的催化过程需要 ATP 辅助。T4 DNA 连接酶可连接 DNA-DNA、DNA-RNA、RNA-RNA 和双链 DNA 黏性末端或平头末端。此外，NH_4Cl 可以提高大肠杆菌 DNA 连接酶的催化速率，而对 T4 DNA 连接酶无效。无论是 T4 DNA 连接酶，还是大肠杆菌 DNA 连接酶都不能催化两条游离的 DNA 链相连接。

连接酶连接切口 DNA 的最佳反应温度是 37℃，但在这个温度下，黏性末端之间的氢键结合不稳定，因此连接黏性末端的最佳温度应是界于酶作用速率和末端结合速率之间，一般认为 4～15℃ 比较合适；平末端的连接可在较高的温度下进行，如 22℃。

（二）目的基因的获得

基因工程的根本目标之一就是分离编码蛋白质的基因、分离所需的目的基因，基因工程流程的第一步就是获得目的 DNA 片段，如何获得目的 DNA 片段就成为基因工程的关键问题。所需目的基因的来源，不外乎是分离自然存在的基因或人工合成基因。常用的方法有 PCR 法、化学合成法、cDNA 法及建立基因文库的方法来筛选。

1. 人工合成（主要是序列已知的基因）

主要是通过 DNA 自动合成仪，通过固相亚磷酸酰胺法合成，具体过程可以网上查询，可以按照已知序列将核苷酸一个一个连接上去成为核苷酸序列，一般适于分子较小而不易获得的基因。对于大的基因一般是先用化学合成法合成引物，再利用引物获得目的基因。

2. 聚合酶链反应（目的基因的扩增）

聚合酶链反应是 20 世纪 80 年代中期发展起来的体外核酸扩增技术。它具有特异、敏感、产率高、快速、简便、重复性好、易自动化等突出优点；能在一个试管内将所要研究的目的基因或某一 DNA 片段于数小时内扩增至十万乃至百万倍，使肉眼能直接观察和判断；可从一根毛发、一滴血甚至一个细胞中扩增出足量的 DNA 供分析研究和检测鉴定。过去几天几周才能做到的事情，用 PCR 几小时便可完成。

3. cDNA 文库法

cDNA 文库是由 mRNA 逆转录产物 cDNA 扩增后插入到载体内，形成重组 DNA 而构建的文库。cDNA 文库具有细胞、组织、发育特异性。由于 cDNA 是严格互补于模板 mRNA 的核苷酸序列，它只能反映基因转录及加工后 mRNA 产物所携带的信息，与特定的转录组直接相关。也即 cDNA 序列只是与基因的编码有关，不能反映基因的内含子、启动子、终止子以及与核糖体识别 mRNA 相关的序列。不同 mRNA 来源的 cDNA 文库包含有不同类型和特性的蛋白质信息。要克隆某种目的基因，首先要考虑 mRNA 的来源。从特定组织、细胞分离相应的 mRNA，并构建相应的 cDNA 文库，才能进一步筛选出该目的基因。基因组文库是比较稳定和恒定的，但是 cDNA 文库的组分反映出动态性，具有转录组的属性。甚至在不同的生理、病理及用药条件下，cDNA 文库的组分都会有所差别。所以构建 cDNA 文库时要求：①文库包含有全部 mRNA 的逆转录产物，特别关注所有低拷贝 mRNA 的 cDNA；②每个 mRNA 分子完整逆转录成 cDNA，也就是每个克隆内的 cDNA 能反映出一个 mRNA 分子的完整信息，能编码一个完整的蛋白质序列；③cDNA 文库要明确注明 mRNA 来自何种细胞，何种生长发育状况，何种生理病理条件，否则文库意义不大；④与基因组文库需要大量载体不同，cDNA 的载体主要是质粒或 λ 插入型载体。

与基因组文库相比，cDNA 便于克隆以及大量扩增，适于特定基因的分离，筛选到的目的基因可以直接用于表达。因此 cDNA 基因文库的构建往往是分子生物学研究和基因工程操作的出发点。虽然 cDNA 基因文库不能直接用于非转录区段序列的研究以及基因编码区外侧调控序列的结构与功能的研究，但以已知的 cDNA 片段作为探针和标签，在基因文库中可以进行基因定位和筛选，并且 cDNA 与基因组文库的比较成为真核生物基因结构、组织和表达的分析手段。

4. 基因组文库法

用限制性内切酶直接获取。利用 λ 噬菌体载体构建基因组文库的一般操作程序如下：①选用特定限制性内切酶，对 DNA 进行部分酶解，得到 DNA 限制性片段；②选用适当的限制性内切酶酶解 λ 噬菌体载体 DNA；③经适当处理，将基因组 DNA 限制性片段与 λ 噬菌体载体进行体外重组；④利用体外包装系统将重组体包装成完整的颗粒；⑤以重组噬菌体颗粒侵染大肠杆菌，形成大量噬菌斑，从而形成含有整个 DNA 的重组 DNA 群体，即文库。

（三）载体与宿主

1. 载体的种类和特性

外源 DNA 需要与某种工具重组，才能导入宿主细胞进行克隆、保存或表达。将外源 DNA 导入宿主细胞的工具称为载体。而大多数外源 DNA 片段很难进入受体细胞，不具备自我复制的能力，所以为了能够在宿主细胞中进行扩增，必须将 DNA 片段连接到一种特定的、具有自我复制能力的 DNA 分子上，这种 DNA 分子就是载体。按照载体的功能来分，基因工程中常用的载体有克隆载体和表达载体；按照来源分，又分为质粒载体、噬菌体载体、柯斯质粒载体、人工染色体载体等。

载体通常具有以下特点：①能在宿主细胞中独立复制；②有选择性标记，易于识别和筛选；③可插入一段较大的外源 DNA，而不影响其本身的复制；④有合适的限制酶位点，便于外源 DNA 插入。

2. 克隆载体

克隆载体适用于克隆外源基因，便于外源基因在受体细胞中进行复制扩增，不考虑表达因素。

基因克隆载体是指能够将外源 DNA 片段带入受体细胞并进行稳定遗传的 DNA 或 RNA 分子。能用于基因克隆的载体，主要有 5 类：①质粒；②噬菌体的衍生物；③柯斯质粒（Cosmid）；④单链 DNA 噬菌体 M13；⑤动物病毒。常用的基因克隆载体有

pBR322、pUC 系列等。

各类载体的来源不同，在大小、结构、复制等方面的特性差别很大，但作为基因克隆载体，需具备以下特性：①在寄主细胞中能自我复制，即本身是复制子；②容易从寄主细胞中分离纯化；③载体分子中有一段不影响其扩增的非必需区域，插在其中的外源基因可以像载体的正常组分一样进行复制和扩增；④有多种限制性内切酶的单一酶切位点，便于目的基因的组装；⑤能赋予细胞特殊的遗传标记，便于对导入的重组体进行鉴定和检测。

（1）pBR322 质粒载体　pBR322 是人工构建的较为理想的大肠杆菌质粒载体，为 4.36kb 的环状双链 DNA（图 5-8）。其碱基序列已经全部清楚，是最早应用于基因工程的载体之一。pBR322 质粒载体具有分子量小、拷贝数高及两种抗生素抗性基因作为选择标记等优点。许多实用的质粒载体都是在 pBR322 的基础上改建而成的，可见其原型质粒在使用上有很多优点。

① F. Bolivar 和 R. L. Rodriguez 人工构建的载体。

② 长度为 4363bp。

③ 选择标记包括两个：氨苄西林抗性基因 amp^R（来自 RSF2124）和四环素抗性基因 tet^R（来自 pSC101）。

④ 24 个克隆位点。

⑤ 属松弛型质粒，用于基因克隆。

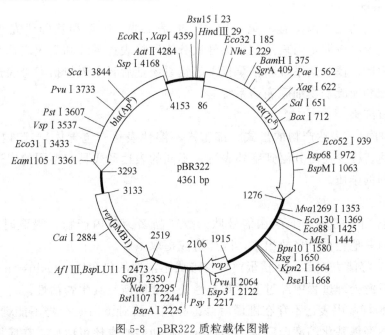

图 5-8　pBR322 质粒载体图谱

（2）pUC 载体　pUC 载体是以 pBR322 质粒载体为基础，在其 5' 端加入带有多克隆位点的 lacZ' 基因，发展成为具有双功能检测特性的新型质粒载体系列。

一种典型的 pUC 质粒载体包括以下 4 个组成部分：①来自 pBR322 质粒的复制起点（ori）；②氨苄西林抗性基因（amp^R），但它的 DNA 序列已经发生了变化，不再含有原来限制性核酸内切酶的单识别位点；③大肠杆菌 β-半乳糖苷酶基因（lacZ）的启

动子及其编码 α-肽链的 DNA 序列，此结构特称为 *lacZ'* 基因；④位于 *lacZ'* 基因 5′ 端的一段多克隆位点区段，但它并不破坏该基因的功能。目前常用的 pUC 质粒载体有 pUC18（图 5-9）和 pUC19，与 pBR322 相比，pUC 质粒载体具有更小的分子量和更高的拷贝数，适用于组织化学法检测重组体，具有多克隆位点（multiple cloning sites，MCS）区段，这些优越性使 pUC 质粒载体成为目前基因工程研究中最通用的大肠杆菌克隆载体之一。

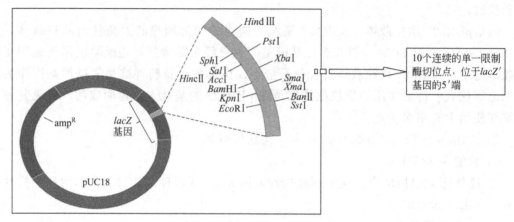

图 5-9   pUC18 载体图谱

3. 宿主系统

外源基因表达是基因工程的重要内容，也是工业、医疗和基础研究领域的重要技术。基因表达系统按照基因表达宿主的性质分为原核表达系统和真核表达系统两类，前者主要包括大肠杆菌表达系统和枯草杆菌表达系统，后者主要包括酵母表达系统、昆虫细胞表达系统和哺乳动物细胞表达系统等。

（1）原核细胞

① 大肠杆菌   表达产物的形式：细胞内不溶性表达（包含体）、胞内可溶性表达、细胞周质表达，极少还可分泌到胞外表达。不同的表达形式具有不同的表达水平，且会带来完全不同的杂质。

特点如下。

a. 大肠杆菌中的表达不存在信号肽，故产品多为胞内产物，提取时需破碎细胞，此时细胞质内其他蛋白也释放出来，因而造成提取困难。

b. 由于分泌能力不足，真核蛋白质常形成不溶性的包含体（inclusion body），表达产物必须在下游处理过程中经过变性和复性处理才能恢复其生物活性。

c. 在大肠杆菌中表达不存在翻译后修饰作用，故对蛋白质产物不能糖基化，因此，只适于表达不经糖基化等翻译后修饰仍具有生物功能的真核蛋白质，在应用上受到一定的限制。

由于翻译常从甲硫氨酸的 AUG 密码子开始，故目的蛋白质的 N 端常多余一个甲硫氨酸残基，容易引起免疫反应。大肠杆菌会产生很难除去的内毒素，还会产生蛋白酶而破坏目的蛋白质。

② 枯草芽孢杆菌   分泌能力强，可将蛋白质产物直接分泌到培养液中，不形成包

含体。该菌也不能使蛋白质糖基化，另外由于它有很强的胞外蛋白酶，会对产物进行不同程度的降解，因此，它的应用也受到限制。

③ 链霉菌　重要的工业微生物。特点是不致病，使用安全，分泌能力强，可将表达产物直接分泌到培养液中，具有糖基化能力，可做理想的受体菌。

（2）真核细胞

① 酵母　繁殖迅速，可廉价地大规模培养，而且没有毒性，基因工程操作与原核生物相似，表达产物直接分泌到细胞外，简化了分离纯化工艺。表达产物能糖基化。特别是某些在细菌系统中表达不良的真核基因，在酵母中表达良好。目前以酿酒酵母应用最多。干扰素和乙肝表面抗原已获成功。酵母表达系统主要优点有：表达量高，表达可诱导，糖基化机制接近高等真核生物，分泌蛋白易纯化，容易实现高密度发酵等。缺点是并非所有基因都可以获得高表达，当然，这是几乎所有表达系统的共同问题。

② 丝状真菌　很强的分泌能力；能正确进行翻译后加工，包括肽剪切和糖基化；而且糖基化方式与高等真核生物相似；丝状真菌（如曲霉）被确认是安全菌株，有成熟的发酵和后处理工艺。

③ 哺乳动物细胞　由于外源基因的表达产物可由重组转化的细胞分泌到培养液中，培养液成分完全由人控制，从而使产物纯化变得容易。产物是糖基化的，接近或类似于天然产物。但动物细胞生产慢，生产率低，而且培养条件苛刻，费用高，培养液浓度较稀。

虽然从理论上讲，各种微生物都可以用于基因表达，但由于克隆载体、DNA 导入方法以及遗传背景等方面的限制，目前使用最广泛的宿主菌仍然是大肠杆菌和酿酒酵母。

4. 表达载体

（1）原核表达系统表达外源基因　目前有多种载体可供选择，对重组质粒的基本要求是要有较高的拷贝数和在菌体内能稳定存在。

① 载体　表达载体必须具备的条件：a. 载体能够独立地复制；b. 具有灵活的克隆位点和方便的筛选标记，且克隆位点应在启动子序列后，以使克隆的外源基因得以表达；c. 具有很强的启动子，能为大肠杆菌的 RNA 聚合酶所识别；d. 具有阻遏子，使启动子受到控制，只有当诱导时才能进行转录；e. 具有很强的终止子，以便使 RNA 聚合酶集中力量转录克隆的外源基因，而不转录无关的基因；f. 所产生的 mRNA 必须具有翻译的起始信号，即起始密码子 AUG 和 S-D 序列，以便转录后能顺利翻译。

② 真核基因在大肠杆菌中的表达方式大体上可分为四种类型　a. 非融合型表达载体；b. 分泌型表达载体；c. 融合蛋白表达载体；d. 包含体型表达载体。

非融合型蛋白是指不与细菌的任何蛋白或多肽融合在一起的表达蛋白，常选用非融合型载体（如 pKK223-3）。非融合型蛋白的优点是其具有真核生物体内蛋白质的结构，功能接近于生物体内天然蛋白质。以非融合型蛋白形式表达药物基因；易被蛋白酶破坏；N 端有甲硫氨酸，易引起免疫反应。融合蛋白则是指蛋白质的 N 端，由原核 DNA 序列（如 β-半乳糖苷酶基因部分序列）或其他序列（拼接的 DNA 序列）编码，C 端由目的基因的完整序列编码。这样产生的融合蛋白 N 端多肽能抵御和避免细菌内源性蛋白酶降解，使 C 端真核蛋白不被分解仍保留完整的蛋白活性。但此多肽给纯化真核蛋白带来了不便，有时可以通过构建蛋白质信号肽以便于蛋白分泌到胞外，也可接上具协同效应的蛋白基因，只要使二者的阅读框架一致，使目的基因的翻译相位不发生错位即可，使产生的融合蛋白具有更强的生物学活性。以融合蛋白形式表达药物基因：融合蛋白氨基端是原核序列，羧基端是真核序列。优点：操作简便，蛋白质在菌体内比较稳定；易高效表达。缺点：只能做抗原，一般不做人体注射用药。

（2）真核表达系统表达外源基因

① 酵母载体　酵母载体是可以携带外源基因在酵母细胞内保存和复制，并随酵母分裂传递到子代细胞的 DNA 或 RNA。

② 克隆载体　向酵母载体中引入大肠杆菌质粒 pBR322 的 ori 部分和 amp^R 或 tet^R 部分，这样构成的载体同时带有细菌和酵母的复制原点和选择标记。

③ 表达载体　将酵母菌的启动子和终止子等有关控制序列引入载体的适当位点后，就构成了酵母菌的表达载体。表达载体分普通表达载体和精确表达载体。

（四）基因重组

基因重组技术是指将一种生物体（供体）的基因与载体在体外进行拼接重组，然后转入另一种生物体（受体）内，使之按照人们的意愿稳定遗传并表达出新产物或新性状的 DNA 体外操作程序，也称为分子克隆技术。因此供体、受体、载体是重组 DNA 技术的三大基本元件。

基因重组包括以下步骤：①外源 DNA 与载体连接，形成重组 DNA；②通过转化将重组 DNA 引入受体细胞；③筛选含重组 DNA 的克隆。

1. 黏性末端 DNA 分子间连接

黏性末端 DNA 分子间连接见图 5-10。

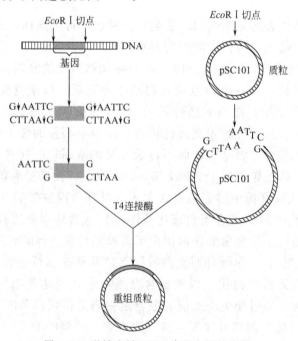

图 5-10　黏性末端 DNA 片段之间的连接

2. 平末端 DNA 分子间连接

平末端 DNA 分子间连接见图 5-11。

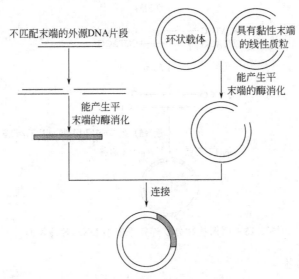

图 5-11　平末端 DNA 连接示意

3. 同聚物加尾法

应用互补的同聚物加尾法连接 DNA 片段见图 5-12。

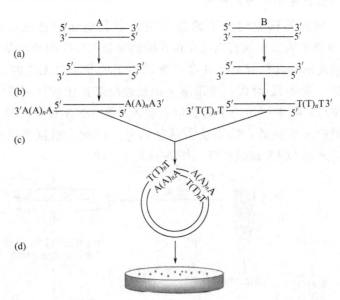

图 5-12　应用互补的同聚物加尾法连接 DNA 片段

（a）用 5′末端特异的核酸外切酶处理 DNA 片段 A 和 B，形成了延伸末端；（b）对片段 A 和片段 B 分别加入 dATP 和 dTTP，以及共同的末端脱氧核苷酸转移酶，各自形成 poly（dA）尾巴和 poly（dT）尾巴；（c）混合退火，通过 poly（dA）和 poly（dT）之间的互补配对，形成重组体分子；（d）转化大肠杆菌筛选重组克隆子

4. 人工接头连接法

用衔接物分子连接平末端 DNA 片段示意见图 5-13。

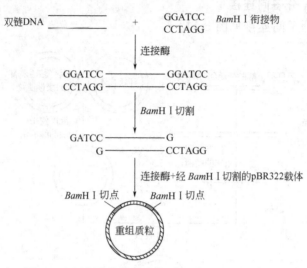

图 5-13　用衔接物分子连接平末端 DNA 片段示意

(五) 重组体的鉴定

1. 遗传学检测法

根据载体表型特征选择重组体分子（直接选择法），载体分子通常都带有一个可选择的遗传标志或表型特征。质粒载体或柯斯载体具有耐药性标记或营养标记，而噬菌体能形成噬菌斑，这亦是其用于选择的标记。

根据载体表型特征筛选重组分子的选择法是半乳糖苷酶显色反应选择法。将含pUC 质粒的宿主细胞培养在添加有 X-gal 和乳糖诱导物 IPTG 的培养基中，由于基因内互补作用形成有功能的半乳糖苷酶，其可分解添加于培养基中无色的 X-gal，产生半乳糖和深蓝色的底物 5-溴-4-氯-靛蓝，使菌落呈现蓝色反应。在 pUC 质粒载体 $lacZ\alpha$ 序列中，含有多克隆位点，其中任何一个酶切位点插入外源 DNA 片段，都会阻断 α-肽的读码结构，使其编码的 α-肽失活，结果使菌落呈白色。因此，根据半乳糖苷酶的显色反应，可检测出含有外源 DNA 重组克隆（图 5-14）。

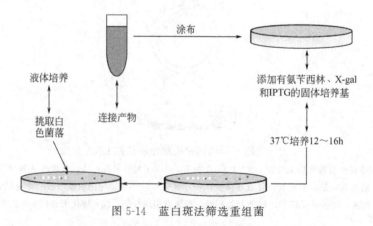

图 5-14　蓝白斑法筛选重组菌

2. 其他

检测出含有外源 DNA 重组克隆的方法还有核酸分子杂交检测法、物理检测法、免疫学检测法及核酸序列分析等。

二、基因工程药物

1. 基因工程药物的概念

基因工程药物就是先确定对某种疾病有预防和治疗作用的蛋白质，然后将控制该蛋白质合成过程的基因取出来，经过一系列基因操作，最后将该基因放入可以大量生产的受体细胞中去（包括细菌、酵母菌、动物或动物细胞、植物或植物细胞），受体细胞不断繁殖，大规模生产具有预防和治疗这些疾病的蛋白质，即基因疫苗或药物。

2. 基因工程药物现状

据不完全统计，欧美诸国目前已经上市的基因工程药物近 100 种，还有约 300 种药物正在临床试验阶段，处于研究和开发中的品种约 2000 个。近两年基因药物上市的周期明显缩短，与一般药物研究开发相比，基因工程药物研究投入大。基因重组技术的发源地和众多基因工程药物的第一制造者——美国，每年在这方面的投资高达数十亿美元，制定了相应的优惠政策以刺激其发展，已成为国际公认的现代生物技术研究和开发的"领头军"。日本、欧洲等地也都根据各自的特点制定出符合本国国情的发展战略和对策，亚洲的韩国、新加坡等也着手这方面的研究和开发。

通常将基因工程药物的生产分为上游和下游技术。上游阶段是研究开发必不可少的基础，它主要是分离目的基因，构建工程菌，主要在实验室完成。下游阶段是从工程菌的大规模培养到产品的分离纯化、质量控制，该阶段是将实验室成果产业化、商品化。

基因工程技术可生产的药物和制剂：①免疫性蛋白，如各种抗原和单克隆抗体；②细胞因子，如各种干扰素、白细胞介素、集落刺激生长因子、表皮生长因子、凝血因子；③激素，如胰岛素、生长激素；④酶类，如尿激酶、链激酶、葡激酶、组织型纤维蛋白溶酶原激活剂、超氧化物歧化酶等。

基因工程技术生产药物的优点：①利用基因工程技术可大量生产过去难以获得的生理活性蛋白质和多肽，为临床使用提供有效保障；②可以提供足够数量的生理活性物质，以便对其生理、生化和结构进行深入的研究，从而扩大这些物质的使用范围；③利用基因工程技术可以发现、挖掘更多的内源性生理活性物质，内源性生理活性物质作为药物使用存在的不足之处，可以通过基因工程和蛋白质工程进行改造和去除；④利用基因工程技术可获得新型化合物，扩大药物筛选来源。

三、基因工程技术开发药物的一般过程

利用基因工程技术开发一个药物，一般要经过以下几个步骤：①目的基因片段的获得，可以通过化学合成的方法来合成已知核苷酸序列的 DNA 片段，也可以通过从生物组织细胞中提取分离得到，对于真核生物则需要建立 cDNA 文库；②将获得的目的基因片段扩增后与适当的载体连接后，再导入适当的表达系统；③在适宜的培养条件下，使目的基因在表达系统中大量表达目的药物；④将目的药物提取、分离、纯化，然后制成相应的制剂。基因工程制药一般过程见图 5-15。

以上方法大部分是以微生物或组织细胞作为表达系统，通过微生物发酵或组织细胞培养来进行药物生产。近年来，通过转基因动物来进行药物生产的"生物药厂"成为目

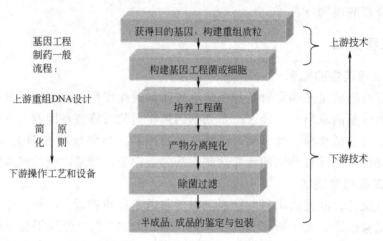

基因工程
制药一般
流程：

上游重组DNA设计

简   原
化   则

下游操作工艺和设备

图 5-15　基因工程制药一般过程

前转基因动物研究的最活跃领域，也是基因工程制药中最富有诱人前景的行业。转基因动物制药具有生产成本低、投资周期短、表达量高、与天然产物完全一致、容易分离纯化等优势，尤其是适合于一些用量大、结构复杂的血液因子，如人血红蛋白（Hb）、人血白蛋白（HSA）、蛋白 C（protein C）等。英国的爱丁堡制药公司通过转基因羊生产 α_1-抗胰蛋白酶（α_1-AAT）用于治疗肺气肿，每升羊奶中产 16g α_1-AAT，占奶蛋白含量的 30％，估计每只泌乳期母羊可产 70g α_1-AAT。另外，转基因植物制药比转基因动物制药更为安全，因为后者有可能有污染人类的病原体。目前，已经开发出许多转基因植物药物，例如脑啡肽、α-干扰素和人血清蛋白，以及两种最昂贵的药物即葡萄糖脑苷脂酶和粒细胞-巨噬细胞群集落因子等。主要基因工程表达系统比较见表 5-2。

表 5-2　主要基因工程表达系统比较

表达体系	产物	产生部位	培养方式	提纯	产物活性	潜在危险
大肠杆菌	多肽蛋白质,融合蛋白质	菌体内	容易,部分高产	一般	对原核好,对真核差	不大
酵母	多肽蛋白质,糖基化蛋白	菌体内,外分泌	容易,可高产	菌体内,稍复杂	真核的接近天然产物	不大
哺乳动物	完整糖基化蛋白	外分泌	较难,成本高,可高产	简单	可达天然产物	需注意致癌

四、基因工程药物制造实例——重组人干扰素生产工艺

干扰素（interferon，IFN）是人体细胞分泌的一种活性蛋白质，具有广泛的抗病毒、抗肿瘤和免疫调节活性，是人体防御系统的重要组成部分。根据其结构可分为 α、β、γ、ω 等 4 个类型。α-干扰素依其结构又分为 α1b、α2a、α2b 等亚型，其区别在于个别氨基酸的差异上。早期干扰素是用病毒诱导人白细胞产生的，产量低、价格昂贵，不能满足需要，现在可利用基因工程技术并在大肠杆菌中发酵、表达来进行生产。

重组人干扰素（rhuIFN）的临床应用：①广谱抗病毒活性（rhuIFNα），治疗慢性乙型、丙型、丁型肝炎，疱疹，病毒性角膜炎；②直接抗肿瘤活性（rhuIFNα），治疗毛细胞和慢性髓样白血病、Kaposi 肉瘤、非霍奇金淋巴瘤；③免疫调节活性

（rhuIFNγ），治疗慢性肉芽肿瘤；④多发性硬化症（rhuIFNβ）。

1. 基因工程假单胞杆菌发酵生产工艺特点

宿主：腐生型假单胞杆菌（*Pseudomonas putida*）。

上市产品：IFNα2b/安福隆。

表达产物：无糖基化可溶性蛋白质，具有天然分子结构和生物活性。

工艺特点：发酵周期短（几小时），无需变性、复性过程，获得有活性产品。

纯化过程：淘汰抗体亲和色谱。

2. 基因工程假单胞杆菌的构建与保藏

（1）基因工程假单胞杆菌菌种建立　第一步：干扰素基因的克隆（RT-PCR）。

制备白细胞，病毒诱导，分离 mRNA，逆录酶合成 cDNA，PCR，基因连接质粒，转化 *E.coli*，筛选鉴定克隆。测序：编码人 IFNα2b 基因序列（图 5-16），501bp，165 个氨基酸。

```
ATGTGTGATCTGCCTCAGACCCACAGCCTGGGTAGCAGGAGGACCTTGATGCT
CCTGGCACAGATGAGGAGAATCTCTCTTTTCTCCTGCTTGAAGGACAGACATG
ACTTTGGATTTCCCCAGGAGGTTGCCAACCAGTTCCAAAAGGCTGAAACCATC
CCTGTCCTCCATGAGATGATCCAGCAGATCTTCAATCTCTTCAGCACAAAGGA
CTCATCTGCTGCTTGGGATGAGACCCTCCTAGACAAATTCACCGAACTCTACC
AGCAGCTGAATGACCTCGAAGCCTGTGTGATACAGGGGGTGGGGGTGACAGA
GACTCCCCTGATGAAGGAGGACTCCATTCTGGCTGTCAGGAAATACTTCCAAA
GAATCACCTCTCTGAAAGAGAAGAAATACAGCCCTTGTGCCTGGGAGGTTGTC
AGAGCAGAAATCATGAGATCTTTTTCTTTGTCAACAAACTTGCAAGAAAGTT
TAAGAAGTAAGGAATGA
```

图 5-16　编码人 IFNα2b 基因序列

第二步：表达载体构建。

IFN 基因与表达载体连接（图 5-17），转化大肠杆菌，筛选阳性克隆，获得序列正确表达载体。

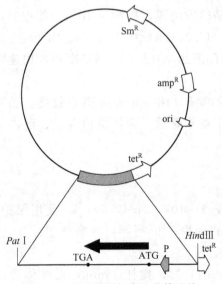

图 5-17　IFN 基因与表达载体连接

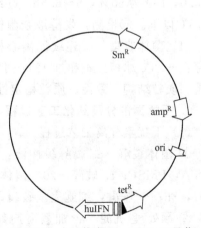

图 5-18　人干扰素（huIFN）工程菌

第三步：工程菌构建。

转化假单胞杆菌，筛选高表达、稳定遗传的工程菌，获得原始菌种（图5-18）。

（2）基因工程菌的特性

① 具有宿主菌的特征　细菌：革兰阴性菌，有荚膜，无芽孢，杆状。菌落：直径 $2.5\sim3.0mm$，灰绿色半透明状，黏稠。生化特性：Ser^-，L-Val、D/L-Arg 和 L-Thr 为碳源。

② 工程菌的特征　Sm^R、四环素的抗性基因 tet^R、氨苄西林抗性基因 amp^R。

③ 具有生产干扰素能力　放射性免疫学效价不低于 $2.0\times10^9 IU/L$。

（3）菌种库的建立与保藏（图5-19）　QC：菌种特性、生产能力、质粒稳定性；菌种检查合格后，方可投产。

图5-19　菌种库的建立与保藏

3. IFN α2b 的发酵工艺过程

IFN α2b 的发酵工艺流程见图5-20。

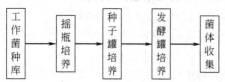

图5-20　IFN α2b 的发酵工艺流程

（1）摇瓶培养　① 取保存工作种子批菌种，室温融化；②摇瓶培养：30℃，pH7.0，250r/min，18h±2h；③检测：OD 值和发酵液杂菌检查。

（2）种子罐培养　①接种：接入 50L 种子罐，接种量 10％。②培养：30℃，pH7.0。③控制：级联调节通气量和搅拌转速；DO 为 30％，3～4h，OD＞4.0。④检测：显微镜和 LB 培养基划线检查，控制杂菌。

（3）发酵罐培养　①接种：接入 300L 培养基的发酵罐，接种量 10％。②控制：级联调节通气量和搅拌转速。③前 4h：30℃，pH7.0，DO 为 30％。④4h 后：20℃，pH6.0，DO 为 60％，5～6.5h。⑤终点控制：OD 值达 9.0±1.0，5℃冷却水快速降温至 15℃以下。⑥检测：发酵液杂菌检查。

（4）菌体收集　①连续流离心机：冷却的发酵液，16000r/min 离心收集。②菌体保存：－20℃冰柜，不超过 12 个月。③检测：干扰素含量、菌体蛋白含量、菌体干燥失重、质粒结构一致性、质粒稳定性。

4. 干扰素的分离纯化工艺过程

（1）干扰素分离工艺过程

① 菌体裂解　a. 裂解缓冲液：纯化水配制，2～10℃（pH7.5）；b. 使用保护剂：EDTA，PMSF；c. 破碎－20℃菌体：2cm 以下的碎块；d. 搅拌：加裂解缓冲液，2～10℃，2h；e. 冻融：细胞完全破裂，释放干扰素。

② 预处理-沉淀　a. 加絮凝剂聚乙烯亚胺：2～10℃，搅拌 45min，对菌体碎片进行絮凝；b. 加凝聚剂醋酸钙溶液：2～10℃，搅拌 15min，对菌体碎片、DNA 等进行

沉淀。

③ 离心　a. 连续流离心机：2~10℃，16000r/min；b. 收集上清液：含有重组干扰素蛋白质；c. 杂质沉淀：121℃、30min 蒸汽灭菌，焚烧处理。

④ 初级分离　a. 盐析：4mol/L 硫酸铵，2~10℃，搅匀，静置过夜；b. 离心：连续流离心机，16000r/min；c. 保存：收集沉淀，粗干扰素，4℃保存。

（2）干扰素纯化工艺过程

① 溶解粗干扰素　a. 配制纯化缓冲液：超纯水，pH7.5 磷酸缓冲液，0.45μm 滤器和 10ku 超滤系统，百级层流下收集，冷却至 2~10℃。b. 检查：缓冲液的 pH 值和电导值。c. 溶解：2~10℃，匀浆，完全溶解。

② 沉淀与疏水色谱　a. 等电点沉淀Ⅰ：磷酸调节至 pH5.0，沉淀杂蛋白，离心收集上清液。疏水色谱：干扰素吸附在疏水色谱柱 ——→ 除非疏水性蛋白 ——→ 洗脱与收集：0.01mol/L 磷酸缓冲液（pH8.0）。

b. 等电点沉淀Ⅱ：磷酸调节 pH4.5，调节电导值 40mS/cm，2~10℃，静置过夜。超滤：1000ku 超滤膜过滤，除去大蛋白。透析除盐：调整溶液 pH 8.0，调整电导值，10ku 超滤膜，0.005mol/L 缓冲液中透析。

③ 阴离子交换色谱与浓缩　0.01mol/L 磷酸缓冲液（pH8.0）平衡树脂。盐浓度线性梯度 5~50mS/cm 进行洗脱，配合 SDS-PAGE 收集干扰素峰。浓缩：调整溶液 pH 和电导值，10ku 超滤膜，0.05mol/L 醋酸缓冲液（pH5.0）中透析。

④ 阳离子交换色谱与浓缩　用 0.1mol/L 醋酸缓冲液（pH 5.0）平衡树脂。上样，相同缓冲液冲洗。盐浓度线性梯度 5~50mS/cm 进行洗脱，配合 SDS-PAGE 收集干扰素峰。浓缩：10ku 超滤膜进行。

⑤ 凝胶过滤色谱　洗涤液：0.15mol/L NaCl 的 0.01mol/L 磷酸缓冲液（pH7.0）清洗系统和树脂；上样，相同缓冲液进行洗脱。合并干扰素部分。

⑥ 无菌过滤分装　0.22μm 滤膜过滤干扰素溶液，分装；-20℃以下的冰箱中保存。

⑦ 检测项目　干扰素鉴别试验；干扰素效价测定；蛋白质含量：纯度测定，分子量；宿主残余蛋白、残余 DNA；干扰素结构鉴定：紫外光谱，肽谱，N 端序列；其他：热原，内毒素，残留抗生素。

第三节　基因诊断技术

长期以来，疾病的诊断主要依据病史、症状、体征和各种辅助检查，如血液学、病理学、免疫学、微生物学、寄生虫学乃至物理学检查等。然而，上述检查方法都具有各自的局限性，使得许多疾病未能被及时准确地诊断，从而延误了治疗良机。因为许多外科疾病在病人出现症状、特征及生化改变之前已存在相当一段时间，所以人们一直在盼望能找到一种技术，在疾病一旦发生，甚至尚未出现症状、体征及生化改变之前，就能作出诊断；对于某些可能的致病因素，包括食品、水质、环境中存在的病原体，人们也期望能有简单准确的方法及时进行检测。分子生物学技术的发展使人们渴望已久的上述愿望得以实现，这种在分子生物学理论和技术发展基础上建立起来的一门全新诊断技术就是基因诊断。现知各种表型的改变是由基因异常造成的，也就是说基因的改变是引起疾病的根本原因。基因诊断是指采用分子生物学的技术方法来分析受检者的某一特定基因的结构（DNA 水平）或功能（RNA 水平）是否异常，以此来对相应的疾病进行诊断。基因诊断有时也称为分子诊断或 DNA 诊断（DNA diagnosis）。基因诊断是病因的诊断，既特异又灵敏，可以揭示尚未出现症状时与疾病相关的基因状态，从而可以对表型正常的携带者及某种疾病的易感者作出诊断和预测，特别对确定有遗传疾病家族史的个体或产前的胎儿是否携带致病基因的检测具有指导意义。

基因诊断的概念源于对人类遗传病的认识，其最早的医学实践始于 1987 年美籍华裔科学家简悦威（Yuet Wai Kan）博士的研究。简博士利用与致病基因相关联的 DNA 多态性分析技术，成功地进行了镰刀状细胞贫血症这一遗传性血红蛋白病的特异性产前基因诊断，从而开创了基因诊断技术在临床应用的新时代。

一、基因诊断的概念和特点

1. 基因诊断

基因诊断是一种新的临床诊断方法，如图 5-21 所示，是以 DNA 和 RNA 为诊断材料，利用分子生物学技术，通过检查基因的结构或表型来诊断疾病的方法和过程。其临床意义在于能检测 DNA 或 RNA 的结构变动与否，量的多少及表达情况等，以确定被检查者是否存在基因水平的异常变化，以此作为疾病确诊或进行基因治疗的依据，包含定性和定量两类分析方法。

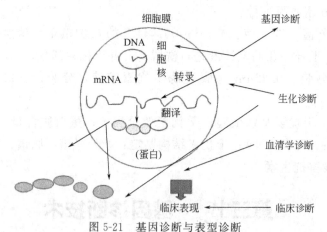

图 5-21　基因诊断与表型诊断

基因诊断界定了以下 6 个方面内容。

（1）诊断水平　基因水平。

（2）诊断技术　从方法学来说，没有特殊的基因诊断方法，就是分子生物学技术在临床上的应用。

（3）诊断材料　DNA 和 RNA。

（4）诊断内容　①对于内源性基因来说：基因机构和表达是否异常。②对于外源性基因来说：入侵基因的种类，是病毒核酸、细菌质粒还是寄生虫 DNA。

（5）诊断途径　①直接检查基因结构是否存在：DNA 点突变、缺失插入、基因重排、染色体畸变、mRNA 剪接缺失错位或结构变化等。②检查基因转录产物 mRNA：a. 已经转录还是没有转录；b. 应该转录还是不应该转录；c. 转录正常、过量还是过少。③检查基因表型：正常还是异常，进行分析研究。

（6）诊断目的　①确诊相应疾病或得出相应结论。②是防治疾病或基因治疗的依据。

2. 基因诊断的特点

（1）特异性强，针对性强　使用基因探针通过分子杂交进行高特异性分析，以基因作为检测对象，属于病因诊断或发病原因分析。

（2）灵敏度高　用放射性同位素、酶或发光试剂标记探针，有很高的检测灵敏度，PCR 扩增也有很高的灵敏度。

（3）早期诊断　无临床表现。

（4）取样方便　不受组织时相限制。

（5）安全高效　不必培养高危病菌病毒，还可分亚型。

（6）适应范围广　可检测内源性基因和外来基因。

二、基因诊断技术及理论基础

基因诊断是继形态学、生物化学和免疫诊断学之后的第四代诊断技术，它的诞生和发展得益于分子生物学理论和技术的迅速发展。基因诊断的问世使人类疾病的诊断从传统的表型诊断步入基因型诊断的新阶段，是诊断学领域的一次革命。基因诊断具有高特异性、高灵敏性、早期诊断性和应用广泛性等特点，因此逐步得到运用和普及。随着分子生物学的迅速发展，尤其是人类基因组计划的实施和测序完成，基因诊断更是呈现出无比广阔的前景。

（一）主要的基因诊断技术

1. 核酸分子杂交

分子杂交技术是在用特定标记物标记已知核酸碱基序列，即在所谓核酸探针（简称探针）的基础上，将标记的探针以碱基互补配对的原则与组织细胞中的待测核酸进行特异性的杂交结合，形成标记探针与待测核酸的杂交体，最后利用各种标记物的显示技术，在光学显微镜、荧光显微镜或电子显微镜下探察待测目标核酸（mRNA 或 DNA）的存在及位置。

（1）核酸分子杂交的基本原理　单链核酸分子之间具有互补的碱基序列，可以通过碱基对之间形成非共价键（主要是氢键），从而出现稳定的双链区，这是核酸分子杂交的基础。杂交分子的形成，并不要求两条单链的碱基序列完全互补，所以不同来源的核酸单链只要彼此之间有一定程度的互补序列（即某种程度的同源性）就可以形成杂交双链。

由于 DNA 一般都以双链形式存在，因此在进行分子杂交时，应先将双链 DNA 分子解聚成为单链，这一过程称为变性，一般通过加热或提高 pH 值来实现。杂交之后，使单链聚合成双链的过程称为退火或复性。因此，当用一段已知基因的核酸序列作为探针，与变性后的单链基因组 DNA 接触时，如果两者的碱基完全配对，它们即互补地结合成双链，表明被测基因组 DNA 中含有已知的基因序列。

（2）影响杂交的因素 核酸分子杂交实际上就是两条互补单链核酸分子通过复性重新缔合形成双链的过程。单链核酸间的复性速度受许多因素的影响。

① 核酸分子的浓度和长度 核酸浓度直接影响单链核酸间的碰撞概率，核酸分子的浓度越大，复性速度越快。核酸片段越大，扩散速度较慢，寻找完全互补序列的难度越大，因而复性速度较慢。因此，在复性实验中，有时将 DNA 切成小片段，再进行复性。

杂交时如果使用单链核酸探针，增加溶液中探针浓度，杂交效率也相应增加；但如果使用双链核酸探针，探针浓度过高会影响杂交的效率，因为双链核酸探针在变性后虽然形成单链，但当处于适当的杂交反应液中时，互补的单链探针更容易配对而重新成为双链探针。因此，双链探针浓度过高对杂交并无太大的优势，一般适宜的探针浓度为 $0.1 \sim 0.5 \mu g$。探针长度控制在 $50 \sim 300 bp$ 为好。

② 温度 温度过高不利于核酸复性，而温度过低，少数碱基配对形成的局部双链不易解离，适宜的复性温度是较 T_m 值低 25℃。在 0℃时，杂交进行得非常缓慢，随着温度的升高，杂交率也明显增加，当温度比 T_m 值低 $20 \sim 25$℃时，DNA：DNA 杂交达到最高杂交率。但在更高温度情况下，双链分子逐渐趋向解链，当温度达到 $T_m - 5$℃时杂交率则非常低。

③ 离子强度 高离子强度溶液的正电荷，可以中和 DNA 链中磷酸基的负电荷，消除 DNA 链之间的静电斥力，有利于复性。所以在低离子强度下，核酸杂交非常缓慢，随着离子强度的增加，杂交反应率相应增加。例如，在低盐浓度（低于 $0.1 mol/L$ Na^+）时杂交率较低，当盐浓度每增加 2 倍时杂交率增加 $5 \sim 10$ 倍，盐浓度超过 $0.1 mol/L$ Na^+ 时，对杂交率的影响降低。高浓度的盐使碱基错配的杂交体更稳定，故进行序列不完全同源的核酸分子杂交时，必须维持杂交反应液中较高的盐浓度和洗膜溶液的盐浓度。

④ 杂交液中的甲酰胺 甲酰胺能降低核酸杂交时的 T_m，含 $30\% \sim 50\%$ 甲酰胺的杂交溶液温度能降低到 $30 \sim 42$℃。使用甲酰胺具有以下优点：a. 在低温下探针更稳定；b. 能更好地保留非共价结合的核酸。在实际工作中，对于待测核酸序列与探针序列同源性较高的杂交反应体系，如为水溶液则反应温度取 68℃；若为 50% 甲酰胺溶液时常在 40℃进行杂交。如果待测核酸序列与探针序列同源性不高时，以 50% 甲酰胺溶液在 $35 \sim 42$℃进行杂交。

⑤ 核酸分子的复杂性 核酸的复杂性是指存在于反应体系中的不同序列的总长度。在同样条件下，序列简单的核酸复性快，序列复杂的核酸复性慢，因而可以通过测定复性速度分析核酸序列的复杂性。

⑥ 非特异性杂交反应 为减少非特异性杂交反应，在杂交前将非特异性杂交位点进行封闭，以减少其对探针的非特异性吸附作用。常用的封闭物有两类：一类是变性的非特异性 DNA，大多采用鲑鱼精子 DNA（salmonspenn DNA）或小牛胸腺 DNA（calfthymus

DNA）；另一类是一些高分子化合物，一般多采用 Denhardt 溶液（含聚蔗糖 400、聚乙烯吡咯烷酮和牛血清白蛋白），也可用脱脂奶粉等。

（3）分子杂交的方法

① DNA 印迹法　Southern 印迹法是最经典的基因分析方法，不但能检出特异的 DNA 片段，而且能进行定位和测定分子量，可用于基因的酶切图谱分析、基因突变分析等。Southern 印迹杂交是进行基因组 DNA 特定序列定位的通用方法。

Southern 印迹杂交的基本方法是将 DNA 标本用限制性内切酶消化后，经琼脂糖凝胶电泳分离各酶解片段，然后经碱变性，Tris 缓冲液中和，高盐下通过毛吸作用将 DNA 从凝胶中转印至硝酸纤维素滤膜上，烘干固定后即可用于杂交。凝胶中 DNA 片段的相对位置在 DNA 片段转移至滤膜的过程中继续保持着。附着在滤膜上的 DNA 与带有放射性同位素标记或其他标记物标记的探针杂交，未杂交的游离探针经过反复洗涤被去除。最后利用放射自显影术等方法，显示出与探针互补的每一条 DNA 带的位置，从而可以确定在众多酶解产物中含某一特定序列的 DNA 片段的位置和大小。Southern 印迹杂交转膜示意见图 5-22。

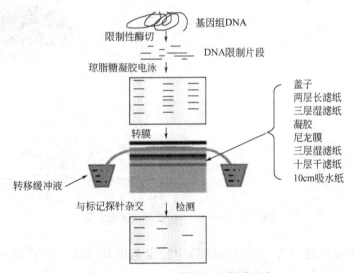

图 5-22　Southern 印迹杂交转膜示意

② RNA 印迹法　是一种将待测 RNA 样品经电泳分离后转移到固相支持物上，然后与标记的核酸探针进行固-液相杂交，检测 RNA（主要是 mRNA）的方法。RNA 印迹技术因其正好与 DNA 印迹技术（Southern 印迹技术）相对应，故被称为 Northern 印迹杂交（图 5-23）。Northern 印迹可用于组织细胞中总 RNA 或 mRNA 的定性和定量分析。

Northern 印迹杂交的基本原理和基本过程与 Southern 印迹杂交基本相同。只是以下几点有所不同。

a. 靶核酸　Northern 印迹杂交所检测的靶核酸是 RNA，可用来对特异性 mRNA 定量以及确定其分子量。可以提取细胞总 RNA 电泳后用于 mRNA 的 Northern 分析，也可将 mRNA 从总 RNA 中纯化出来，然后再电泳分离进行 Northern 分析。RNA 极易被环境中存在的 RNase 所降解，因此在制备 RNA 样品时，需要特别注意防止 RNA 被降解。所有器皿都要进行处理，尽可能除尽 RNase。

b. RNA 电泳　RNA 样品依其分子量大小在变性胶中进行分离，凝胶中需加入变性剂（如乙二醛、甲醛、甲基氢氧化汞），防止 RNA 分子形成二级结构（发夹结构），维持其单链线性状态。

c. 转膜　电泳结束后，不需要再进行变性和中和，直接采用毛细管虹吸法将胶中的 RNA 转移到膜上，也可采用电转移或真空转移法。

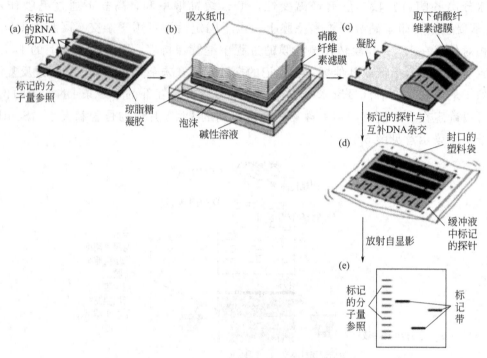

图 5-23　Northern 印迹杂交转膜示意

③ 斑点杂交及狭缝杂交　可对基因组中特定基因及其表达产物进行定性及定量分析，方法简单、快速灵敏、样品用量少。

斑点杂交（dot blot）及狭缝杂交技术是美国哈佛大学的 Kafatos 等在 1979 年建立的，是分子杂交中最简单的一种，被认为是 Southern 印迹、Northern 印迹和 Western 印迹的简易方法。此种方法不需将样品通过电泳的方法分开，而是直接将混合的 DNA、RNA 或蛋白质样品点样并固定在滤膜上，然后用合适的探针与已固定的样品杂交，并由此判断靶序列的性质和相对浓度。也可通过样品点发射的信号强度，与已知浓度的标准品信号强度进行比较，来确定待测样品中靶序列的量。因所点样品扩散形状的不同，分为斑点和狭缝印迹，其中斑点印迹为圆形，而狭缝印迹为线状。一般来说斑点印迹更为清晰，定量更为准确。

斑点及狭缝杂交技术能够简单、快速地判断混合样品中是否含有目标分子及其相对含量，杂交的信号比菌落杂交和噬菌斑杂交受到蛋白质等细胞成分的干扰小，结果可靠性更强，可在同一张膜上进行多个样品的检测。但缺点是不能鉴别所检测核酸的分

子量，且特异性不高，有一定比例的假
阳性。

斑点及狭缝杂交的一般程序为：获得
粗提的或纯化的 DNA 或 RNA（纯化的核
酸实验重复效果好），采用真空加样法将
核酸以斑点或狭线形式点样于尼龙膜而得
到大小、形状、间距一致的样品点（图
5-24），以紫外线交联、烘烤或微波照射

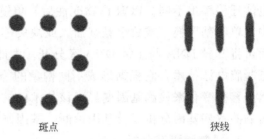

斑点　　　　　　　　　　狭线

图 5-24　斑点杂交和狭缝杂交的试样

将核酸固定于膜上，用特异性探针与核酸杂交并检测靶核酸的存在。

④ 原位杂交　可查明染色体中特定基因的位置，用于染色体疾病的诊断；原位杂交的结果是显示有关核酸序列的空间位置情况，因此可检出含核酸序列的具体细胞，细胞的具体定位、数目和类型，可检出基因和基因产物的亚细胞定位。

组织原位杂交（tissue insituhybridization）简称原位杂交（insituhybridization，ISH），指组织或细胞的原位杂交，它与菌落原位杂交不同。是在经适当处理后，使组织或细胞的通透性增加，让探针进入细胞并与细胞内的固有核酸 DNA 或 RNA 杂交。原位杂交能在成分复杂的组织中进行单一细胞的研究而不受同一组织中其他成分的影响，因此对于那些数量少且散在于其他组织的细胞 DNA 或 RNA 研究更为方便，同时原位杂交不需要从组织或细胞中提取核酸，对组织中含量极低的靶序列有很高的灵敏度，并可完整地保持组织或细胞的形态，能准确地反映出组织或细胞的相互关系及功能状态，具有重要的生物学和病理学意义。近年来新的原位杂交技术不断涌现，各种原位杂交技术被极为广泛地应用于基础理论研究和临床实践，并将继续发挥其重要作用。

原位杂交技术中使用的探针可以是单链或双链 DNA，也可以是 RNA 探针或寡核苷酸探针。通常探针的长度以 100～400nt 为宜，过长会使杂交效率减低即降低杂交敏感性，过短则会增加杂交反应的非特异性。研究表明，寡核苷酸探针（16～30nt）能自由出入细菌和组织细胞壁，杂交效率明显高于长探针。因此寡核苷酸探针和不对称 PCR 标记的小 DNA 探针或体外转录标记的 RNA 探针是组织原位杂交的优选探针。探针的标记物可以是放射性同位素，也可以是非放射性生物素、半抗原地高辛或荧光素等。放射性同位素中，常用 ^{3}H 和 ^{35}S。^{3}H 标记的探针半衰期长，成像分辨率高，便于定位，缺点是能量低；^{35}S 标记的探针活性较高，影像分辨率也较好；而 ^{32}P 能量过高，致使产生的影像模糊，不利于确定杂交位点。

2. 单链构象多态性

单链构象多态性（single strand conformation polymorphism，SSCP）检测是一种基于单链 DNA 构象差别来检测点突变的方法，常与 PCR 联合应用，称为 PCR-SSCP 技术。PCR-SSCP 分析的基本程序为：首先 PCR 扩增特定靶序列，然后将扩增产物变性为单链，进行非变性聚丙烯酰胺凝胶电泳。在不含变性剂的中性聚丙烯酰胺凝胶中电泳时，DNA 单链的迁移率除与 DNA 链的长短有关外，更主要的是取决于 DNA 单链所形成的构象。在非变性条件下，DNA 单链可自身折叠形成具有一定空间结构的构象。这种构象由 DNA 单链碱基决定，其稳定性靠分子内局部序列的相互作用（主要为氢键）来维持。相同长度的 DNA 单链其序列不同，甚至单个碱基不同，所形成的构象不同，

电泳迁移率也不同。PCR 产物变性后，单链产物经中性聚丙烯酰胺凝胶电泳，靶 DNA 中含单碱基置换，或数个碱基插入或缺失等改变时，因迁移率变化会出现泳动变位，从而可将变异 DNA 与正常 DNA 区分开。由此可见，PCR-SSCP 分析技术是一种 DNA 单链凝胶电泳技术，它根据形成不同构象的等长 DNA 单链在中性聚丙烯酰胺凝胶中的电泳迁移率变化来检测基因变异。该技术已被广泛用于癌基因和抗癌基因变异的检测、遗传病的致病基因分析以及基因诊断、基因制图等领域。

3. 限制酶酶谱分析

基因突变可能导致基因上某一限制酶位点的丢失或其相对位置发生改变。限制性内切酶酶谱分析法是利用限制性内切酶和特异性 DNA 探针来检测是否存在基因变异。当待测 DNA 序列中发生突变时会导致某些限制性内切酶位点的改变，其特异的限制性酶切片段的状态（片段的大小或多少）在电泳迁移率上也会随之改变，借此可作出分析诊断。如镰刀状细胞贫血是 β-珠蛋白基因第六个密码子发生单个碱基突变（A→T），谷氨酸被缬氨酸取代所致。由于这一突变而使该基因内部一个 *Mst* Ⅱ 限制酶位点丢失。因此，将正常人和带有突变基因个体的基因组 DNA 用 *Mst* Ⅱ 消化后，与 β-珠蛋白基因探针杂交，即可将正常人、突变携带者及镰刀状细胞贫血患者区别开来（图 5-25）。

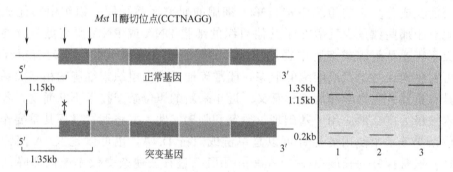

图 5-25　镰刀状红细胞贫血患者基因组的限制酶切分析

1—正常人；2—突变携带者；3—患者

4. DNA 序列测定

DNA 序列测定是进行基因突变检测的最直接、最准确的方法，可以确定突变的部位及突变的性质。目前应用的快速序列测定技术是 Sanger 等（1977）提出的酶法、Maxam 和 Gilbert（1977）提出的化学降解法及 DNA 自动化测序。

（1）Sanger 双脱氧链末端终止测序法的基本原理　1977 年 Sanger 设计了一种通过 DNA 复制来识别 4 种碱基的方法，进行 DNA 序列测定，即双脱氧链终止法。Sanger 法获得诺贝尔化学奖。

基本原理：双脱氧核苷酸分子的脱氧核糖的 3′ 位置的—OH 缺失，当它与其他正常核苷酸混合在同一个扩增反应体系中时，在 DNA 聚合酶的作用下，虽然它也能够像正常核苷酸一样参与 DNA 合成，以其 5′ 位置的磷酸基与上位脱氧核苷酸的 3′ 位置的—OH 结合，但是，由于它自身 3′ 位置—OH 的缺失，至使下位核苷酸的 5′ 磷酸基无法与之结合。如图 5-26 所示。

（2）Sanger 双脱氧链末端终止法测序过程　基于双脱氧核苷酸的这种特性，Sanger 于 1977 年建立了以双脱氧链终止法为基础来测定 DNA 序列的方法。该方法以待测单

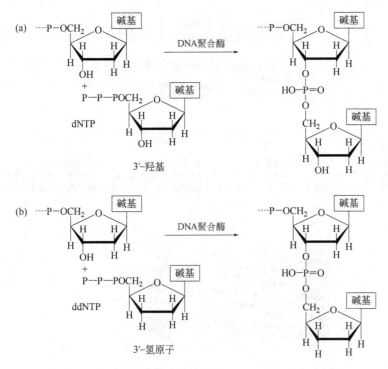

图 5-26 双脱氧核苷酸（ddNTP）分子的结构及 DNA 链合成终止反应
(a) 正常的 DNA 合成反应；(b) ddNTP 掺入到 DNA 合成反应后导致反应终止

链或双链 DNA 为模板，使用能与 DNA 模板结合的一段寡核苷酸为引物，在 DNA 聚合酶的催化作用下合成新的 DNA 链。正常情况下 DNA 聚合酶催化反应在其反应体系中只含有四种脱氧核苷酸（dATP、dTTP、dCTP 和 dGTP），合成与模板 DNA 互补的新链。当这个反应体系中加入了一种放射性同位素^{32}P 或^{35}S 标记的双脱氧核苷酸（＊-ddATP 或 ＊-ddTTP 或 ＊-ddCTP 或 ＊-ddGTP）后，在 DNA 合成过程中，标记的＊-ddNTP（例如 ＊-ddATP）将与相应的 dNTP（例如 dATP）竞争掺入到新合成的 DNA 互补链中。如果是 dNTP 掺入其中，DNA 互补链则将继续延伸下去；如果是＊ddNTP 掺入其中，DNA 互补链的合成则到此终止。在第一个反应物中，ddATP 会随机地代替 dATP 参加反应，一旦 ddATP 加入了新合成的 DNA 链，由于其 3′ 位的羟基变成了氢，所以不能继续延伸，所以第一个反应中所产生的 DNA 链都是到 A 就终止了；同理第二个反应产生的都是以 T 结尾的，第三个反应的都以 C 结尾，第四个反应的都以 G 结尾，电泳后就可以读出序列。而双脱氧核苷酸的掺入是随机的，故各个新生 DNA 片段的长度互不相同。制得的四组混合物全部平行地点加在变性聚丙烯酰胺凝胶电泳板上进行电泳，每组制品中的各个组分将按其链长的不同得到分离，从而制得相应的放射自显影图谱，见图 5-27。从所得图谱即可直接读得 DNA 的碱基序列。

第一个反应中所产生的 DNA 链都是到 A 就终止了；同理，第二个反应产生的都是以 T 结尾的，第三个反应的都以 C 结尾，第四个反应的都以 G 结尾，电泳后按 1、2、3、4……12 就可以读出序列了。例：-ATGTCAGTCCAG-。

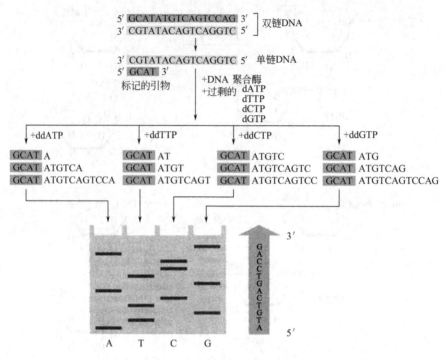

图 5-27　双脱氧链终止法测序原理示意

在第一个反应系统中产生的都是以 A 结尾的片段：A，ATGTCA，ATGTCAGTC-CA；

在第二个反应中产生的都是以 T 结尾的片段：AT，ATGT，ATGTCAGT；

在第三个反应中产生的都是以 C 结尾的片段：ATGTC，ATGTCAGTC，ATGT-CAGTCC；

在第四个反应中产生的都是以 G 结尾的片段：ATG，ATGTCAG，ATGT-CAGTCCAG。

电泳时按分子量大小排列，A 反应的片段长度为 1、6 和 11 个碱基。

T 反应的片段长度为 2、4 和 8 个碱基。

C 反应的片段长度为 5、9 和 10 个碱基。

G 反应的片段长度为 3、7 和 12 个碱基。

（3）Sanger 双脱氧链末端终止测序法所需的关键试剂　通常 DNA 的复制需要 DNA 聚合酶、纯单链 DNA 模板、带有 3′-OH 末端的单链寡核苷酸引物以及 4 种 dNTP（dATP、dGTP、dTTP 和 dCTP）和 ddNTP，反应原理如图 5-28 所示。

① 引物　通常由 20～23 个碱基构成，G＋C＝12，A＋T＝8～11，T_m＝60～68℃，避免形成引物二聚体或形成发夹样结构；可以购买通用引物或实验室合成 20～23bp 长度的引物，通常以 2μg/mL 的浓度储存于 −20℃ 备用。

② 模板　所需模板及其获得方法：单链 DNA 可以由双链 DNA 完全变性得到，简单地说，将反应体系加热至 95℃ 即可得到。

③ DNA 聚合酶　能进行常规 PCR 反应的聚合酶即可。

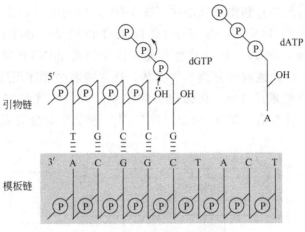

图 5-28　DNA 合成反应原理

④ dNTP 与 ddNTP　dNTP 为脱氧核苷酸，购买之后要分装成小包装，避免反复冻融。ddNTP 为 $2'$,$3'$-双脱氧核苷三磷酸，核糖 2 号、3 号 C 上羟基的 O 被脱去，由于它掺入 DNA 后 DNA 的合成就终止了，所以 ddNTP 是用来测序的。

（4）DNA 自动化测序　随着 DNA 序列测定自动化的实现和普及，人工测定已被完全取代。自动化测序的主要原理与人工测序一样，只是用荧光素代替了同位素进行 DNA 的标记，因而采用激光扫描分析可以迅速读出所测序列。目前世界上最先进的 DNA 测序仪有 ABI3700 型、ABI377 型和 ABI310 型全自动测序仪等，每次反应读数不少于 500 个碱基，每天至少可完成 2000 个样品的测序。其中，310 型不仅具有 DNA 测序、PCR 片段分析和定量分析功能，而且实现全部操作自动化，包括自动灌胶、自动进样和自动数据收集分析等。

与链终止法测序原理相同，自动化测序的主要方法有三类：标记终止物 ddNTP

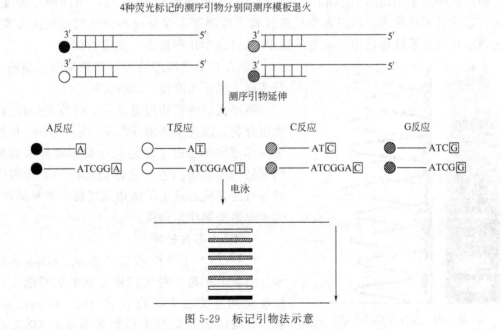

图 5-29　标记引物法示意

法、标记引物法（图 5-29）和循环测序法（图 5-30）。标记终止物 ddNTP 法采用四种荧光染料分别标记 4 种 ddNTP，如 ddATP 标记红色荧光，ddTTP 标记绿色荧光，ddCTP 标记蓝色荧光，ddGTP 标记黄色荧光，由于每种 ddNTP 带有各自特定的荧光颜色，可简化为由 1 个泳道同时判读 4 种碱基。通常的四个测序反应可在一个反应管内完成，操作步骤只是原来的 1/4。在标记引物法中，四种荧光染料分别标记同一种引物，每一种标记的引物对应 ATCG 四个测序反应，测序反应分开做，然后上样时合并在一个泳道内电泳。

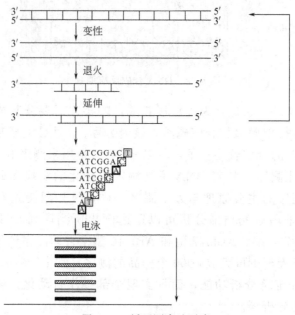

图 5-30　循环测序法示意

　　循环测序法采用耐热的 Ampll Taq FS DNA 聚合酶和 PCR 仪，测序模板经变性、退火、延伸后循环使用，所以很少量模板就可以测序，而且这种方法模板经高温变性，单链模板和双链模板都适用，此外采用 PCR 仪自动化程度高，非常方便。

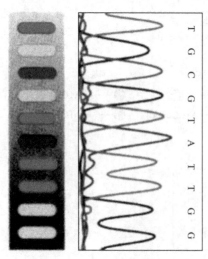

图 5-31　测序反应终产物

　　DNA 自动化测序特点：结果清晰、准确、分辨率高；测序速度快，200bp/h。

　　测序反应终产物经电泳后，经荧光扫描检测，数据分析，便可得到测序结果（图 5-31）。传统的单一标记测序法由于泳道间迁移率差异从而影响测序精确度，而四色荧光标记法使一个泳道测序成为可能，从而避免了泳道间迁移率差异的影响，大大提高了测序精确度。

5. DNA 芯片技术

　　（1）DNA 芯片技术基本原理　　DNA 芯片技术，实际上就是一种大规模集成的固相杂交，是指在固相支持物上原位合成（in situ synthesis）寡核苷酸或者直接将大量预先制备的 DNA 探针以显微打印的方式有序地固化于支持物表面，然后与标记的样品杂交。通过对杂交信号的检测分析，得出样品的遗传信息（基因序列及表达的信息）。由于常用计算机硅芯片作为固相支持物，所以称为 DNA 芯片。根据芯片的制备方式可以将其分为两大类：原位合成芯片和 DNA 微集阵列（DNA microarray）。芯片上固定的探针除了 DNA，也可以是 cDNA、寡核苷酸或来自基因组的基因片段，且这些探针固化于芯片上形成基因探针阵列 DNA 芯片技术。因此，DNA 芯片又被称为基因芯片、cDNA 芯片、寡核苷酸阵列等。

作为新一代基因诊断技术，DNA 芯片的突出特点在于快速、高效、敏感、经济、平行化、自动化等。与传统基因诊断技术相比，DNA 芯片技术具有明显的优势：①基因诊断的速度显著加快，一般可在 30min 内完成，若采用控制电场的方式，杂交时间可缩至 1min 甚至数秒；②检测效率高，每次可同时检测成百上千个基因序列，使检测过程平行化；③基因诊断的成本降低；④芯片的自动化程度显著提高，通过显微加工技术，将核酸样品的分离、扩增、标记及杂交检测等过程显微安排在同一块芯片内部，构建成缩微芯片实验室；⑤因为是全封闭，避免了交叉感染，且通过控制分子杂交的严谨度，使基因诊断的假阳性率、假阴性率显著降低。

（2）DNA 芯片技术应用　DNA 芯片技术在肿瘤基因表达谱差异研究、基因突变、基因测序、基因多态性分析、微生物筛选鉴定、遗传病产前诊断等方面应用广泛。如感染性疾病是由于病原微生物（病毒、细菌、寄生虫等）侵入机体而引起。目前已经获得一些生物的全部基因序列，包括 141 种病毒、几种细菌（流感嗜血杆菌、产甲烷球菌、支原体及实验室常用的大肠杆菌等）和一种真核生物（酿酒酵母），且数量还在增长。因此，将一种或几种病原微生物的全部或部分特异的保守序列集成在一块芯片上，可快速、简便地检测出病原体，从而对疾病作出诊断及鉴别诊断。用 DNA 芯片技术可以快速、简便地搜寻和分析 DNA 多态性，极大地推动法医生物学的发展。比如将个体 SNP 设计在一块 DNA 芯片上，与样品 DNA 杂交，即可鉴定基因的差异。人的体形、长相约与 500 多个基因相关，应用 DNA 芯片原则上可以揭示人的外貌特征、脸形、长相等，这比一般意义的 DNA 指纹谱又进了一步。应用 DNA 芯片还可以在胚胎早期对胎儿进行遗传病相关基因的监测及产前诊断，为人口优生提供有力保证；而且可以全面监测 200 多个与环境影响相关的基因，这对生态、环境控制及人口健康有着重要意义。另外基因芯片在农业、食品监督、司法鉴定等方面都将作出重大贡献。

（3）DNA 芯片技术　DNA 芯片技术包括四个主要步骤：芯片制备、样品制备、杂交反应、信号检测和结果分析。

① 芯片制备　目前制备芯片主要以玻璃片或硅片为载体，采用原位合成和微矩阵的方法将寡核苷酸片段或 cDNA 作为探针按顺序排列在载体上。芯片的制备除了用到微加工工艺外，还需要使用机器人技术，以便能快速、准确地将探针放置到芯片上的指定位置。

② 样品制备　生物样品往往是复杂的生物分子混合体，除少数特殊样品外，一般不能直接与芯片反应，有时样品的量很小。所以，必须将样品进行提取、扩增，获取其中的蛋白质或 DNA、RNA，然后用荧光标记，以提高检测的灵敏度和使用者的安全性。

③ 杂交反应 杂交反应是荧光标记的样品与芯片上的探针进行反应产生一系列信息的过程。选择合适的反应条件能使生物分子间反应处于最佳状况中，减少生物分子之间的错配率。

④ 信号检测和结果分析 杂交反应后的芯片上各个反应点的荧光位置、荧光强弱经过芯片扫描仪和相关软件可以分析图像，将荧光转换成数据，即可以获得有关生物信息。

基因芯片技术发展的最终目标是将从样品制备、杂交反应到信号检测的整个分析过程集成化以获得微型全分析系统（micrototalanalyticalsystem）或称缩微芯片实验室（laboratoryonachip）。使用缩微芯片实验室，就可以在一个封闭的系统内以很短的时间完成从原始样品到获取所需分析结果的全套操作。

（二）基因诊断的理论基础

1. 生物大分子结构和功能

生物功能由结构所决定。生物大分子在表现其生理功能过程中，必须具备特定的空

图 5-32 甲醇脱氢酶 H 亚基的
三维结构飘带图

间立体结构（即三维结构），如图 5-32 所示。现已知道，在 DNA、基因或 RNA 水平，存在各种体现功能的结构域，结构域本身特点和形态及它们所处的空间结构形态都直接影响 DNA、基因或 RNA 的功能发挥。而蛋白质，由于它们是直接体现生理功能的物质，其空间结构对其功能的影响更为直接。因此，蛋白质的空间结构与功能的关系研究是结构分子生物学研究的主体。

2. 基因

基因作为分子生物学研究领域的主要内容之一，将生物化学、遗传学、细胞生物学等多学科融合到一起，成为人们揭示生命奥秘的重要环节。分子生物学的核心内容是从分子水平研究基因和基因的活动，这些活动主要是通过核酸和蛋白质这两类生物大分子的活动来实现的。

3. 遗传信息的复制和表达

把遗传信息从 DNA 传递给 RNA，再由 RNA 决定蛋白质合成，以及遗传信息由 DNA 复制传递给 DNA 的规律，正确地表明了在细胞的生命活动中，核酸和蛋白质这两类生物大分子的联系和分工。

4. 基因表达的调控

分子遗传学基本理论建立者 Jacob 和 Monod 最早提出的操纵元学说，在分子遗传学基本理论建立的 20 世纪 60 年代，主要认识了原核生物基因表达调控的一些规律，20 世纪 70 年代后逐渐认识了真核基因组结构和调控的复杂性。1977 年最先发现猴 SV40

病毒和腺病毒中编码蛋白质的基因序列是不连续的，这种基因内部的间隔区（内含子）在真核基因组中是普遍存在的，揭开了认识真核基因组结构和调控的序幕。1981 年 Cech 等发现四膜虫 rRNA 的自我剪接，从而发现核酶（ribozyme）。20 世纪 80～90 年代，人们逐步认识到真核基因的顺式调控元件与反式转录因子、核酸与蛋白质间的分子识别及相互作用是基因表达调控根本所在。1990 年 Jorgensen 通过转基因影响牵牛花颜色时发现了一个不能解释的现象。1998 年 Andrew Fire 发现 dsRNA 可阻断基因表达，提出了 RNAi。

细胞中的基因并不是同时都在表达，而是有些基因被启动变得有活性，另外一些基因保持沉默而不表达，或是在某些情况下基因的表达活性增加了，有的则减弱了表达活性，在这些深层次的生命现象中存在着基因表达的调控机制。而基因表达的调控体现了两点意义：①适应环境变化，维持细胞增殖、分化；②维持个体生长、发育。

5. 细胞通信与细胞信号转导的分子机制

1957 年 Sutherland 发现 cAMP，1965 年提出第二信使学说，是认识受体介导的细胞信号转导的第一个里程碑。1977 年 Ross 等用重组实验证实 G 蛋白的存在和功能，将 G 蛋白与腺苷酸环化酶的作用相联系起来，深化了对 G 蛋白耦联信号转导途径的认识。20 世纪 70 年代中期以后，癌基因和抑癌基因的发现、蛋白酪氨酸激酶的发现及其结构与功能的研究、各种受体蛋白基因的克隆和结构功能的探索等。目前对某些细胞中的一些信号转导途径已经有初步认识，尤其是在免疫活性细胞对抗原的识别及其活化信号的传递途径方面和细胞增殖控制方面等都形成了一些基本的概念。

基因表达差异是细胞分化的分子基础，分化和已分化细胞间的协调和统一是由细胞内外的细胞通信途径来完成的。细胞间识别、联络和相互作用的过程称为细胞通信。细胞接受胞外信号分子，将调节信号在胞内传递给靶分子，引起细胞应答的过程称为信号转导。细胞信号转导是研究生物信息流或细胞通信的重要前沿领域，其基本思想已经广泛地深入到生命科学的各个领域，成为解决生命科学许多问题分子机制的核心思路。

6. 基因与疾病

现代医学研究证明，人类疾病都直接或间接地与基因有关。根据基因概念，人类疾病可分为三大类。第一类为单基因病，这类疾病已发现 6000 余种，其主要病因是某一特定基因的结构发生改变，如多指症、白化病、早老症等。第二类为多基因病，这类疾病的发生涉及两个以上基因的结构或表达调控的改变，如高血压、冠心病、糖尿病、哮喘病、骨质疏松症、神经性疾病、原发性癫痫、肿瘤等。第三类为获得性基因病，这类疾病由病原微生物通过感染将其基因入侵到宿主基因引起。现代科学已证明：基因健康，细胞活泼，则人体健康；基因受损，细胞变异，则人患疾病。由此可见，人类基因组蕴涵有人类生、老、病、死的绝大多数遗传信息，破译它将为疾病的诊断、新药物的研制和新疗法的探索带来一场革命。

三、基因诊断技术在临床上的应用

1. 遗传病的基因诊断——血红蛋白病

血红蛋白病是由于血红蛋白合成异常所致的遗传性血液病。习惯上分为异常血红蛋白病和地中海贫血两类（如表 5-3 所示）。

（1）异常血红蛋白病　异常血红蛋白病是珠蛋白肽链结构的改变导致主要功能部位氨基酸的置换，影响 Hb 的溶解度、稳定性及生物学功能。分子基础：单碱基替代、缺失、插入等。

（2）地中海贫血（α-地中海贫血和β-地中海贫血）　地中海贫血是珠蛋白合成速率降低，导致链和非链合成的不平衡，多余的珠蛋白链沉积在 Rbc 膜上，从而改变了膜的通透性和硬度，导致溶血性贫血，α-地中海贫血以产前的诊断为主。β-地中海贫血在每一民族或群体中有特定突变类型谱，中国人主要突变类型有 6 种。

表 5-3　血红蛋白病的基因诊断

诊断要求	异常血红蛋白病	α-地中海贫血（α-珠蛋白合成）	β-地中海贫血（β-珠蛋白合成）
分子基础	Hbβ 链 121 密码单个碱基替代：GAA(Glu)→CAA(Gln)→改变了 $EcoR$Ⅰ一个识别位点	大多数是 α-珠蛋白基因缺失所致	点突变、缺失或插入往往不涉及限制酶识别位点
DNA 诊断	PCR 扩增（β-珠蛋白第 3 个外显子和基因 3′端 DNA 序列，全长 144bp），$EcoR$Ⅰ酶切电泳分析	液体分子杂交 C1 限制酶谱分析，或 PCR 扩增电泳分析	PCR/ASO 探针法（主要方法）
结果	正常对照 40/104bp 两个片段，HbPuN Job 144bp，40/104bp 两种类型杂合子[同理扩增 β-珠蛋白 DNA 片段 MnlⅠ酶谱分析诊断 HbE(β26 Glu→Lys)]	正常对照有正常杂交信号（C1），酶切片段不缺（C2），PCR 产物有（C3）。α-地中海贫血与正常结果反之	PCR/RFLP 连锁分析法
RNA 诊断	异常 Hb 病人 mRNA 的 RT-PCR 产物测序知编码区碱基变化,推导相应氨基酸变化	RT-PCR 介导的 α-珠蛋白 mRNA 定量	①PCR 介导的 mRNA 定量法 ②mRNA 的剪切缺陷检测（自学）

2. 多基因常见病的预测性诊断

肿瘤是一类多基因病，其发展过程复杂，临床表现多样，涉及多个基因的变化并与多种因素有关，因而相对于感染性疾病及单基因遗传病来说，肿瘤的基因诊断难度要大得多。但肿瘤的发生和发展从根本上离不开基因的变化，所以基因诊断在肿瘤疾病中也会有广阔的前景。其重要表现有以下几方面：①肿瘤的早期诊断及鉴别诊断；②肿瘤的分级、分期及预后的判断；③微小病灶、转移灶及血中残留癌细胞的识别检测；④肿瘤治疗效果的评价。另外检查癌基因的变化不但有助于对肿瘤的诊断和预后，在判断手术中肿瘤切除是否彻底、有无周围淋巴结转移方面也很有优势。在白血病诊断方面，PCR 阳性诊断结果可比传统的细胞学方法及临床症状出现早 5～8 个月，可检出 1×10^6 个有核细胞中的一个白血病细胞，在白血病的早期诊断、早期治疗及临床化疗后残留白血病的监测方面有着其他方法无可比拟的特异性和敏感性。

3. 传染病原体的检测

基因诊断具有高度的敏感性和特异性，且简便、快捷，因此在病毒、细菌、支原体、衣原体、立克次体及寄生虫感染诊断中得到了广泛应用。①人乳头瘤病毒（HPV）的检测：HPV 双链 DNA 病毒难以用传统病毒培养和血清学技术检测，用核酸杂交、PCR 等基因诊断方法则可迅速准确地检出 HPV 感染并同时进行分型。②肝炎病毒的检测：乙型肝炎病毒（HBV）的血清学检测方法已广泛地应用于临床，但其测定的只是病毒的抗原成分和机体对 HBV 抗原的反应，基因诊断则可直接检测病毒本身，有其独特的优越性。产物检测始终在密闭状态下进行，有效地解决了产物污染这一难题。基因诊断还可检出病毒变异或因机体免疫状态异常等原因不能测出相应抗原和抗体的病毒感染。③结核杆菌的检测：结核病是长期以来严重威胁人类，特别是发展中国家人民生命健康的常见病，传统的实验室诊断依赖痰涂片镜检和结核杆菌的培养与鉴定，但阳性率不高，所需时间长。④基因诊断尚可用于 HIV、人类巨细胞病毒（HCMV）、E 病毒、淋病奈瑟菌、幽门螺杆菌、脑膜炎奈瑟菌、螺旋体及疟原虫、弓形虫等的检测，无不具有灵敏、特异，能反映现行感染的优点。

4. 基因诊断是遗传预防的重要技术手段

（1）遗传筛查和产前诊断　　进行产前诊断要先有遗传咨询和遗传筛查基础。遗传筛查（genetic screening）是监测一个群体，从中检出某些与疾病相关基因型个体，或易患病的个体，以及可使后代有病的基因个体，筛查是为了治疗，例如新生儿筛查，是为了预防或减轻病情。与产前诊断相关的遗传筛查，是为了预防生殖风险而筛查出疾病的杂合子（常染色体显性疾病，可能为症状前患者）。

（2）植入前遗传学诊断　　植入前遗传学诊断（preimplantation genetic diagnosis，PGD）是产前诊断的最早期形式，但与产前诊断不同，PGD 在妊娠发生之前进行，因而避免了选择性流产以及伴随的道德观念的冲突。早在 1965 年 Edwards 等就提出了关于 PGD 的设想。1990 年世界上首例经 PGD 诊断的女婴在英国诞生。此后，PGD 技术迅速发展，进入 20 世纪 90 年代后期，PGD 开始走向普及，目前全世界已进行了大约6000 个 PGD 周期，可诊断约 45 种不同的遗传性疾病。

5. 基因诊断可用于疗效评价和用药指导

人群中对药物的反应性存在着个体差异，致使药物的不良反应难以避免。然而研究表明造成药物作用个体差异的原因之一是由于药物代谢酶类的遗传多态性，也可以理解为个体对某类药物的反应性差异取决于其所有的先天性基因多态性或其单倍体的"遗传素质"，因此通过测定人体的这些基因多态性或其单倍体型可以帮助预测药物代谢情况或疗效的反应，从而制定针对不同个体的药物治疗方案，提高疗效，减少不良反应。

6. DNA 指纹鉴定是法医学个体的核心技术

作为最前沿的刑事生物技术，DNA 分析为法医物证检验提供了科学、可靠和快捷的手段，使物证鉴定从个体排除过渡到了可以作同一认定的水平，DNA 检验能直接认定犯罪，为凶杀案、强奸杀人案、碎尸案、强奸致孕案等重大疑难案件的侦破提供准确可靠的依据。随着 DNA 技术的发展和应用，DNA 标志系统的检测将成为破案的重要手段和途径。此方法作为亲子鉴定已经是非常成熟的，也是国际上公认的最好的一种方法。

第四节　　反义核酸技术

反义核酸技术主要包括反义 RNA 和反义寡核苷酸，可以通过多种机制快速、可预测地调节培养组织或细胞的基因表达，用来快速、有效地筛选新基因及测定基因功能。

一、RNA 干扰技术

天然反义 RNA 广泛存在于原核和真核细胞内，通过与靶基因形成 RNA-RNA 或 RNA-DNA 双螺旋，对基因功能起重要的调节作用。RNA 干扰技术（RNA interference，RNAi）正是利用了反义 RNA 与正链 RNA 形成双链 RNA，特异性抑制靶基因转录后表达这一原理，成为研究转录后调控的有效工具，广泛用于功能基因组学、基因治疗和转录调控机制研究。

1. RNAi 的分子机制

RNAi 发生的基本过程可分为起始阶段和效应阶段。在起始阶段，一种称为 Dicer 的酶以一种 ATP 依赖的方式逐步切割由外源导入或由转基因、病毒感染、转座子的转录产物等各种方式引入的 dsRNA，短的 dsRNA 继而形成有效复合物：RISC、RITS 或 miRNP。RNaseⅢ的 2 个催化中心由 2 个单体酶组成，其核体以反向平行的排列方式与 dsRNA 结合形成 4 个活性中心。中间 2 个未被活化，使得作用中心有一定的距离，因此 Dicer 能将 dsRNA 比较均匀地切成 21～23nt 大小的 siRNA（short/small interference RNA）。Dicer 的结构变化会引起 siRNA 长度的改变，这使得 siRNA 具有种族差异。产生的 siRNA 有 3 大特点：①长度为 21～23nt；②末端有 2nt 未配对碱基；③5′末端磷酸化。在效应阶段，siRNA 参与形成 RNA 诱导的沉默复合物（RNA-induced silencing complex，RISC）。RISC 以 ATP 依赖的方式催化双链 siRNA 解旋，然后利用其内部的单链 siRNA，通过碱基配对识别与之互补的靶 RNA，随后，RISC 中的核酸内切酶在距离 siRNA 3′端 12 个碱基的位置切割靶 RNA，最后，切割后的靶 RNA 在核酸外切酶的作用下被降解掉，导致目的基因的沉默。

2. RNAi 技术的特点

RNAi 技术具有一些重要特点。①高度特异性。由于 RNAi 往往是与目的 RNA 序列互补，它只降解与之序列相应的单个内源基因，siRNA 除正义链上 3′端的两个碱基在序列识别上不起作用外，其他碱基中任何一个改变都可能引起 RNAi 效应失效，这就决定 RNAi 具有高度的特异性。②放大性。在 RdRP 酶的作用下，一个单链模板可以产生新的 dsRNA，新 dsRNA 在 Dicer 酶催化下生成更多的 siRNA，最终放大沉默作用。③高效性。RNAi 对基因抑制的效率要比反义 RNA 表达技术高 10 倍左右。④遗传性。低等真核生物中的 RNAi 信号可以持续数代，在高等真核生物中却只能持续 1～2 代，但不难推测它也有可能持续数代。因为 RNAi 引导和控制的组蛋白修饰及异染色质状态是可以遗传的；病毒携带和继承了能够引起寄主相应基因编码 miRNA 的序列；许多生命体的基因组内存在着大量的非编码蛋白序列，但它们具体的功能目前还不清楚。⑤不对称性。指 RISC 在装配过程中的不对称性，这是 RNA 干扰作用中一个关键性的步骤，RISC 可以调控目标 RNA 的降解，但是 siRNA 的两条链并不都能组装成 RISC 复合体，这取决于 siRNA 两条链 5′端碱基对所具有的特征。⑥扩散性。指沉默信号可以沿其同源的 DNA 序列向该目的基因的非同源区域扩散，或指沉默信号从一个已经发生沉默的细胞转移到新的细胞。

3. RNAi 操作的基本程序

以植物细胞工程中应用的 RNAi 技术为例，过程可以分成以下几个环节：①确定目的基因；②设计 RNAi 序列；③获得 RNAi 产物；④RNAi 转染；⑤检测 RNAi 的作用效果（图 5-33）。其中又以 siRNA 分子设计和 siRNA 表达载体构建最为关键。

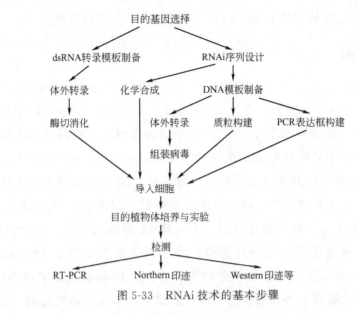

图 5-33　RNAi 技术的基本步骤

目前，虽然已有许多 siRNA 设计和筛选的原则作为普遍性的指导，但它们不能保证每一个获得的 siRNA 都起作用。一般情况下需要遵循以下几点基本原则：①确保 siRNA 分子的特异性；②GC 含量大于 70% 或小于 30%；③避开 mRNA 的一些区域，如 5′-UTR 和 3′-UTR，此部位可能是一些结构蛋白的结合区域；④注意 siRNA 分子自身的碱基组成及其结构特点等。

通常合成 siRNA 的方法有以下几种。①化学合成法：适用于已经找到最有效的 dsRNA 的情况及需要大量 siRNA 进行研究，自动化程度最高。缺点是价格高，定制周期长。②体外转录法：与化学合成法相比，该方法的主要优点是转录材料与 DNA 模板都比化学合成 RNA 寡聚物的费用要低得多，而且可用于筛选多种 siRNA。体外转录法的局限性在于大劳动量与低产出，而且并不是所有的序列都可以进行很好的转录。③RNA 酶消化法：将长的 dsRNA 消解成 siRNA，适用于快速研究某一个基因功能缺失的表型。这种方法可以省略检测和筛选的过程，节省了时间和成本，但是有可能引发非特异性的基因沉默。④siRNA 载体法：带有抗生素标记的载体可以在细胞中持续抑制目的基因的表达。适用于已经知道一个有效的 siRNA 的序列，需要维持长时间基因沉默或者用抗生素筛选能表达 siRNA 细胞的情况。⑤PCR 制备的 siRNA 表达框法：这种方法有利于直接转染 PCR 产物，因为它降低了 PCR 导致 siRNA 序列突变的可能，可以作为筛选 siRNA 的有效工具。如果 PCR 两端添加酶切位点，筛选出有效的 siRNA 后可直接克隆到载体，构成 siRNA 表达载体。

siRNA 分子产物获得后，下一步是构建 siRNA 表达载体。为了提高效率，应结合实验材料采取不同的启动子来构建表达载体。构建 siRNA 表达载体应注意的问题是：载体设计过程中，启动子和内含子序列及结构特征是首先应考虑的；靶基因反向重复片段的长度和位置的选择、启动密码子和终止密码子上下游序列及翻译起始位点序列都将影响基因沉默的效率和效果。表达载体完成后，导入目的材料。在植物 RNAi 实验中，常选用根瘤农杆菌介导转化。最后检测 RNAi 作用的效果，常采用 Northern 印迹、RT-PCR 和 Western 印迹等从植物的 RNA 水平及蛋白质水平进行检测。

二、反义寡核苷酸

反义寡核苷酸主要通过 RNase H 介导的机制抑制基因表达。RNase H 是一种降解 RNA-DNA 杂交链中 RNA 的酶，产生 5′-磷酸和 3′-OH 端。RNase H 酶切产物因缺少 5′端帽和 3′端 poly A 尾而被细胞中的 5′和 3′外切酶降解。这种高效的方法已被广泛用于含有反义寡核苷酸序列样的靶基因的下调（down regulation）。实际上，这种技术对于鉴定 mRNA 中的有效靶基因在某种程度上靠经验，因为许多靶基因不能显示最佳活性。可以通过增加反义寡核苷酸的种类克服这种局限，如在 96 孔板上进行 PCR 后，同时使用 80 种以上的反义寡核苷酸进行同一个 mRNA 表达的研究。整个过程仅用 4～5 天。因此，这是一种高通量的基因功能检定方法。化学修饰如 2′-甲氧基乙基化（2′-MOE）可降低细胞中核酸酶对寡核苷酸的降解作用，因而得到越来越多的研究应用。反义寡核苷酸技术已被用于多种系统的基因功能研究，如蛋白磷酸化酶、细胞周期蛋白依赖性蛋白激酶抑制剂、凋亡蛋白抑制剂和抗凋亡蛋白。反义技术广泛用于体内外模型中靶基因功能的验证，可部分替代基因敲除技术。

现代分子生物学技术的不断创新为新基因的筛选提供了越来越多便捷和可行的策略。新基因克隆技术还在不断地发展完善过程中，实验者应根据自身的需要进行选择性使用，或创建具有自身特殊的新方法。越来越多的新基因也将被发现和鉴定，这将为各种疾病的基因诊断和治疗提供特异的靶基因。

第五节　　基因敲除技术

基因敲除技术是在 20 世纪 80 年代后期应用 DNA 同源重组原理发展起来的。ES 细胞分离和体外培养的成功及哺乳动物细胞中同源重组的存在奠定了基因敲除的技术基础和理论基础。

一、基本原理

基因敲除又称为基因打靶，是指从分子水平上将一个基因去除或替代，然后从整体观察实验材料，推测相应基因功能的实验方法。基因敲除技术是功能基因组学研究的重要工具。其方法如下：构建一个携带选择性标记（通常为抗新霉素基因）的打靶载体，其侧翼是与基因组中靶基因同源的序列，将载体以转染方式导入一个胚胎干细胞系。定向插入的选择标记使目的基因突变，突变后的基因与野生型序列同源重组、交叉互换。接着，将打靶成功的胚胎干细胞系注入成纤维细胞中，最后发育成为各种种系的动物组织。

二、基因敲除技术的操作程序

基于正负双向筛选（positive and negative selection，PNS）策略的传统方法的基因敲除需要满足以下要求：①提取基因组用于构建载体；②需要位于打靶区两翼的具有特异性和足够长度的同源片段，并便于用其作为探针用 Southern 印迹证实；③neo 基因的整合；④同源重组区域外侧 tk 基因（胸苷激酶基因）在随机重组时的活性；⑤打靶结构外特异的基因探针；⑥合适的酶切位点，便于用 Southern 印迹证实过程中出现特异大小条带。

基因敲除主要包括下列技术：①构建重组载体；②重组 DNA 转入受体细胞核内；③筛选目的细胞；④转基因动物模型的建立。

1. 基因敲除载体的构建

构建特定基因的敲除载体必须深入了解该基因的结构组成，如组成该基因的核苷酸序列、外显子和内含子数目、特定位点的限制性核酸内切酶的种类以及该基因在染色体上的定位等。

2. 发生同源重组的干细胞的筛选

筛选发生了同源重组的干细胞的方法主要有以下两种。

（1）Southern 杂交　该方法的原理很简单，即用特定的限制性核酸内切酶消化从经过扩增的干细胞中提取的基因组 DNA，用敲除载体为探针，进行 Southern 杂交，因此发生了同源重组的干细胞克隆和随机整合了敲除载体的干细胞克隆的杂交条带有差异。

（2）PCR 扩增　采用在经过改造的载体中插入一小段寡聚核苷酸（约 29bp）序列，该序列正好与基因组基因上的一小段序列组成一对 PCR 引物，这样通过 PCR 扩增产物的大小即可区分同源重组和随机插入。

3. 基因敲除动物模型的建立

筛选发生同源重组的阳性克隆 ES（embryonicstem）细胞，通过核移植法或囊胚腔注射法构建重构胚。再将此重构胚植入假孕母体内，使其发育成个体（基因敲除动物或嵌合体动物）。使用囊胚腔注射法构建重构胚，经胚胎移植后获得的个体是嵌合体动物，则还需要进行嵌合体动物之间交配获得纯合的基因敲除动物后代。基因敲除技术路线如图 5-34。

三、基因敲除技术的应用

通过基因敲除技术可以定点地引入优良基因，提高外源基因的稳定性和表达效率，从而改变动植物的遗传特性，提高动植物的生产性能，增强其抗病力，最终育成满足人们需要的高产、抗病、优质新品种。

基因敲除在 20 世纪 80 年代发展起来后已经应用到许多领域，如建立人类疾病的转基因动物模型（糖尿病转基因小鼠、神经缺损疾病模型等）。这些疾病模型的建立使研究者可以在动物体内进行疾病的研究，研究发育过程中各个基因的功能，研究治疗人类遗传性疾病的途径。

随着分子生物学的发展，多种基因载体的构建方法的发展使基因敲除技术得到了快

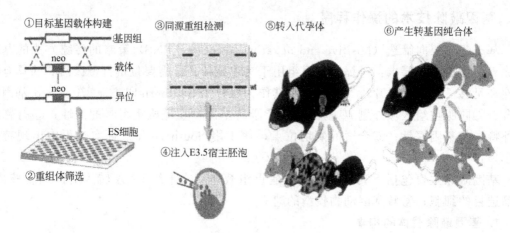

①目标基因载体构建
基因组
neo 载体
neo 异位
ES细胞
②重组体筛选
③同源重组检测
④注入E3.5宿主胚泡
⑤转入代孕体
⑥产生转基因纯合体

图 5-34　基因敲除技术路线

速发展，如将传统载体上的抗性标记基因用荧光基因替代，并结合单细胞的分离技术大大缩短了靶细胞的筛选时间，加快基因敲除的进程。

第六节　分子生物学技术在其他领域的应用

一、基因改造物种（动物、植物、微生物）及其转基因生物食品

1. 基因改造物种

（1）转基因动物　转基因动物是一种个体表达反应系统，代表了当今时代药物生产的最新成就，也是最复杂、最具有广阔前景的生物反应系统。就通过转基因动物家畜来生产基因药物而言，最理想的表达场所是乳腺。因为乳腺是一个外泌器官，乳汁不进入体内循环，不会影响到转基因动物本身的生理代谢反应。从转基因动物的乳汁中获取的基因产物，不但产量高、易提纯，而且表达的蛋白经过充分的修饰加工，具有稳定的生物活性，因此又称为"动物乳腺生物反应器"。所以用转基因牛、羊等家畜的乳腺表达人类所需蛋白基因，就相当于建一座大型制药厂，这种药物工厂显然具有投资少、效益高、无公害等优点。

（2）转基因植物　抗除草剂转基因作物：2000 年全球种植抗除草剂转基因作物的面积达到 3270 万公顷，占总转基因植物种植面积的 72%，其中主要为抗除草剂大豆。作用机理：抗除草剂转基因植物通过导入外源基因，在作物体内表达出特异的酶，以抵抗除草剂的破坏作用，使作物在吸入除草剂后仍能继续生长。作用：降低劳动强度，降低劳动成本。

抗虫转基因作物：2000 年全球种植抗虫转基因作物的面积达到 830 万公顷，占总转基因植物种植面积的 19%，其中以抗虫玉米为主。作用机理：产生杀虫蛋白毒素，防治虫害。

（3）转基因微生物　改善产品的品质，增强抵抗病毒病、真菌病及细菌病的能力。

2. 转基因生物食品

（1）植物性转基因食品　植物性转基因食品很多。例如，面包生产需要高蛋白质含

量的小麦，而目前的小麦品种含蛋白质较低，将高效表达的蛋白基因转入小麦，将会使做成的面包具有更好的焙烤性能。番茄是一种营养丰富、经济价值很高的果蔬，但它不耐储藏。为了解决番茄这类果实的储藏问题，研究者发现，控制植物衰老激素乙烯合成的酶基因，是导致植物衰老的重要基因，如果能够利用基因工程的方法抑制这个基因的表达，那么衰老激素乙烯的生物合成就会得到控制，番茄也就不会容易变软和腐烂了。美国、中国等国家的多位科学家经过努力，已培育出了这样的番茄新品种。

（2）动物性转基因食品　　动物性转基因食品也有很多种类。比如，牛体内转入了人的基因，牛长大后产生的牛乳中含有基因药物，提取后可用于人类疾病的治疗。在猪的基因组中转入人的生长素基因，猪的生长速度增加了一倍，猪肉质量大大提高，现在这样的猪肉已在澳大利亚被请上了餐桌。给动物体转入生长激素基因并带上一个金属硫蛋白基因的启动子，使大量表达生长激素，转基因鲑鱼在同一生长期内平均重量要比普通鲑鱼重 11 倍。

（3）转基因微生物食品　　微生物是转基因最常用的转化材料，所以，转基因微生物比较容易培育，应用也最广泛。例如，生产奶酪的凝乳酶，以往只能从杀死的小牛的胃中才能取出，现在利用转基因微生物已能够使凝乳酶在体外大量产生，避免了小牛的无辜死亡，也降低了生产成本。

（4）转基因特殊食品　　科学家利用生物遗传工程，将普通的蔬菜、水果、粮食等农作物变成能预防疾病的神奇的"疫苗食品"。科学家培育出了一种能预防霍乱的苜蓿植物。用这种苜蓿喂小白鼠，能使小白鼠的抗病能力大大增强。而且这种霍乱抗原能经受胃酸的腐蚀而不被破坏，并能激发人体对霍乱的免疫能力。于是，越来越多的抗病基因正在被转入植物，使人们在品尝鲜果美味的同时，达到防病的目的。

运用基因工程技术，不但可以培养优质、高产、抗性好的农作物及畜、禽新品种，还可以培养出具有特殊用途的动、植物。

二、神奇基因工程分析技术

破解生物的遗传密码，在很多领域都有深远的应用价值。利用生物的 DNA 及基因信息，不仅可以打击犯罪、维护社会正义，而且还可以梳理不同生物间的关系。基因信息还可充当"过去时代的信使"，帮助古人类学家寻根问祖，探索人类的源头。现用几个例子加以说明。

1. 亲子鉴定

1999 年 3 月 12 日，在北京打工的曾凡彬被人骗出屋后，几名犯罪分子持刀闯入曾家抢走其子曾超。后经公安人员侦察，终将被卖到外地的曾超解救回京，孩子被解救回来后，体貌特征已经发生了很大变化。打拐办民警带曾超到北京市公安局法医中心 DNA 实验室抽取血液进行 DNA 检测，在全国丢失儿童父母 DNA 数据库中上网比对，确认了曾超与曾凡彬夫妇 DNA 特征完全吻合，曾超终于回到父母身边。

2. 调查走私

2000 年 5 月，德国警察在一家工厂发现 560 万支走私香烟，但除了发现现场还有一些空酒瓶和烟蒂之外，没有任何走私者线索。但是不久后，警察在这家工厂附近抓获了 3 名形迹可疑的人，这 3 人不承认是走私者。但警方对犯罪现场酒瓶和烟蒂上唾液

DNA 检测表明，那些东西就是这 3 人留下的，这 3 人不得已承认了自己的罪行。

3. 鉴别文物

新西兰艺术品商人托尼·马丁为证明其获得的法国 19 世纪印象派画家高更的一些作品是真品四处奔走，其中一个发现使马丁兴奋不已。他发现这些作品中有一幅油画上粘着 4 根毛发，这些毛发很可能就是高更本人的，由此马丁决定将这些毛发与高更的曾孙女玛利亚的头发进行 DNA 测试，以验证他的观点，结果测试证明了他的猜想。

4. 探索起源

中国医学科学院医学生物学所所长褚嘉佑等人利用微卫星探针系统研究了遍及中国的 28 个群体以及五大洲民族群体间的遗传关系后发现，现代亚洲人基因遗传物质的原始成分与非洲人类相同。基因分析表明：非洲人进入中国大陆后，可能是由于长江天堑阻断，只有少数人到了北方，因此北方人之间的差异较南方人小得多。对此持不同看法的科学家认为：基因检测推断人类起源只是看问题的一个角度，它只能提供间接的证据，仍然属于推测。

三、分子生物学与环境保护

治理破坏环境生态的各种污染，已成为世界各国普遍关注并努力攻克的热点问题。最近 20 年间，以核酸技术为主要内容的分子生物学技术的广泛应用，在揭示生物多样性的研究中提供了新的方法论，开拓了分子生物学与环境科学交叉领域。

1. 环境检测

污染环境微生物种群动态的分析：在微生物系统分析中，16S rRNA：DNA 的比率是检测复杂的微生物种群特定成员代谢活动的有效参数。核酸可以通过以专一性和通用型探针分别与直接从微生物样品中分离的总核苷酸进行杂交，可获得相对于总 16S rRNA 的特定 16S rRNA 数量，其相对丰度可以用与专一性探针和通用型探针杂交的残余放射性强度之比来表示。在稳定的条件下，某种微生物的 RNA：DNA 的比率与其生长率呈正相关。利用定量点渍杂交求 RNA：DNA 的比率时，具有很低丰度的 rRNA 序列也可以被定量，但由于不同种生物细胞内有不同数量的核糖体，甚至同一种细胞内在不同时期核糖体数目也不同，所以 rRNA 的丰度不能直接用于表示某类微生物细胞数的多少，但可以代表特定种群的相对生理活性，这对研究生态系统功能多样性有重要的意义。1t 水中只有 10 个病毒也能被 DNA 探针检测出来。

2. 环境治理

在自然界中存在大量可挖掘和利用的具有抗逆性、高降解能力等优异基因的微生物资源，但通过传统的方法却不能分离甚至检测，在分子生物学研究领域可以克服技术上的障碍，检测更多的微生物种群，并可在分子水平对其生态功能进行分析、操作。近年来，已经发现了许多降解脂肪烃、芳香烃、多环芳烃以及它们的氧化产物、萜烯、生物碱、氯代芳烃和多氯联苯的质粒基因，其中大多来自假单胞菌属等。微生物分子生态学技术及其在环境污染研究中应用假单胞菌属、脱氮产碱杆菌或富营养产碱杆菌、红球菌的菌株，还有分枝杆菌属的多个种。进一步通过基因工程操作将某些不同生物体中控制有用的生物降解途径或酶的微生物异化代谢基因带到同一寄主中，按照设计的生物代谢途径运行，以实现对环境污染物或特定毒物的降解，从而显著地或彻底地改善微生物在污染环境修复中的功能。利用基因工程培育的"指示生物"能十分灵敏地反映环境污染的情况，却不易因环境污染而大量死亡，甚至还可以吸收和转化污染物。

【课后思考】

一、名词解释

DNA 印迹法；基因工程药物；PCR

二、单项选择题

1. 1976 年简悦威采用液相 DNA 分子杂交技术在世界上首次完成了（　　）。

A. α-地中海贫血的基因诊断　　　　B. β-地中海贫血的基因诊断

C. 血红蛋白病 M 的基因诊断　　　　D. 疟原虫的基因诊断

2. 基因诊断是在基因水平上对疾病或人体的状态进行诊断，它包括（　　）。

A. 血清学诊断　　B. 生化学诊断　　C. 产前诊断　　D. 病理学诊断

3. 在核酸分子杂交的基因分析方法中，最经典的是（　　）。

A. Northern 印迹　　B. Western 印迹　　C. dot 印迹　　D. Southern 印迹

4. 聚合酶链反应（PCR）又称为基因体外扩增，它与基因体内扩增不同的是（　　）。

A. 反应体系模板不同　　　　　　　B. 聚合酶辅基不同

C. 聚合反应方向不同　　　　　　　D. 反应体系所需温度差异

5. 基因芯片的实质是一种（　　）。

A. 高密度的单克隆抗体列阵　　　　B. 高密度的多肽列阵

C. 高密度的核酸列阵　　　　　　　D. 高密度寡核苷酸列阵

三、多项选择题

1. 人类疾病的发生常常涉及（　　）。

A. 内源基因的突变　　　　　　　　B. 外源基因的入侵

C. 基因重组　　　　　　　　　　　D. 姐妹染色体交换

2. 机体对外源性病原体入侵的防御体现在（　　）。

A. 整体水平　　B. 细胞水平　　C. 分子水平　　D. 基因水平

3. 基因诊断的目的是为了（　　）。

A. 确诊相应的疾病　　　　　　　　B. 得出相应的结论

C. 作为防治疾病的依据　　　　　　D. 开展基因治疗

4. 从基因诊断的发展史来看，具有代表性的分子生物学技术有（　　）。

A. 核酸分子杂交　　　　　　　　　B. PCR

C. DNA 芯片技术　　　　　　　　　D. 限制性酶切图谱分析技术

5. 基因诊断的技术和方法按原理大致可分为（　　）。

A. DNA 探针技术　　　　　　　　　B. PCR 技术

C. DNA 探针和 PCR 结合的技术　　　D. DNA 测序技术

6. 基因诊断的途径有（　　）。

A. 直接探测基因结构是否存在突变

B. 检测基因转录产物 mRNA 是否表达异常

C. 检测基因表达产物蛋白质结构的变化

D. 根据临床诊断的初步结论进行基因诊断

四、简答题

1. 简述基因诊断的基本途径。

2. 简述基因诊断的基本技术和方法。

3. 简述基因工程制药的原理。

五、论述题

1. 基因诊断的概念界定了哪些方面内容?

2. 目前,基因工程药物研制的最新发展有哪些?

第六章

分子生物实验技术

【知识目标】

1. 学会分子生物的一般操作技术，具体包括 DNA 提取、PCR 扩增、目的基因纯化和连接、感受态菌的制备及转化、转化克隆的筛选和鉴定。

2. 掌握分子生物学研究的基本实验技能，如试剂配制、实验仪器及设备使用、琼脂糖凝胶电泳等技术。

【能力目标】

1. 培养科学研究能力，提高动手能力、分析问题及解决问题的能力以及创新性思维。

2. 能够科学运用分子生物技术，体会和感受分子生物技术给人类生活带来的变化。

从古代到现代，人类对生命的探索从来没有间断过。从杂交育种到基因工程，可以看到，生物技术拥有巨大的发展空间。传统的生物技术在人们的生活中随处可见。现代分子生物技术原来也并不神秘，从生物制药、转基因蔬菜、人工授精、克隆羊、克隆牛到人类基因组计划（Human Genome Project，HGP）的提出和完成，分子生物技术以空前的力度正在改变人们的疾病观、健康观、生命观，给人类生活带来巨大变化；21 世纪的生物学将是生物学范围内所有学科在分子水平上的统一。分子生物技术以其实验条件便于控制、实验稳定、重复性好、实验周期短、仪器试剂（包括各类试剂盒）发展快、手段丰富、国际研究普遍（使新方法、新技术层出不穷）、研究积累快、参考文献丰富，可以观察人体不同组织的细胞、分子（强于动物实验），给应用分子生物方法技术研究创造了绝佳的条件，同时也揭示和开拓出生命科学广大的未知领域。

第一节　生物安全实验室常识

生物实验室存在多少危险？分子生物实验对操作人员会造成怎样的危害？实验室工程菌外流对环境的影响有多少？这些平时并不引起注意的隐患也许会给操作人员自身健康或者环境带来长远的影响。

一、生物安全实验室的设施和设备要求

（1）实验室设施　是指实验室在建筑上的结构特征，如实验室的布局、送排风系统等。

（2）实验室设备　特指安全设备的配置，如生物安全柜的选择和安装、高压灭菌器的型别、离心机安全罩等。

（3）生物安全实验室　简称 BSL 实验室，指能够避免或控制被操作的有害生物因子危险的实验室。通过规范的实验室设计、实验设备的配置、个人防护装备的使用等建造的实验室。

（4）生物安全实验室的构成

① 硬件：一级防护屏障（安全设备）；二级防护屏障（设施）。

② 软件：实验室管理规程；标准操作程序（Standard Operating Procedure，SOP）。

（5）生物安全防护　是指避免生物危险因子，特别是偶然的和有意利用的生物因子，对生物体包括实验室工作者在内的伤害和对环境污染的意识和措施。实验室生物安全防护分为一级防护（屏障）和二级防护（屏障）。

（6）生物安全柜（BSC）　是直接操作危险性微生物时所用的箱形安全设备，是生物安全实验室必备的装备，保护使用者和环境，保护样品。

按防护水平生物安全柜分为Ⅰ级、Ⅱ级、Ⅲ级，Ⅱ级的又分为 4 种类型（Class ⅡA1、Class ⅡA2、Class ⅡB1 和 Class ⅡB2）。

（7）安全罩　即覆盖在生物医学实验室工作台或仪器设备上的内部空气压力低于环境压力的经 HEPA 滤器过滤的排风罩，以减少对实验室工作者和环境的危害。

（8）围场操作　是指操作有害生物因子时，用物理防护设备把病原微生物局限在一定的空间内，避免生物因子对人体的暴露和污染环境。

（9）气锁和缓冲间　气锁是设置在气压不同的邻近两区之间的气压可调节的密闭小室，作为两区的过渡通道。缓冲间是设在生物安全实验室的清洁区与半污染区之间，或半污染区与污染区之间的类似于气锁的密闭小室，小室的两门互锁。

（10）个人防护装备　用于防止人员受到化学和生物等有害因子伤害的器材和装备。其根本目的是屏蔽生物因子，不与人体发生直接接触。我国在传染病和微生物实验室把个人防护分为三级。

（11）实验室分区　我国把 BSL-3 和 BSL-4 实验室平面布局明确分为："三区二缓"的结构。"三区"是指把实验室分成污染（C）、潜在（半）污染（B）、清洁（A）三个功能区。

① 清洁区　是指在正常情况下不可能有实验因子污染的区域。

② 半污染区　是指在正常情况下只有轻微污染可能的区域。此区的功能是大量的准备工作，例如培养基、细胞、制剂的配制，低温冰箱的放置等。在此工作的人员要做好个人防护，如穿上一层防护服、戴口罩和手套等。

③ 污染区　是指操作实验因子的地方（BSL-3 中心实验室），在操作过程中一定会有污染的区域，有潜在严重污染的可能。

④ 缓冲间　是指在 A 和 B 之间、B 和 C 之间的区域（小室）。缓冲间有送、排风进行净化换气，以保证在人员出入时污染空气不会直接向清洁区扩散或分割到清洁区。其

功能包括空气隔离、更衣换鞋、去污染消毒淋浴。

⑤ 传递窗　在 BSL-3 的 A 和 B、B 和 C 之间各设一个物流通道，以便传递实验物资。它也是两门连锁，并可进行消毒。

二、实验室生物安全防护

1. 基本原则

① 生物实验室主要进行不同危害程度的病原微生物操作，实验室相关感染事故时有发生。

② 实验室的主要感染途径：黏膜接触、食入、吸入、接触感染动物等。

③ 为有效预防实验室感染的发生，所有涉及感染性物质的操作必须在特定等级的生物安全实验室内进行。

2. 生物安全实验室的防护水平

由一级防护屏障（安全设备）和二级防护屏障（实验室设施）的不同组合，构成四级生物安全防护水平。一级为最低级防护水平，四级为最高级防护水平。具有 BSL-3 防护水平的实验室称为生物安全防护实验室；达到 BSL-4 水平的称为高度生物安全防护实验室。

BSL-1　基础实验室

BSL-2　基础实验室

BSL-3　生物安全防护实验室

BSL-4　高度生物安全防护实验室

3. 生物安全实验室安全设备防护原理

① 实验室内所有的污染物，包括废物、废液和使用过的器材、物品，均需消毒灭菌后才能带出实验室——消毒灭菌设备。

② 所有可能产生微生物气溶胶的实验操作，都应将微生物气溶胶限制在一个很小的空间范围内，使操作人员与污染空气隔离开——生物安全柜、安全罩。

第二节　生物安全实验室的特性及安全防护措施

一、生物安全实验室的特性

① 实验室从事采集、处理及保护高浓度、高纯度和强致病力的细菌、病毒等微生物。包括肝炎、脑炎、艾滋病、SARS、流感、鼠疫、霍乱、炭疽的研究。

② 各种因素使意外事件不可避免。自然灾害、设备故障、人为错误。

③ 意外将造成工作人员自身和大面积周边环境的严重危害，甚至对社会公众及环境也会造成危害，引起大众的恐慌。

④ 制定实验室感染应急处置预案，并向主管部门备案。建立应急指挥和处置体系，定期演练。预防为主、常备不懈、及时控制、有效消除。

二、生物实验室事故的历史与现状

新加坡实验人员感染 SARS 病毒事故：2003 年 7 月新加坡国立大学一位研究生在做病毒实验时因安全程序处理不当而感染（该实验室曾保存 SARS 病毒）。

中国台湾实验人员感染 SARS 病毒事故：2003 年 12 月台湾一位实验人员在 P3 实验室做病毒实验时，因清理废弃物操作疏忽，安全程序处理不当而感染病毒。

2004 年，俄罗斯埃博拉病毒，1 名科学家死亡。

中国疾病预防控制中心的 SARS 病毒事故：2004 年 4 月下旬的 SARS 疫情，从安徽医科大学 26 岁的硕士研究生宋某开始，传染给和她有接触的人群。

1. 事故调查

① 硬件条件不具备，在仅有二级生物安全设备的实验室设立更具危险性的病毒实验。

② 实验安全程序不合理，在同一时间处理多种不同活性病毒研究，增加了生物安全方面的复杂程度。

③ 实验人员安全意识不高，多个单位共用设备，人员素质差异很大。

2. 经验教训

① 生物实验室的安全事故难以避免。

② 接触机会较多、传播途径不明、实验条件有限和缺乏足够的个体防护措施是发生事故的重要原因。

③ 实验室人员安全防护意识淡薄也是导致实验室安全事故发生的重要因素。

三、生物实验室安全防护措施

1. 加强实验室的安全设施建设 （图 6-1）

图 6-1　实验室的安全设施

2. 加强实验室工作人员的管理和安全意识教育

① 进入实验室前的教育。

② 生物安全继续教育。

③ 定期组织安全知识考查。

3. 加强实验室的制度建设

（1）建立实验室生物安全手册　方便获取，人手一本，阅读理解，遵照执行。

① 介绍实验室概况，描述生物安全质量方针、目标，编制安全管理手册的目的、编制依据、适用范围并对手册的发布、修订和更新作出规定。

② 实验室安全管理要求。包括管理体系及组织结构、各级管理人员和部门职责、实验室管理制度。

③ 实验室安全技术要求。包括危害评估、健康监护、安全计划审核检查、实验室事件报告、人员培训、内务管理、安全工作行为、各种应急预案、样本运送、废弃物处置等。

④ 具体检测项目的生物危害评估报告，实验操作技术规程等。

（2）建立实验室内务制度

① 明显标识生物安全危害警告标志，注明生物安全级别以及管理实验室的责任人姓名，并说明进入该区域的所有特殊条件。

② 明确标识安全出口的标志。

③ 保证工作区域整洁有序。

④ 非实验室工作人员、外来参观人员、进修人员未经许可不得进入实验室。

⑤ 实验室内禁止吸烟、摄食、饮水或其他与实验无关的活动。

⑥ 实验设备维护、运输、修理前进行消毒。

⑦ 实验室应由实验室成员进行清洁，清洁人员需在实验室主管监督下清洁。

（3）建立实验室安全培训制度

① 保证所有实验人员尤其是客座人员、实验室合作人员必须接受培训并经考核合格，持证上岗。

② 新工作人员经过培训，通过考核后，还须与有资格的工作人员一同工作 1 个月，才能获得上岗证。

③ 所有人员每年至少要接受一次新的培训。

④ 对培训内容、考核方式也应作出规定。

⑤ 建立并保存人员培训和考核记录档案。

（4）建立实验室健康检查制度

① 生物安全委员会及实验室主任负责对实验人员实施医务监督。

② 进入实验室前所有人员必须接受体格检查。

③ 以后视情况需要每年体检 1~2 次或不定期进行体检。

第三节　危害实验室安全的因素和应对方案

一、自然灾害

1. 水灾

① 经常发水灾的地方不应该设立生物安全实验室。

② 发生水灾报警时应该立即停止工作，保护菌毒种和相关材料。

③ 实验室进行彻底消毒。

④ 仪器设备消毒转移。

⑤ 水灾后对设备进行清理维修，重新检测合格后才能启用。

2. 火灾

① 对实验室成员进行火灾发生时的应急行动和如何使用消防器材等方面的消防培训。

② 在每个房间、走廊以及过道中应设置显著的火警标志、说明以及紧急通道标志。

③ 实验室中引起火灾通常的原因包括：超负荷用电；电器保养不良，例如电缆的

绝缘层破旧或损坏；供气管或电线过长；仪器设备在不使用时未关闭电源；使用不是专为实验室环境设计的仪器设备；明火；供气管老化锈蚀；易燃、易爆品处理、保存不当；不相容化学品没有正确隔离；在易燃物品和蒸气附近有能产生火花的设备；通风系统不当或不充分。

④ 消防器材应放置在靠近实验室的门边，以及走廊和过道的适当位置。这些器材应包括软管、桶（用于装水和沙子）以及灭火器。灭火器要定期进行检查和维护，使其维持在有效期内。

⑤ 发生火灾时：人员安全撤离；火势小的情况下进行扑灭；消防队员不进入实验室；不用水灭火。

二、设备故障

1. 生物安全柜出现正压

① 立即停止工作，关闭生物安全柜电源。

② 工作人员缓慢撤出安全柜，加强个人防护并对实验房间进行消毒灭菌。

③ 随后迅速撤离实验室并封闭之。

2. 实验室出现正压

① 立即停止工作，启动备用排风机。

② 加强工作人员防护后对实验室进行消毒灭菌。

③ 随后迅速撤离实验室进入缓冲区，消毒，沐浴，换衣换鞋洗手，喷雾消毒后离开。

④ 封锁实验室入口，并表明实验室已污染，防止他人误入。

3. 防护服粘染菌（毒）种或破损

① 立即进行局部消毒，并更换防护服。

② 污染的防护服应用消毒液浸泡后进行高压灭菌处理。

③ 若防护服发生破损，应立即撤出实验室进入缓冲区后进行消毒，并视情况进行隔离观察。

④ 期间根据条件进行适当的预防治疗，并保留完整适当的医疗纪录。

4. 离心管发生破裂

① 离心时发生破裂或怀疑发生破裂，关闭机器电源，让机器密闭至少30min，使气溶胶沉积。离心后发现破裂，立即将盖子盖上，并密闭至少30min。

② 所有破碎的离心管、玻璃碎片、离心桶、十字轴和转子都应消毒。未破损的带盖离心管应放在另一个有消毒剂的容器中，然后回收。

③ 离心机内腔应用适当浓度的同种消毒剂擦拭，用水冲洗并干燥。清理时所使用的全部材料都应按感染性废弃物处理。

④ 在可封闭的离心桶（安全杯）内离心管发生破裂时，所有密封离心桶都应在生物安全柜内装卸。如果怀疑在安全杯内发生破损，应该松开安全杯盖子并将离心桶高压灭菌。

⑤ 预防措施：推荐使用带螺旋口盖子的试管；推荐使用塑料的试管；推荐使用可封闭的离心桶；严格实验规程，定期检查离心机和试管。

三、人为因素

1. 刺伤、切割伤或擦伤

实验室意外事故分类见表 6-1。

表 6-1　实验室意外事故分类

事故类型	10 年间		事故类型	10 年间	
	例数	%		例数	%
针尖刺伤	35	22.4	动物咬伤	14	9.0
液体泼洒	57	36.5	离心管破损	0	0
破碎玻璃刺伤	7	4.5	不明	34	21.8
吸管误吸入嘴	9	5.8	合计	156	100

常见的刺伤意外事故如下。

① 抽血（图 6-2a，图 6-2b）。

 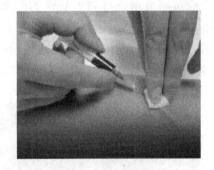

图 6-2a　将血样标本注入试管中　　　　图 6-2b　抽血拔出针头时

② 废弃物处理（图 6-3a，图 6-3b）。废弃物处理是一个极危险的方法！据统计，非安全注射引起的感染中，有 1/3 的人是由处理使用过的注射器引起！

③ 使用后、丢弃前损伤。

a. 拆卸一次性注射器再利用；b. 使用后将针头弄弯或用剪刀剪断；c. 用手移去注射器针头；d. 使用双手重新盖帽用过的针头；e. 运输未盖帽的针头；f. 将针头随意放置在实验台面上。

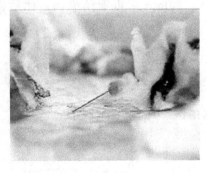 

图 6-3a　收拾实验污物　　　　图 6-3b　使用过的注射器进行浸泡消毒

2. 感染性材料洒溢

（1）感染性材料洒溢后处理程序

① 做好个人防护，戴手套，穿防护服，必要时戴眼罩和护目镜。

② 用布或纸巾覆盖受感染性物质污染或受感染性物质洒溢的破碎物品。

③ 然后在上面倒上消毒剂，通常用5%漂白剂溶液（次氯酸钠），由外向内进行处理。

④ 作用适当时间（30min），将布、纸巾以及破碎物品清理掉；玻璃碎片应用镊子清理。

⑤ 再用消毒剂擦拭污染区域。

⑥ 如果用簸箕清理破碎物，应当对它们进行高压灭菌或放在有效的消毒液内浸泡。用于清理的布、纸巾和抹布等应当放在盛放污染性废弃物的容器内。

⑦ 如果实验表格或其他打印或手写材料被污染，应将这些信息复制，并将原件置于盛放污染性废弃物的容器内。

（2）感染性材料洒溢预防措施（图6-4）

① 严格按照要求进行高致病性病原微生物的包装。

② 推荐使用有螺旋口盖子的试管。

③ 运输前对包装完好情况应该进行仔细检查。

④ 尽量使用不易破碎材料的容器。

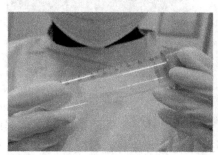

图 6-4 感染性材料洒溢预防

（3）生物安全柜内洒溢

① 量少的　柜内消毒即可。

② 量大的　a. 应立即停止工作；b. 按照前面的原则进行消毒处理；c. 移出柜内物品；d. 打开台面钢板，往下层槽中加入消毒液，30min后将液体吸出，然后将槽内面板擦拭干净后，用清水洗净。

（4）生物安全柜外洒溢

① 立即停止工作。

② 按上述要求处理。

③ 处理完后对实验暴露人员进行一定时间的医疗观察（潜伏期）。

（5）防护服污染

① 立即局部消毒。

② 手部消毒。

③ 脱掉防护服并进行消毒。

④ 换上防护服并对现场进行消毒。

⑤ 对空气污染的应该对实验室进行紫外线消毒后通风。

（6）皮肤黏膜污染

① 停止工作。

② 消毒皮肤污染部位。

③ 清水冲洗。

④ 对污染环境进行消毒处理。

⑤ 暴露人员隔离观察。

3. 潜在感染性物质的食入

（1）常见的感染性物质食入原因

① 在实验室内进食。

② 在实验室内喝水或饮料。

③ 手或笔等直接接触。

④ 污染物质喷洒入口。

⑤ 用口吸移液管、直接开启实验室设备。

（2）常见的感染性物质食入预防措施（图6-5）

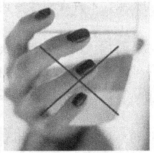

图 6-5　感染性物质食入预防

① 应禁止在实验室进食，包括饮水。

② 禁止在实验室冰箱中存放食物。

③ 禁止用口吸移液管。

④ 禁止用嘴直接开启有潜在感染物质的实验室设备。

4. 易燃液体的储存

实验室经常使用有机溶剂，如甲醇、乙醇、丙酮、氯仿等，而实验室又经常使用电炉等火源，因此极易发生着火事故。

（1）使用易燃液体操作规程

① 严禁在开口容器和密闭体系中用明火加热有机溶剂，只能使用加热套或水浴加热。

② 有机溶剂不得倒入废物桶，只能倒入回收瓶，集中处理。

③ 不得在烘箱内存放、干燥、烘焙有机物。

④ 在有明火的实验台面上不允许放置有机溶剂或倾倒有机溶剂。

（2）预防易燃液体燃爆的措施

① 易燃液体的储存设施是否与主体建筑分开？

② 有无火灾危险的明确标志？

③ 是否有独立于主体建筑物系统的自然通风或机械通风系统？

④ 照明开关是否装有密封盒或安装在室外？

⑤ 室内的照明器材是否密封起来以防止电火花点燃？

⑥ 易燃液体是否保存在采用不可燃性材料制成的适宜的通风容器中？

⑦ 所有容器的标签是否正确描述了所装的物品？

⑧ 在室外但靠近易燃液体储存的地方是否放置了适当的灭火器和/或灭火毯？

⑨ 在储存易燃液体建筑的内外是否有明显的"禁止吸烟"标志？

⑩ 在实验室房间内是否仅储存了最低量的易燃物品？

第四节　分子生物学实验综合规程与实验操作

1. 上课时间提前 5min 进入实验室；不迟到、不早退，无故旷课累计 3 次没成绩。

2. 请假需医院病假条或班主任签字的假条。

3. 上课时需穿实验服，不许在实验室内吃东西，不背着书包做实验，不穿拖鞋进实验室。

4. 实验课期间不许打闹、闲聊等，不大声喧哗，保持课堂纪律。实验过程中，自始至终需全组同学一起完成，任何人中途不得缺席。

5. 必须做到课前认真预习，课间做好实验记录，课后详细总结实验结果并按时提交实验报告。

6. 公用试剂不得污染！每次都必须用新枪头。公用台上公用试剂不得私自拿到自己实验台上。

7. 不得私自拿走或乱放别人的实验物品、实验产品。

8. 不得擅自使用实验室中非本实验仪器、试剂。

9. 实验废液不随便倾倒，随时保持实验台的整洁。

10. 爱护实验器材，实验器材损坏必须按规定赔偿。

11. 实验前按仪器性能与要求，进行仪器预热。

12. 实验完成后检查电源插座，用完仪器后必须复位，仪器清洁干净、摆放整齐；每组实验物品齐全，需教师验收，枪量程要归位，发现问题及时报修。

13. 每位同学负责自己实验台面和柜体的卫生，值日生负责公用实验台、地面等处卫生。

14. 每次轮到打扫卫生的小组，要认真做好值日工作，离开实验室须向教师声明。

15. 同学与老师之间、同学与同学之间、实验班与实验班之间一定要互相协作配合保持公用。

16. 遵守通用的实验室规则。

17. 违反上述任何一条规则责任自负，并要扣分，造成损失要照价赔偿。

实验一 仪器设备简介、操作、实验规范训练及实验准备

【实验目的】

1. 系统回顾分子生物学实验技术的发展。

2. 了解分子生物学——特别是关于分子克隆的实验方法和理论，了解分子生物学实验安全规则和注意事项。

3. 掌握分子生物学实验所用试剂的配制过程。

【实验内容】

1. 分子生物学实验的条件与设施，包括各种仪器设备、房屋设置等。

2. 分子克隆的常规实验方法和理论。

3. 分子生物学实验安全规则和注意事项。

4. 配制近期实验所需要的公共试剂。

【试剂与器材】 氯化钠、氢氧化钠、Tris 碱、琼脂糖、盐酸、酵母提取物、胰蛋白胨、琼脂粉、SDS、EDTA、无水乙醇、95％乙醇、低熔点琼脂糖。

微量移液器、高速台式离心机、PCR 仪、凝胶成像系统、电泳仪、恒温气浴摇床、超净工作台、灭菌锅、37℃培养箱、电子天平、双蒸水器、高压锅、磁力搅拌器、振荡器、−20℃冰箱、制冰机、−70℃冰箱、高温烘箱、离心管、枪头、烧杯、量筒等。

另外，在分子生物实验室需要配备多媒体、实物展示台、音像设施、移动白板等教学设备。

【实验规范训练——微量移液器的操作】

要求：仪器在未经培训前，不得擅自使用，严格按操作规程使用仪器，有些仪器必须有教师在场时才能使用，并由教师操作，违反规定的使用者，造成的后果由使用者承担。

微量移液器是连续可调的、计量和转移液体的专用仪器（实验图 1-1），其装有直接读数容量计。微量移液器有多种规格，在移液器量程范围内能连续调节读数。常见规格：$0.5 \sim 10\mu L$；$10 \sim 100\mu L$；$20 \sim 200\mu L$；$100 \sim 1000\mu L$。

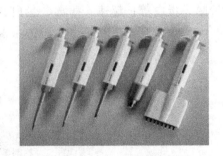

实验图 1-1 微量移液器

1. 量液的操作步骤（实验图 1-2）

① 保持微量移液器垂直，将按钮压至第一停点。

② 微量移液器头尖端浸入溶液，缓慢释放按钮。

③ 保持微量移液器垂直，将微量移液器头与容器壁接触，慢慢压下按钮至第一停点。

④ 压至第二停点把溶液完全释放出。

⑤ 释放按钮回原状。

2. 量液操作注意问题

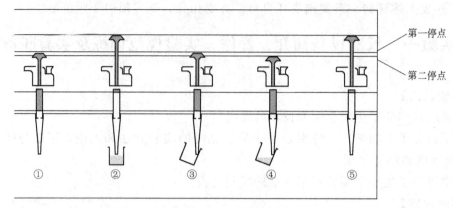

第一停点
第二停点

实验图 1-2　量液的操作步骤

① 未装吸嘴的微量移液器绝对不可用来吸取任何液体。

② 一定要在允许量程范围内设定容量，千万不要将读数的调节超出其适用的刻度范围，否则会造成损坏。

③ 不要横放或倒拿带有残余液体吸嘴的移液器。

④ 不要用大量程的移液器移取小体积样品。

⑤ 移液器使用完后，将刻度调到最大刻度，收藏。

【实验规范训练——台式高速离心机的操作】

1. **离心机的分类**　低速：每分钟几千转；高速：$10000 \sim 30000 \text{r/min}$；超速：$30000 \text{r/min}$ 以上。

2. **离心机的功能**　分离，纯化；基因片段的分离、酶蛋白的沉淀和回收以及其他生物样品的分离制备。实验中都离不开低温离心技术。低速：细胞等大分子；高速：DNA、蛋白等；超速：病毒、蛋白、细胞器等。

3. **台式高速离心机（实验图 1-3）使用步骤**

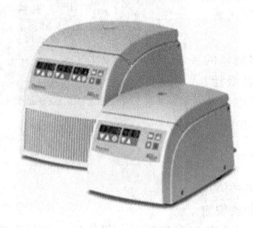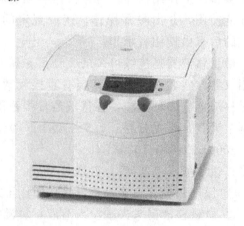

实验图 1-3　台式高速离心机

① 把离心机放置于平面桌或平面台上，检查离心机是否放置平稳。

② 将离心管对称放入转子内，且要事先平衡。

③ 锁紧门盖。

④ 插上电源插座，按下电源开关。

⑤ 设置转子号、转速、时间（常用，最高转速为 13000r/min，时间最长为 20min）。注意：对应的转子不可超速使用，否则对试管或转子有损坏。

⑥ 当转子停转后，打开门盖取出离心管，关断电源开关。

4. 注意事项

① 离心机在运转时，不得移动离心机，不要打开门盖。

② 安放离心机的台面应坚实平整，四只橡胶机脚都应与台面接触和均匀受力，以免产生振动。

③ 离心管加液要平衡，若加液差异过大运转时会产生大的振动，此时应停机检查，使加液符合要求。离心试管必须对称放入。

④ 若运转时有离心试管破裂，会引起较大振动，应立即停机处理。

⑤ 离心机彻底停止后，才可开盖，取样。

【实验规范训练——PCR 仪的操作】

PCR 仪也称 DNA 热循环仪、基因扩增仪，能使一对寡核苷酸引物结合到正负 DNA 链上的靶序列两侧，从而酶促合成拷贝数为百万倍的靶序列 DNA 片段，它的每一循环包括 DNA 变性、复性、延伸三个反应。

PCR 仪（实验图 1-4）主要应用于基础研究和应用研究等许多领域，如基因分析、序列分析、进化分析、临床诊断、法医学等。

实验图 1-4　PCR 仪

1. 操作程序

① 开机：打开电源，显示主界面。

② 创建程序：使用"create"输入新程序（包括 PCR 循环数，预变性、变性、复性、延伸的时间和温度），保存程序（包括用户名和方法名）。

③ 放入样品，盖上盖子。

④ 在所建用户名下按"run"键，找到设定的程序，按"start"键启动程序。

⑤ 运行结束后按"stop"键停止运行，取出样品，关闭电源。

2. 如何设置一个 PCR 程序

① 预变性：可用 94～95℃，2～10min，一般用 5min。

② 变性：一般用 94℃，30s～2min，一般 45s～1min。

③ 退火：温度自定，30s～2min。

④ 延伸：72℃，1kb＝1min，每增加 1kb 加 1min。

⑤ 循环数：一般 25～35 个循环（②③④步循环）。

⑥ 最终延伸：72℃，5～15min。

⑦ 保存：4℃，时间设为 0。

⑧ END。

【实验规范训练——电泳液的操作】

DYY-12 型电脑三恒多用电泳仪见实验图 1-5。

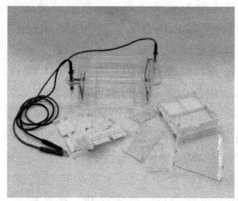

实验图 1-5　DYY-12 型电脑三恒多用电泳仪（北京六一仪器厂）

1. 操作程序

① 电泳槽的两个电极与电泳仪的直流输出端连接（极性不要接反）。

② 打开电源，设置参数（选择稳压、稳流方式及电压、电流范围）。

③ 按"启动"启动程序（输出为高电压，注意安全）。

④ 电泳结束，按"停止"键终止程序。

2. 注意事项

① 电泳仪工作时，禁止人体接触电极、电泳物及其他可能带电部分，也不能到电泳槽内取放东西，以免触电，同时要求仪器有良好接地端，以防漏电。

② 仪器通电后，不要临时增加或拔除输出导线插头，以防短路。

③ 由于不同介质支持物的电阻值不同，电泳所通过的电流量也不同，其泳动速度及泳至终点所需时间也不同，故不同介质支持物的电泳不要同时在同一电泳仪上进行。

④ 使用过程中发现异常现象，如较大噪声、放电或异常气味，必须立即切断电源，进行检修，以免发生意外。

【实验规范训练——恒温气浴摇床的操作】

SHK-99-Ⅱ型台式空气恒温摇床见实验图 1-6。

1. 使用及性能

摇床（振荡器）广泛用于对温度和振荡频率有较高要求的细菌培养、发酵、杂交、生物化学反应以及酶和组织研究等；实验室常用的液体摇匀，微生物、细菌和细胞培养。

2. 操作程序

① 样品瓶牢固放入弹簧夹中。

② 接通电源开关，设定参数（温度、时间、转速等）。

③ 按启动键启动仪器，按暂停键可暂停托盘的旋转。

④ 按下控制面板的电源键 2s，显示屏显示消失，关闭电源总开关。

实验图 1-6　SHK-99-Ⅱ型台式空气恒温摇床

【实验规范训练——超净工作台的操作】

超净工作台（实验图 1-7）由三相电机作鼓风动力，空气通过由特制的微孔泡沫塑料片层叠合组成的"超级滤清器"后吹送出来，形成连续不断的无尘无菌的超净空气层流，即所谓"高效的特殊空气"，能够防止附近空气可能袭扰而引起的污染，同时也不会妨碍采用酒精灯或本生灯对器械等的灼烧消毒。工作人员在这样的无菌条件下操作，可以保持无菌材料在转移接种过程中不受污染。

1. 使用及性能

超净工作台为分子生物学无菌操作提供可能，分为垂直送风和水平送风两种。

2. 操作程序

① 台面清洁消毒。

② 紫外灯灭菌 30min。

③ 进行无菌操作。

④ 清理工作台面。

⑤ 紫外消毒 30min。

⑥ 关闭紫外灯、电源。

实验图 1-7　超净工作台

3. 注意事项

① 工作台面上不要存放不必要的物品，以保持工作区内的洁净气流不受干扰。

② 操作时一定注意关掉紫外灯，防止对实验人员造成伤害。

【实验规范训练——灭菌锅的操作】

灭菌锅见实验图 1-8。

1. 使用及性能

细菌和细胞培养以及核酸等有关实验所用的试剂、器皿及实验用具，应严格灭菌；对于经过导入 DNA 重组分子的菌株，操作后必须进行严格的高压消毒灭活处理。

2. 操作程序

① 开盖：转动手轮，使锅盖离开密封圈，添加蒸馏水刚好没至板上。

② 通电：打开控制面板上电源开关，若水位低则红灯亮。

③ 堆放物品：需包扎的灭菌物品，体积不超过 200mm×100mm×100mm 为宜，各包装之间留有间隙，利于蒸汽穿透，提高灭菌效果。

④ 密封高压锅：推横梁入立柱内，旋转手轮，压紧锅盖。

实验图 1-8　灭菌锅

⑤ 灭菌：121℃ 20min；如为液体，液体必须装在可耐高温的玻璃器皿中，不宜超过 2/3。

⑥ 灭菌结束，所有东西放入干燥箱干燥，排尽水汽。

3. 注意事项

① 如是手动的灭菌锅，灭菌过程中，应注意排净锅内冷空气，否则会影响灭菌效果。

② 灭菌结束后，要等温度降为"0"，才可打开灭菌锅锅盖。

③ 高压蒸汽灭菌时，须保持高温高压，因此须严格按照操作规程操作，否则易发生意外事故。

【实验规范训练——标签】

1. 所用的器皿上一定要做标记。

2. 标签一定要贴到固定的位置。

3. 标签上应包括具体的名称、实验班级、组别、日期等。

【实验规范训练——实验操作】

1. 详细记录和分析实验结果并按时提交实验报告。

2. 实验中一定要处处用心、勤动手，多问为什么。

3. 仔细操作和观察。

4. 保留好每一步的实验样品，在确保不再使用的情况下才能当废液扔掉。

【实验准备】

1. 清点和熟悉常用玻璃器皿、耗材等

2. 洗涤本学期实验用玻璃器皿

3. 配制试剂

① 0.1mol/L $CaCl_2$　100mL

② 5mol/L NaOH　100mL

③ LB 液体培养基　100mL

胰蛋白胨 1g

酵母提取物 0.5g

NaCl 1g

加部分水溶解后，加 20μL 5mol/L NaOH，定容到 100mL。

④ 10%（质量/体积）SDS 储液 50mL，室温保存

⑤ 1mol/L Tris 200mL

⑥ 2mol/L HCl 100mL

⑦ 0.5mol/L EDTA 100mL

80mL 水中加 18.61g EDTA-Na_2·H_2O，用 NaOH 调 pH8（约需 2g NaOH），后定容至 100mL。

⑧ 5×TAE 1000mL

⑨ 70%乙醇 500mL

⑩ 100mg/mL amp 20mL，分装每管 1mL，-20℃保存

4. 高温灭菌

LB 液体培养基；1.5mL 离心管：2 瓶/组；枪头/组：1mL 1 盒，200μL 1 盒；培养皿：12 套/组；无菌水：100mL/班；0.1 mol/L $CaCl_2$。

【问题与思考】

1. 列出分子生物学常用仪器的名称、用途及操作时的注意事项。

2. 本次试验你有哪些收获？

实验二 植物基因组 DNA 的提取

【实验目的】

掌握植物总 DNA 的抽提方法和基本原理。学习根据不同的植物和实验要求设计和改良植物总 DNA 抽提方法。

【实验原理】

通常采用机械研磨的方法破碎植物的组织和细胞，由于植物细胞匀浆含有多种酶类（尤其是氧化酶类），对 DNA 的抽提产生不利的影响，在抽提缓冲液中需加入抗氧化剂或强还原剂（如巯基乙醇）以降低这些酶类的活性。在液氮中研磨，材料易于破碎，并减少研磨过程中各种酶类的作用。

十二烷基肌酸钠、十六烷基三甲基溴化铵（CTAB）、十二烷基硫酸钠（SDS）等离子型表面活性剂能溶解细胞膜和核膜蛋白，使核蛋白解聚，从而使 DNA 得以游离出来。再加入苯酚和氯仿等有机溶剂，能使蛋白质变性，并使抽提液分相，因核酸（DNA、RNA）水溶性很强，经离心后即可从抽提液中除去细胞碎片和大部分蛋白质。上清液中加入无水乙醇使 DNA 沉淀，沉淀 DNA 溶于 TE 溶液中，即得植物总 DNA 溶液。

【试剂与器材】

氯仿-异戊醇（24:1）、2% CTAB 抽提缓冲液、芦荟幼叶。

2％ CTAB 抽提缓冲液：CTAB 4g，NaCl 16.364g，1mol/L Tris-HCl 20mL（pH8.0），0.5mol/L EDTA 8mL，先用 70mL 超纯水溶解，再定容至 200mL 灭菌，冷却后加入 0.2％～1％ 2-巯基乙醇（400μL）。

氯仿-异戊醇（24∶1）：先加 96mL 氯仿，再加 4mL 异戊醇，摇匀即可。

【实验步骤】

1. DNA 的提取

(1) 2％ CTAB 抽提缓冲液在 65℃ 水浴中预热。

(2) 取少量叶片（约 500mg）置于研钵中。

(3) 加入 700μL 2％ CTAB 抽提缓冲液，用力研磨搅动约 10min。

(4) 将磨碎液倒入 1.5mL 的灭菌离心管中，磨碎液的高度约占管的三分之二。

(5) 置于 65℃ 的水浴槽或恒温箱中，每隔 10min 轻轻摇动，40min 后取出。

(6) 冷却 2min 后，加入氯仿-异戊醇（24∶1）至满管，剧烈振荡 2～3min，使两者混合均匀。

(7) 放入离心机中，10000r/min 离心 10min，与此同时，将 600μL 的异丙醇加入另一新的灭菌离心管中。

(8) 10000r/min 离心 1min 后，移液器轻轻地吸取上清液，转入含有异丙醇的离心管内，将离心管慢慢上下摇动 30s，使异丙醇与水层充分混合至能见到 DNA 絮状物。

(9) 10000r/min 离心 1min 后，立即倒掉液体，注意勿将白色 DNA 沉淀倒出，将离心管倒立于铺开的纸巾上。

(10) 60s 后，直立离心管，加入 720μL 的 75％ 乙醇，轻轻转动，用手指弹管尖，使沉淀与管底的 DNA 块状物浮游于液体中。

(11) 放置 30min，使 DNA 块状物的不纯物溶解。

(12) 10000r/min 离心 1min 后，倒掉液体，再加入 800μL 75％ 乙醇，将 DNA 再洗 30min。

(13) 10000r/min 离心 30s 后，立即倒掉液体，将离心管倒立于铺开的纸巾上；数分钟后，直立离心管，干燥 DNA（自然风干或用风筒吹干）。

(14) 加入 50μL 超纯水，使 DNA 溶解。

(15) 置于 −20℃ 保存、备用。

2. DNA 质量检测

琼脂糖电泳检测，原理和方法见实验三。

【注意事项】

1. 叶片磨得越细越好。

2. 移液器的使用。

3. 由于植物细胞中含有大量的 DNA 酶，因此，除在抽提液中加入 EDTA 抑制酶的活性外，第一步的操作应迅速，以免组织解冻，导致细胞裂解，释放出 DNA 酶，使 DNA 降解。

【问题与思考】

1. 本实验中所用到的各试剂（CTAB，氯仿，异丙醇，75％乙醇，EDTA）的作用分别是什么？

2. 提取基因的方法有哪些？各有何优缺点？

实验三　DNA 的琼脂糖凝胶电泳

【实验原理】

DNA 分子在高于等电点的 pH 溶液中带负电荷，在电场中向正极移动。由于糖-磷酸骨架在结构上的重复性质，相同数量碱基的双链 DNA 几乎具有等量的净电荷，因此它们能以同样的速度向正极方向移动。在一定的电场强度下，DNA 分子的迁移速度取决于分子本身的大小和构型，具有不同分子量的 DNA 片段迁移速度不一样，迁移速度与 DNA 分子量的对数值成反比关系。凝胶电泳不仅可分离不同分子量的 DNA，也可以分离分子量相同但构型不同的 DNA 分子。一般提取的质粒有 3 种构型：超螺旋的共价闭合环状质粒 DNA（covalently closed circular DNA，cccDNA）；开环质粒 DNA（open circular DNA，ocDNA），即共价闭合环状质粒 DNA 有一条链断裂；线状质粒 DNA（linear DNA，lDNA），即质粒 DNA 在同一处两条链都发生断裂。由于这 3 种构型的质粒 DNA 分子在凝胶电泳中的迁移率不同，因此通常抽提的质粒在电泳后往往出现 3 条带，其中超螺旋的共价闭合环状质粒 DNA 泳动最快，其次为线状质粒 DNA，最慢的为开环质粒 DNA。

【试剂与器材】

1. 试剂

(1) 50×TAE（50 倍体积的 TAE 储存液）

配 1000mL 50×TAE：

Tris	242g
冰醋酸	57mL
0.5mol/L pH8.0 EDTA	200mL

(2) 凝胶加样缓冲液（6×）

溴酚蓝	0.25％
蔗糖	40％

(3) 琼脂糖

(4) 溴化乙锭（EB）溶液　0.5μg/mL

(5) 250bp DNA 分子量标准

2. 材料　pQE-31 和 pUC18-CAT 质粒。

3. 仪器　恒温培养箱、琼脂糖凝胶电泳系统、小型高速离心机、高压灭菌锅、紫外核酸检测仪。

【实验步骤】

1. 制备琼脂糖凝胶

根据被分离 DNA 的大小，决定凝胶中琼脂糖的含量。可参照实验表 3-1。

实验表 3-1　琼脂糖的用量

琼脂糖凝胶浓度/%	线性 DNA 的有效分离范围/kb	琼脂糖凝胶浓度/%	线性 DNA 的有效分离范围/kb
0.3	5～60	1.2	0.4～6
0.6	1～20	1.5	0.2～4
0.7	0.8～10	2.0	0.1～3
0.9	0.5～7		

实验用 1.2%琼脂糖。称取 1.2g 琼脂糖，放入锥形瓶中，加入 100mL 1×TAE 缓冲液，置微波炉或水浴加热至完全溶化，取出摇匀即可。

2. 胶板的制备

(1) 取干净的有机玻璃内槽，用透明胶带将有机玻璃内槽的两端边缘封好（一定封严，不能留缝隙）。

(2) 将有机玻璃内槽放置于一水平位置，并放好样品梳子。

(3) 将冷到 60℃左右的琼脂糖凝胶液缓缓倒入有机玻璃内槽，直至有机玻璃板上形成一层均匀的胶面（注意不要形成气泡）。

(4) 待胶凝固后，小心地拔出梳子，撕下透明胶带，然后将有机玻璃内槽放在电泳槽内。注意：DNA 样品孔应朝向负电极一端。

(5) 加电泳缓冲液至电泳槽中，加液量要使液面没过胶面 1～1.5mm。

3. 加样

用移液枪将已加入上样缓冲液的 DNA 样品加入加样孔（记录点样顺序及点样量）。

4. 电泳

(1) 接通电泳槽与电泳仪的电源。DNA 的迁移速度与电场强度成正比，一般电场强度不要超过 5V/cm。

(2) 当溴酚蓝染料移动到距凝胶前沿 1～2cm 处，停止电泳。

5. 染色

将电泳后的凝胶浸入溴化乙锭染色液（在 200mL 1×TAE 缓冲液中加两滴 2mg/mL 的溴化乙锭储存液即可），在脱色摇床上缓慢摇动下染色 20～30min。注意：溴化乙锭为致癌物，须戴一次性塑料薄膜手套操作，并小心污染环境。

【实验结果】

在紫外灯（254nm）下观察染色后的电泳凝胶。DNA 存在处应显出橘红色荧光条带（在紫外灯下观察时应戴上防护眼镜，以防紫外线对眼睛的伤害作用）。

【问题与思考】

溴化乙锭染色液的染色原理和缩写是什么？

实验四　植物总 RNA 的提取

【实验目的】

通过本实验学习从植物组织中提取 RNA 的方法。

【实验原理】

RNA 是一类极易降解的分子，要得到完整的 RNA，必须最大限度地抑制提取过程中内源性及外源性核糖核酸酶对 RNA 的降解。高浓度强变性剂异硫氰酸胍可溶解蛋白质，破坏细胞结构，使核蛋白与核酸分离，失活 RNA 酶，所以 RNA 从细胞中释放出来时不被降解。细胞裂解后，除了 RNA，还有 DNA、蛋白质和细胞碎片，通过酚、氯仿等有机溶剂处理得到纯化、均一的总 RNA。

【试剂与器材】

1. 试剂

（1）0.1％ DEPC 水　0.1mL DEPC 加入 100mL 三蒸水中，振摇过夜，再湿热灭菌。

（2）2mol/L NaAc、0.5mol/L EDTA、4mol/L 异硫氰酸胍、4mol/L LiCl 等均用 DEPC 水配制。

（3）RNA 提取试剂盒；逆转录酶 M-MLV；RNA 酶抑制剂；DNase I；*Taq* DNA 聚合酶。

2. 药品　焦碳酸二乙酯（DEPC）、异硫氰酸胍、醋酸钠（NaAc）、氯仿、苯酚、甲醛、乙醇、乙二胺四乙酸（EDTA）、琼脂糖、异丙醇。

3. 仪器　低温离心机、分光光度计、琼脂糖凝胶电泳系统（用前先用 1％ NaOH 溶液浸泡过夜，之后再用 DEPC 水浸泡冲洗）、高压灭菌锅、研钵、剪刀、一次性手套等。

【实验步骤】

1. 提取 RNA 准备工作

（1）对于塑料制品，需做如下处理

①用超纯水配制 0.01％ DEPC 水，将实验所需的离心管、枪头等浸泡其中至过夜。

②小心将以上塑料制品从 DEPC 水中取出，尽量甩掉多余的 DEPC 水。高压蒸汽灭菌至少 30min，以使 DEPC 充分分解。

③将灭菌后的塑料制品在 60～80℃下烘烤约 8h，置于洁净处备用。

（2）对于研钵、玻璃和金属制品，用铝箔封口，180℃烘烤 8h 以上。

（3）将 0.01％ DEPC 水高压灭菌，制成 RNase-free 水，用于溶解 RNA 和配制相关试剂。

（4）微型琼脂糖电泳槽用去污剂仔细清洗，灌满 3％ H_2O_2 溶液浸泡 20min，再用 RNase-free 水彻底清洗，装入无菌一次性手套中备用。

2. 总 RNA 的提取（方案一）

（1）取 1.2g 植物幼叶，放入研钵，在液氮中研磨成粉末状，移入 10mL 离心管，加如下试剂：

4mol/L 异硫氰酸胍	4mL
苯酚	3mL
2mol/L NaAc（pH4.8）	0.3mL
氯仿	0.6mL

混匀，冰浴放置 30min。

（2）4℃，8000r/min，离心 13min。

（3）弃沉淀，取上清液至另一干净无菌离心管中。

（4）加入 2 倍体积无水乙醇，−70℃，0.5h。

（5）4℃，8000r/min，离心 13min。

（6）弃上清液，在沉淀中加入 1mL 4mol/L LiCl，使其溶解。

（7）移入 1.5mL 离心管中，冰浴 2h。

（8）4℃，13000r/min，离心 15min。

（9）弃上清液，在沉淀中加入 400μL DEPC 水，再加入 400μL 氯仿，混匀。

（10）4℃，13000r/min，离心 6min。

（11）取上清液，并加入 1/10 体积 3mol/L NaAc（pH5.0），2 倍体积无水乙醇，−20℃放置 30min。

（12）4℃，13000r/min，离心 20min。

（13）将沉淀 RNA 用 70％乙醇洗涤 2 次。

（14）将沉淀 RNA 室温下稍干燥。

（15）加 30μL DEPC 水溶解，−70℃保存。

3. 总 RNA 的提取（方案二）

利用 TRIzol 提取液抽提 RNA，具体步骤如下：

（1）取幼叶约 250mg 在液氮中研磨至细粉，转入预冷的 1.5mL 离心管。

（2）加入 1mL TRIzol 提取液振荡摇匀。

（3）室温放置 5min 后，加入 0.5mL 的氯仿，剧烈摇动离心管 5min。

（4）在 8℃条件下，12000r/min 离心 15min。

（5）溶液分为两层，下层为酚-氯仿浅红色液层，将上层液体移入干净离心管，加入 0.5mL 异丙醇，在 15～30℃条件下，沉淀 10min。

（6）然后在 2～8℃条件下，12000r/min 离心 10min，RNA 沉淀于管壁和底部。

（7）去掉液体部分，加入 1mL 75％酒精洗 2 次。

（8）风干后，加入 25μL DEPC 水溶解 RNA，储藏于−80℃冰箱备用。

4. RNA 纯度和质量鉴定

（1）检测 RNA 的纯度 取出 10μL RNA 溶液，加入 990μL RNase-free 水稀释至 1mL，同时设 1mL RNase-free 水作为空白对照，用紫外分光光度计分别检测 230nm、260nm、280nm 下相应的光吸收值。

（2）检测 RNA 的完整性 取 0.25μL 和 0.5μL RNA，加 1μL Loading 缓冲液，用 RNase-free 水稀释至 6μL，上样，进行 1％的琼脂糖凝胶电泳，检测 RNA 的完整度。

【注意事项】

1. 在研磨过程中，利用液氮使组织时刻保持冰冻状态。

2. RNA 酶是一类生物活性非常稳定的酶类，除了细胞内源 RNA 酶外，外界环境中均存在 RNA 酶，所以操作时应戴手套，并注意时刻换新手套。

【问题与思考】

实验中所用到的各试剂的作用是什么？如焦碳酸二乙酯、异硫氰酸胍、醋酸钠、氯仿、苯酚、甲醛、乙醇、乙二胺四乙酸（EDTA）、异丙醇等。

实验五 聚合酶链反应基因扩增

【实验目的】

通过本实验学习 PCR 反应的基本原理，掌握 PCR 的基本操作技术以及琼脂糖凝胶电泳技术。

【实验原理】

PCR 用于扩增位于两端已知序列之间的 DNA 区段，即通过引物延伸而进行的重复双向 DNA 合成。

PCR 循环过程中有三种不同的事件发生：①模板变性；②引物退火；③热稳定 DNA 聚合酶进行 DNA 合成。

1. 变性：加热使模板 DNA 在高温下（94～95℃）变性，双链间的氢键断裂而形成两条单链，即变性阶段。

2. 退火：体系温度降至 37～65℃，模板 DNA 与引物按碱基配对原则互补结合，使引物与模板链 3′端结合，形成部分双链 DNA，即退火阶段。

3. 延伸：体系反应温度升至中温 72℃，耐热 DNA 聚合酶以单链 DNA 为模板，在引物的引导下，利用反应混合物中的 4 种脱氧核苷三磷酸（dNTP），按 5′到 3′方向复制出互补 DNA，即引物的延伸阶段。

上述 3 步为一个循环，即高温变性、低温退火、中温延伸 3 个阶段。从理论上讲，每经过一个循环，样本中的 DNA 量应该增加一倍，新形成的链又可成为新一轮循环的模板，经过 25～30 个循环后 DNA 可扩增 10^6～10^9 倍。

典型的 PCR 反应体系由如下组分组成：DNA 模板、反应缓冲液、dNTP、$MgCl_2$、两条合成的 DNA 引物、耐热 Taq DNA 聚合酶。

【试剂与器材】

基因组 DNA，基因特异性引物，PCR 扩增相关试剂等。

【实验步骤】

1. 模板 DNA 的抽提：实验二所得的植物基因组 DNA。

2. PCR 操作（在冰上操作）

（1）PCR 反应混合液的配制：反应体系 $25\mu L$，在无菌的 0.2mL 离心管中按实验表 5-1 操作程序加样。

实验表 5-1 操作程序

反应物	加样顺序	体积/μL	终浓度
ddH_2O	1	$17.3\times n$	
10×缓冲液	2	$2.5\times n$	1×
25mmol/L $MgCl_2$	3	$1.5\times n$	1.5mmol/L
10mmol/L dNTP	4	$0.5\times n$	$200\mu mol/L$
10$\mu mol/L$ 上游引物	5	$1\times n$	$0.4\mu mol/L$
10$\mu mol/L$ 下游引物	6	$1\times n$	$0.4\mu mol/L$
Taq DNA 聚合酶	7	$0.2\times n$	1U

（2）将反应混合液混匀，然后每个 PCR 管中分装 $24\mu L$ 反应混合液，再加 $1\mu L$ 模板 DNA，最后加 1 滴石蜡油，防止水分蒸发，然后稍离心。

（3）将 PCR 管放到 PCR 热循环仪中，按下列程序开始循环：

94℃ 4min（预变性）；94℃ 30s，60℃ 30s，72℃ 2min；72℃ 7min

35 个循环

3. PCR 产物的检测

琼脂糖浓度（1.2%）；EB 浓度（$5\mu L/100mL$ TBE）。

【注意事项】

由于 PCR 灵敏度非常高，所以应当采取措施以防反应混合物受痕量 DNA 的污染。

1. 所有与 PCR 有关的试剂，只作 PCR 实验用，而不挪作他用。

2. 操作中所用的 PCR 管、离心管、吸管头等都只能一次性使用。

3. 每加一种反应物，应换新的枪头。

【问题与思考】

1. PCR 反应液中主要成分是哪些？在 PCR 反应过程中各起什么作用？

2. 为什么在 PCR 反应过程中，使用三个不同的温度变化？

3. 用 PCR 扩增目的基因，要想得到特异性产物需注意哪些事项？

实验六　聚丙烯酰胺凝胶电泳（PCR 差异显示片段的回收）

【实验目的】

1. 掌握聚丙烯酰胺凝胶电泳的原理。

2. 熟悉聚丙烯酰胺凝胶电泳的操作过程。

3. 了解聚丙烯酰胺凝胶电泳的特点和应用范围。

【实验原理】

聚丙烯酰胺凝胶是由丙烯酰胺（简称 Acr）和交联剂亚甲基双丙烯酰胺（简称 Bis）在催化剂的作用下，聚合交联而成的含有酰胺基团侧链的脂肪族大分子化合物。

聚丙烯酰胺凝胶具有三维网状结构，能起分子筛作用。用它作电泳支持物，对样品的分离取决于各组分所带电荷的多少及分子大小。此外，聚丙烯酰胺凝胶电泳还具有浓缩效应，即在电泳开始阶段，由于不连续 pH 梯度作用，将样品压缩成一条狭窄区带，从而提高了分离效果。

聚丙烯酰胺凝胶电泳分为垂直平板电泳和圆盘电泳，两者的原理完全相同。由于垂直板形凝胶具有板薄、易冷却、分辨率高、操作简单、便于比较与扫描等优点，因而为大多数实验室采用。聚丙烯酰胺凝胶电泳的分辨率比纸电泳高得多，能检出 $10^{-12}\sim 10^{-9}g$ 样品，特别适合于分离和测定蛋白质、核酸等生物大分子化合物。它除了能对生物大分子物质进行定性、定量分析外，还可用于测定分子量，且是一种较先进的测定分子量的方法。不连续变性聚丙烯酰胺凝胶电泳是使用最广泛的凝胶电泳。

不连续是指电泳的 pH 值不连续（样品浓缩胶缓冲液 pH6.8，电极缓冲液 pH8.3，分离胶 pH8.8）、凝胶不连续（一般分成样品浓缩胶和样品分离胶两层）。变性是指样品蛋白质经 SDS 和巯基乙醇作用后，所有蛋白质都解聚成其构成亚基，并且都带上负电荷，形状都近似于长椭圆棒状。这种 SDS-蛋白质复合物在凝胶电泳中的迁移率，不再受蛋白质原有电荷和形状的影响，而只与圆棒的长度也就是蛋白质的分子量有关。

SDS-聚丙烯酰胺凝胶的有效分离范围取决于灌制凝胶时聚丙烯酰胺的浓度和交联度，二者决定凝胶分子筛的孔径大小，而孔径又是灌胶时所用丙烯酰胺和亚甲基双丙烯酰胺绝对浓度的函数。用 5％～15％的丙烯酰胺所灌制凝胶的线性分离范围如实验表 6-1。

实验表 6-1　SDS-聚丙烯酰胺凝胶的有效分离范围
（亚甲基双丙烯酰胺：丙烯酰胺摩尔比为 1∶29）

丙烯酰胺浓度/％	线性分离范围/kDa	丙烯酰胺浓度/％	线性分离范围/kDa
15	12～43	7.5	36～94
10	16～68	5.0	57～212

【试剂与器材】

1. 30％凝胶储液　丙烯酰胺 30g，亚甲基双丙烯酰胺 1g，超纯水定容至 100mL。

2. 5×TBE 储液　称取 10.8g Tris 和 5.5g 硼酸，加入 4mL 0.5mol/L 的 EDTA（pH8.0），用超纯水定容至 200mL。

3. 10％过硫酸铵　取过硫酸铵 1g，加超纯水定容至 10mL，分装成数管，存放于−20℃备用。

4. 银染固定液　取 10mL 乙醇、0.5mL 冰醋酸，用超纯水定容至 100mL。

5. 0.2％ AgNO₃（银染染色液）　称取 0.2g AgNO₃，超纯水定容至 100mL（此溶液可反复使用 3～4 次）。

6. 银染显色液　取 1.5g NaOH 用超纯水定容至 100mL，使用时再加 0.4mL 甲醛。

【实验步骤】

1. 配制的 6％ PAGE 胶

30％凝胶储液	3mL
H_2O	8.9mL
5×TBE 储液	3mL
10％过硫酸铵	105μL
TEMED	5.25μL

2. 上样与电泳

将 6％ PAGE 胶缓慢而匀速地倒入电泳槽的两块玻璃板之间，约 1h 后胶凝固，在电泳槽两端各倒入 500mL 1×TBE 缓冲液，小心移去梳子。将 12μL 样品与 6×Loading 缓冲液以 2∶1 比例混匀，小心上样，以 8V/cm 的恒定电压电泳至溴酚蓝刚刚移出凝胶。

3. 按以下方法对凝胶进行染色

将凝胶在 100mL 固定液中浸泡 15～20min→用蒸馏水清洗两次，每次 3min→用硝酸银染色约 10min→用蒸馏水清洗 20s→用显色液显色 3～10min 至条带出现→用蒸馏水洗涤约 2min 停止显色，将凝胶浸泡在固定液中可长期保存。

4. PAGE 电泳差异显示片段的回收

（1）将 PAGE 胶用蒸馏水清洗若干次，最后一次用超纯水洗。

（2）将差异带用消过毒的干净刀片切下，尽量去除多余凝胶，将胶切碎，放入 1.5mL 离心管中，每管加 20μL 灭菌超纯水，混匀，37℃温浴过夜。

（3）将管放入−20℃中冻融两次，每次 3～4h，并且在每次解冻同时用枪头将胶充分切碎，以使 DNA 尽量多地溶出。

【注意事项】

1. 丙烯酰胺和亚甲基双丙烯酰胺具有很强的神经毒性并容易吸附于皮肤，操作时应避免沾在脸、手等皮肤上。最好戴一次性塑料手套操作。

2. 过硫酸铵的主要作用是提供自由基引发丙烯酰胺和亚甲基双丙烯酰胺的聚合反应，故一定要新鲜，储存过久的过硫酸铵商品不能使用。此外，10%过硫酸铵必须现用现配，40℃冰箱储存不超过 48h。

3. 灌制凝胶时，应避免产生气泡，因为气泡会影响电泳分离效果。

4. 刚灌注分离胶混合溶液后，应在分离胶液面上加 1～2cm 高的水层，以阻隔空气。胶液面上加水层时要特别小心，缓缓叠加，以免冲坏凝胶的胶面。

5. 聚丙烯酰胺凝胶电泳耗时长，电泳过程中产热多，特别是夏天产热更多。故电泳过程中应安装循环冷却水以带走热量。

【问题与思考】

1. 简述聚丙烯酰胺凝胶电泳的原理和特点。

2. 简述本实验的注意事项。

实验七　LB 培养基的配制

【实验目的】

掌握 LB 培养基配制的方法和步骤。

【实验原理】

LB 培养基是一种应用最广泛和最普通的细菌基础培养基，有时又称为普通培养基。它含有酵母提取物、蛋白胨和 NaCl。其中酵母提取物为微生物提供碳源和能源、磷酸盐、蛋白胨主要提供氮源，而 NaCl 提供无机盐。在配制固体培养基时还要加入一定量琼脂作凝固剂。琼脂在常用浓度下 96℃时溶化，一般实际应用时在沸水浴中或下面垫以石棉网煮沸溶化，以免琼脂烧焦。琼脂在 40℃时凝固，通常不被微生物分解利用。固体培养基中琼脂的含量根据琼脂的质量和气温的不同而有所不同。

由于这种培养基多用于培养细菌，因此，要用稀酸或稀碱将其 pH 调至中性或微碱性，以利于细菌的生长繁殖。

【试剂与器材】

酵母提取物，蛋白胨，NaCl，琼脂，1mol/L NaOH，1mol/L HCl。

试管，三角烧瓶，烧杯，量筒，玻棒，培养基分装器，天平，牛角匙，高压蒸汽灭菌锅，pH 试纸（pH5.5～9.0），棉花，牛皮纸，记号笔，麻绳，纱布等。

LB 培养基的配方：

酵母提取物	5g
蛋白胨	10g
NaCl	5g
琼脂	15～20g
水	1000mL

用 NaOH 或 HCl 调 pH 至 7.4～7.6。

【实验步骤】

1. 称量

按培养基配方比例依次准确地称取酵母提取物、蛋白胨、NaCl 放入烧杯中。蛋白胨很易吸潮，在称取时动作要迅速。另外，称药品时严防药品混杂，一把牛角匙用于一种药品，或称取一种药品后，洗净、擦干，再称取另一药品，瓶盖也不要盖错。

2. 溶化

在上述烧杯中可先加入少于所需要的水量，用玻棒搅匀，然后，在石棉网上加热使其溶解。待药品完全溶解后，补充水分到所需的总体积。如果配制固体培养基，将称好的琼脂放入已溶化的药品中，再加热溶化，在琼脂溶化的过程中，需不断搅拌，以防琼脂糊底使烧杯破裂。最后补足所失的水分。

3. 调 pH

在未调 pH 前，先用精密 pH 试纸测量培养基的原始 pH 值，如果 pH 偏酸，用滴管向培养基中逐滴加入 1mol/L NaOH，边加边搅拌，并随时用 pH 试纸测其 pH 值，直至 pH 达 7.6。反之，则用 1mol/L HCl 进行调节。注意 pH 值不要调过头，以避免回调，否则，将会影响培养基内各离子的浓度。对于有些要求 pH 值较精确的微生物，其 pH 的调节可用酸度计进行（使用方法可参考有关说明书）。

4. 分装

按实验要求，可将配制的培养基分装入试管内或三角烧瓶内。分装过程中注意不要使培养基沾在管口或瓶口上，以免沾污棉塞而引起污染。

（1）液体分装高度以试管高度的 1/4 左右为宜。

（2）固体分装试管，其装量不超过管高的 1/5，灭菌后制成斜面。分装三角烧瓶的量以不超过三角烧瓶容积的一半为宜。

（3）半固体分装试管一般以试管高度的 1/3 为宜，灭菌后垂直待凝。

5. 加塞

培养基分装完毕后，在试管口或三角烧瓶口塞上棉塞，以阻止外界微生物进入培养基内而造成污染，并保证有良好的通气性能。

6. 包扎

加塞后，将全部试管用麻绳捆扎好，再在棉塞外包一层牛皮纸，以防止灭菌时冷凝水润湿棉塞，其外再用一道麻绳扎好。用记号笔注明培养基名称、组别、日期。三角烧瓶加塞后，外包牛皮纸，用麻绳以活结形式扎好，使用时容易解开，同样用记号笔注明培养基名称、组别、日期。

7. 灭菌

将上述培养基以 $1.05kgf/cm^2$❶，121.3℃，20min 高压蒸汽灭菌。如因特殊情况不能及时灭菌，则应放入冰箱内暂存。

8. 搁置斜面

将灭菌的试管培养基冷至 50℃ 左右，将试管棉塞端搁在玻棒上，搁置的斜面长度以不超过试管总长的一半为宜。

9. 无菌检查

将灭菌的培养基放入 37℃ 的温室中培养 24～48h，以检查灭菌是否彻底。

【问题与思考】

1. 培养基配好后，为什么要立即灭菌？

2. 为什么配制培养基时要注意各营养成分的比例？

实验八　*E.coli* 感受态细胞的制备

【实验目的】

1. 学习分子生物学的实验操作技术。

2. 掌握 *E.coli* 感受态细胞的制备方法。

【实验原理】

未经处理的受体菌细胞对受纳重组分子不敏感，难以实现转化。当用理化方法诱导细胞，使细胞处于最适摄取和容忍外来 DNA 的生理状态——感受态后，才有较高的转化频率，这种细胞称为感受态细胞。

其原理是：细菌处于 0℃ 氯化钙低渗溶液中，细胞膨胀成球形；转化混合物中的 DNA 形成抗 DNA 酶的羟基鸟磷酸复合物黏附于细胞表面；经 42℃ 短时间热休克处理，促进细胞吸收 DNA 复合物；在丰富的培养基上生长数小时后，球状细胞复原并分裂增殖。被转化的细菌中，重组的基因得到表达，在选择性培养基平板上可筛选出所需的转化因子。

【试剂与器材】

LB 培养基，$0.1mol/L\ CaCl_2$，台式高速离心机，空气振荡摇床，紫外分光光度计，恒温水浴，培养皿。

【实验步骤】

1. 从 *E.coli* DH5α 平板中挑一单菌落，转入 5mL LB 液体培养基中，37℃约 100r/min 振荡过夜。

2. 取出 0.5mL 培养物接种于 20mL LB 培养液中，37℃约 150r/min 振荡至对数期（OD 值为 580nm 下光吸收值 0.3～0.5）。

3. 无菌条件下取 1.5mL 菌液至 1.5mL 离心管中，冰浴 10min。

4. 10000r/min 离心 30s，弃上清液，回收菌体细胞。

5. 加入 1mL 预冷的 $0.1mol/L\ CaCl_2$，混匀，冰浴 30min。

---

❶ $1kgf/cm^2 = 98.0665kPa$。

6. 10000r/min 离心 30s，弃上清液，回收菌体细胞。

7. 加入 100μL 预冷的 0.1mol/L CaCl₂，重悬菌体细胞，即得感受态细胞。

注：4℃放置 2h 后使用，在 12～24h 内使用最好。

【问题与思考】

1. 何谓感受态细胞？制备感受态细胞的理论依据是什么？

2. 简述 CaCl₂ 制备细菌感受态细胞及其转化的基本原理。

实验九　目的产物的 T 载体的连接与转化

【实验目的】

1. 学习 T 载体的特点和 PCR 产物的克隆方法。

2. 掌握利用 T 载体克隆 PCR 产物的方法；复习连接实验流程。

3. 方便、易行地克隆 PCR 产物，使目的基因片段与 T 载体 DNA 连接，达到克隆基因的目的。

【实验原理】

普通 Taq 酶会在 3′ 末端加一个 A，这样所有 PCR 产物都会在双链 DNA 的 3′ 端均有一个单链状态的 A；T 载体是线状 DNA 片段，在 DNA 双链的 3′ 端均有一个单链状态的 T；二者在连接酶的作用下连接为一个重组的环状分子，从而达到克隆的目的。

【试剂与器材】

目的基因片段的 PCR 产物，T4 DNA 连接酶，20mg/mL 的 X-gal，4μL 浓度为 200mg/mL 的 IPTG，10×T4 DNA 连接酶缓冲液，PBS 载体，灭菌超纯水。

【实验步骤】

1. 纯化产物的连接反应

将纯化后的产物进行琼脂糖凝胶电泳，按照目的带与 Marker 的亮度比估计目的带的浓度，通过计算将目的片段与载体的物质的量浓度比控制在 1∶(3～8)。

在无菌的 0.5mL 离心管中加入：

10×T4 DNA 连接酶缓冲液	1μL
目的 DNA 片段	约 0.2pmol
载体	0.5μL（约 0.025pmol）
T4 DNA 连接酶	1μL
灭菌超纯水	定容至 10μL

16℃水浴连接过夜。可以马上进行转化反应，或者将连接产物放入 −20℃ 冷冻备用。

2. 转化反应

(1) 取 100μL 感受态细胞，均匀悬浮。

(2) 加入 5μL 连接液，混匀，冰浴 30min。

(3) 42℃水浴中准确热激 90s 后，迅速冰浴 2min。

(4) 加入 400μL LB 液体培养基，37℃ 200r/min 振荡培养 1h。

(5) 稍离心，弃上层的 400μL 培养基。

（6）吸取剩余的培养基，涂布于含 $50\mu g/mL$ 氨苄西林的平板上（事先涂布 $40\mu L$ 浓度为 $20mg/mL$ 的 X-gal 和 $4\mu L$ 浓度为 $200mg/mL$ 的 IPTG），待菌液完全吸收后，在 $37℃$ 温箱中倒置培养 $12\sim16h$，直至出现单菌落。再将培养皿置于 $4℃$，使其完全显色（即出现蓝、白斑）。

【问题与思考】

1. 连接反应为什么要控制目的片段与载体的物质的量浓度比？

2. 转化后的平皿面为什么朝下放置？

实验十　阳性克隆的筛选及序列测定结果分析

【实验目的】

掌握阳性克隆筛选及序列测定结果分析的原理和步骤。

【实验原理】

载体中 *lacZ* 基因可编码 β-半乳糖苷酶，后者可分解培养物中的 X-gal，使其呈蓝色反应。如果外源基因插入位于 *lacZ* 基因内部的多克隆酶切位点中，该载体不能编码 β-半乳糖苷酶，菌落呈正常的白色。能否采用蓝白筛选，关键是载体。

【试剂与器材】

旋涡混合器，小镊子，微量移液取样器，移液器吸头，1.5mL 微量离心管，双面离心管架，干式恒温气浴（或恒温水浴锅），制冰机，恒温摇床，超净工作台，酒精灯，无菌牙签，摇菌管，PCR 仪，LB 培养基（加抗生素），PCR 用试剂，引物，质粒提取用试剂，65% 甘油。

【实验步骤】

1. 用接菌环在转化的平板培养基上随机选取 4 个边缘清晰的单个白色菌落，分别置于含 $50\mu g/mL$ 氨苄西林的 5mL LB 液体培养基中，$37℃$ $120r/min$ 振荡培养过夜。

2. 取 $2\mu L$ 菌液为模板，用相应的引物按照相应的 PCR 反应体系和条件进行菌落 PCR 扩增。

3. PCR 产物进行琼脂糖凝胶电泳，能出现目的带的对应菌落为阳性克隆。

4. 制作甘油管：将阳性克隆摇起的菌液按 15% 的比例加入甘油，制成 1mL 的甘油管，用封口膜将管口封严，放入 $-70℃$ 冰箱中。

5. 测序：将验证得到的阳性样品对应的甘油管送生物技术公司测序。

6. 序列分析：在 GenBank 数据库（网址为 http：//www.ncbi.nlm.nih.gov）中，将所测得的序列通过 BLAST X 软件进行分析，找到其与其他蛋白序列的同源性。

【问题与思考】

1. 如何制备用于蓝白筛选的培养基？

2. 能否采用蓝白筛选，关键是什么？

参 考 文 献

[1] 龙华 . 分子生物学的发展 . 生物学通报，2005，40（5）：58-60.

[2] 申子瑜，李金明 . 临床基因扩增检验技术 . 北京：人民卫生出版社，2002：9.

[3] 郭晓强，简悦威 . 遗传，2008，30（3）：255-256.

[4] 郭文潮，赵文清，余小平等 . 遗传病的基因诊断和产前基因诊断 . 中国优生与遗传杂志，2006，14（12）：33-34.

[5] 顾锦法，刘新垣 . 癌症的靶向基因病毒治疗 . 自然杂志，2005，27：85-89.

[6] 辛秀兰 . 现代生物制药工艺学 . 北京：化学工业出版社，2006.

[7] Redginald H Garrett，Charles M Griham. Biochemistry. 3rd ed. Thomson Books/Cole，Belomont USA，2005.

[8] 焦炳华 . 现代生物工程 . 北京：科学出版社，2007.

[9] 朱鹏，严小军 . 运用分子生物学技术监测水环境中产毒蓝藻 . 生态学杂志，2011，30（2）：363-368.

[10] Glover D J，Lipps H J，Jans D A. Towards safe，non－viral therapeutic gene expression in humans. Nat Rev Genet，2005，6：299-310.

[11] 王光寅，谭婷 . 生化药物和基因工程药物研究概述 . 河北化工，2009，32（10）.

[12] 欧阳松应，杨冬等 . 实时荧光定量 PCR 技术及其应用 . 生命的化学，2004，24（1）：74-76.

[13] 陈柏君，孙超等 . 锚定 PCR（Anchored PCR）：一种新的染色体步行方法 . 科学通报，2004，49（15）：1569-1571.

[14] 安健，汪明等 . mRNA 差异显示 PCR 的研究进展 . 北京农学院学报，2005，20（2）：64-68.

[15] 俞骅，叶榕等 . 双重实时逆转录聚合酶链反应检测甲型和乙型流感病毒 . 中国卫生检验杂志，2008，18（2）：219-222.

[16] 李珊珊，王加启等 . Real-time PCR 技术的应用研究进展 . 生物技术通报，2009，8：60-62.

[17] 李娜，乔光明等 . 纳米材料在聚合酶链式反应体系中的应用研究进展 . 分析化学评述与进展，2010，38（1）：138-142.

[18] 龚弘局 . 聚合酶链反应在医学检验中的应用和进展 . 检验医学与临床，2010，7（11）：1131-1133.

[19] 肖广侠，李战军等 . 白斑综合征病毒（WSSV）3 种 PCR 检测方法的灵敏度比较 . 中国水产科学，2011，18（3）：667-673.

[20] 杨建雄 . 分子生物学 . 北京：化学工业出版社，2009.

[21] 臧晋 . 分子生物学基础 . 北京：化学工业出版社，2008.

[22] 赵亚华 . 基础分子生物学教程 . 北京：科学出版社，2011.